普通高等教育土木工程专业新形态教材

建筑设备

赵海华　郭　波　主　编
祝成成　许怀丽　李　军　副主编

清华大学出版社
北　京

内 容 简 介

本书共分17章,内容包括四部分,分别为流体力学、传热学及电工学基础知识,建筑给水排水工程,供暖、燃气、通风与空气调节,建筑电气。本书主要介绍建筑内部给水排水系统、建筑中水系统、建筑热水供应系统、消防系统、建筑供暖与燃气供应、建筑通风、空气调节、照明、供配电、建筑防雷与接地、建筑智能化系统等的基本知识和基本原理。教材编写时突出实用性和实践性,强化运用,内容深入浅出,并将最新规范充分融入专业理论知识中,同时强化施工图读图能力,符合应用型人才培养的要求。

本书可作为高等院校建筑学、工程造价、工程管理、土木工程、城市规划等相关专业的教材,也可作为相关专业工程技术人员以及准备参加住建部注册类考试人员的参考用书。

版权所有,侵权必究。举报: 010-62782989, beiqinquan@tup.tsinghua.edu.cn。

图书在版编目(CIP)数据

建筑设备/赵海华,郭波主编. —北京: 清华大学出版社,2022.10(2024.9重印)
普通高等教育土木工程专业新形态教材
ISBN 978-7-302-60790-8

Ⅰ. ①建⋯ Ⅱ. ①赵⋯ ②郭⋯ Ⅲ. ①房屋建筑设备－高等学校－教材 Ⅳ. ①TU8

中国版本图书馆 CIP 数据核字(2022)第 075833 号

责任编辑: 秦 娜 王 华
封面设计: 陈国熙
责任校对: 王淑云
责任印制: 刘海龙

出版发行: 清华大学出版社
    网　　址: https://www.tup.com.cn, https://www.wqxuetang.com
    地　　址: 北京清华大学学研大厦 A 座　　邮　　编: 100084
    社 总 机: 010-83470000　　邮　　购: 010-62786544
    投稿与读者服务: 010-62776969, c-service@tup.tsinghua.edu.cn
    质量反馈: 010-62772015, zhiliang@tup.tsinghua.edu.cn
印 装 者: 三河市铭诚印务有限公司
经　　销: 全国新华书店
开　　本: 185mm×260mm　　印　张: 19.25　　字　数: 465 千字
版　　次: 2022 年 12 月第 1 版　　印　次: 2024 年 9 月第 3 次印刷
定　　价: 59.80 元

产品编号: 095420-01

前言
PREFACE

建筑设备是一门多学科、综合性和实践性都很强的课程,是现代建筑工程的三大组成部分之一,对于建筑施工与管理有非常重要的指导意义。随着人们物质生活水平的提高,现代建筑、高层建筑迅猛发展,建筑设备投资在建筑总投资中的比重日益增大,建筑的智能化水平也日益提高,所包含的设备内容不断增多。从事建筑类各专业工作的工程技术人员,只有对现代建筑物中的给排水、供暖、通风空调、燃气供应、消防、供配电、智能建筑等系统和设备的工作原理、功能以及在建筑中的设置应用情况有所了解,初步掌握建筑设备的基本知识和技能,才能真正做到既能完美体现建筑的设计和实用功能,又能尽量减少能量的损耗和资源的浪费。

本书主要包括流体力学、传热学及电工学基础知识,建筑给水排水工程,供暖、燃气、通风与空气调节,建筑电气四部分内容。本书主要介绍建筑内部给水排水系统、建筑中水系统、建筑热水供应系统、消防系统、建筑供暖与燃气供应、建筑通风、空气调节、照明、供配电、建筑防雷与接地、建筑智能化系统等的基本知识和基本原理,以及相应的设计、计算方法和材料设备等。本书在编写时深入浅出,注重实用性,并将新技术、新理论、新方法、新工艺和新设备以及最新颁布的建筑设备工程方面的国家相关标准充分融入专业理论知识中,具备一定的前瞻性,反映了本学科现代科学技术的水平,还强化了建筑设备各系统的施工图的识读,以培养学生的识图能力和建筑设备各专业间的协调配合能力。

本书主要由湖北工程学院土木工程学院赵海华、郭波、李军、祝成成、许怀丽等编写。全书共4篇17章,第1章由祝成成编写,第2章由郭波编写,第3章由许怀丽编写,第4~16章由赵海华编写,第17章由李军编写,全书由赵海华、郭波统编定稿。

由于编者水平及实践经验有限,不妥之处在所难免,对于书中缺点和错误之处,请读者不吝赐教。

编 者
2022年3月

目录
CONTENTS

第1篇　流体力学、传热学及电工学基础知识

第1章　流体力学基础知识 … 3
- 1.1　流体的主要物理性质 … 3
  - 1.1.1　密度和容重 … 3
  - 1.1.2　流体的黏滞性 … 3
  - 1.1.3　压缩性和膨胀性 … 4
- 1.2　流体静力学基础知识 … 5
  - 1.2.1　流体静压强及其分布规律 … 5
  - 1.2.2　压强的测量 … 6
- 1.3　流体动力学基础知识 … 6
  - 1.3.1　流体运动的基本概念 … 7
  - 1.3.2　流体运动的基本方程 … 8
  - 1.3.3　流动阻力和水头损失 … 9
- 思考题 … 9

第2章　传热学基础知识 … 10
- 2.1　传热学基本概念 … 10
- 2.2　传热方式与传热过程 … 11
  - 2.2.1　传热方式 … 11
  - 2.2.2　传热过程及热媒的性质 … 12
- 思考题 … 13

第3章　电工学基础知识 … 14
- 3.1　电路的基本概念 … 14
  - 3.1.1　电路的基本物理量 … 14
  - 3.1.2　电路的结构及状态 … 15
- 3.2　负载连接 … 16
  - 3.2.1　负载的串联连接 … 16
  - 3.2.2　负载的并联连接 … 16

3.3 三相交流电路 …………………………………………………………………… 16
　　3.3.1 三相电源的联结方式 …………………………………………………… 17
　　3.3.2 三相负载的联结方式 …………………………………………………… 18
3.4 变压器 ……………………………………………………………………………… 18
　　3.4.1 变压器的结构 …………………………………………………………… 18
　　3.4.2 三相电力变压器 ………………………………………………………… 19
　　3.4.3 变压器的技术参数 ……………………………………………………… 19
思考题 ……………………………………………………………………………………… 20

第2篇　建筑给水排水工程

第4章　室外给排水工程概述 …………………………………………………………… 23

4.1 室外给水工程概述 ……………………………………………………………… 23
　　4.1.1 水源 ……………………………………………………………………… 23
　　4.1.2 取水工程 ………………………………………………………………… 24
　　4.1.3 净水工程 ………………………………………………………………… 25
　　4.1.4 输配水工程 ……………………………………………………………… 26
4.2 室外排水工程概述 ……………………………………………………………… 28
　　4.2.1 城市排水管网 …………………………………………………………… 28
　　4.2.2 污水处理的基本方法与系统 …………………………………………… 29
思考题 ……………………………………………………………………………………… 30

第5章　建筑给水系统 …………………………………………………………………… 31

5.1 建筑给水系统的分类与组成 …………………………………………………… 31
　　5.1.1 给水系统的分类 ………………………………………………………… 31
　　5.1.2 给水系统的组成 ………………………………………………………… 32
5.2 室内给水方式 …………………………………………………………………… 33
　　5.2.1 建筑给水系统所需水压的确定 ………………………………………… 33
　　5.2.2 常见室内给水方式 ……………………………………………………… 33
5.3 给水管道材料、附件及设备 …………………………………………………… 37
　　5.3.1 给水管道材料 …………………………………………………………… 37
　　5.3.2 附件和水表 ……………………………………………………………… 38
　　5.3.3 增压贮水设备 …………………………………………………………… 41
5.4 给水管道的布置与敷设 ………………………………………………………… 44
　　5.4.1 给水管道的布置 ………………………………………………………… 44
　　5.4.2 给水管道的敷设 ………………………………………………………… 45
5.5 建筑给水系统设计计算 ………………………………………………………… 46
　　5.5.1 用水量标准 ……………………………………………………………… 46
　　5.5.2 用水量变化 ……………………………………………………………… 49

| | | 5.5.3 设计秒流量 | 50 |
| | | 5.5.4 给水管网水力计算 | 54 |

5.6 建筑中水系统 · 57
5.6.1 建筑中水系统的分类组成 · 57
5.6.2 中水水源及中水回用水质标准 · 57
5.6.3 中水处理的基本流程及处理设施 · 58
5.6.4 中水管道系统设计 · 59
5.6.5 安全防护及控制监测 · 59
思考题 · 60

第6章 建筑排水系统 · 61
6.1 建筑排水系统的分类与组成 · 61
6.1.1 排水系统的分类 · 61
6.1.2 排水体制的选择 · 62
6.1.3 排水系统的组成 · 62
6.2 排水管材、附件及卫生器具 · 64
6.2.1 排水管材与管件 · 64
6.2.2 排水附件 · 65
6.2.3 卫生器具 · 68
6.3 排水管道及通气管道系统的布置与敷设 · 76
6.3.1 排水管道的布置与敷设 · 76
6.3.2 通气管道系统的布置与敷设 · 78
6.4 建筑污(废)水提升与局部处理 · 80
6.4.1 污(废)水的提升 · 80
6.4.2 污(废)水局部处理 · 80
6.5 建筑排水系统设计计算 · 82
6.5.1 排水定额 · 82
6.5.2 排水设计秒流量 · 83
6.5.3 排水系统的设计计算 · 84
6.6 高层建筑排水系统 · 87
6.6.1 高层建筑排水系统的特点 · 87
6.6.2 高层建筑排水系统的类型 · 87
6.6.3 高层建筑排水管道布置与敷设 · 89
6.7 屋面雨水排水系统 · 89
6.7.1 外排水系统 · 89
6.7.2 内排水系统 · 90
思考题 · 91

第7章 建筑热水供应系统 ····· 93

7.1 热水供应系统的分类、组成与供水方式 ····· 93
- 7.1.1 热水供应系统的分类 ····· 93
- 7.1.2 热水供应系统的组成 ····· 93
- 7.1.3 热水供水方式 ····· 94

7.2 热水供应系统的加热设备 ····· 97
- 7.2.1 热源的选用 ····· 97
- 7.2.2 加热和贮热设备 ····· 98

7.3 热水供应系统的管材和附件 ····· 102
- 7.3.1 热水供应系统的管材和管件 ····· 102
- 7.3.2 热水供应系统的附件 ····· 102

7.4 热水供应系统的敷设与保温 ····· 106
- 7.4.1 热水管道的布置与敷设 ····· 106
- 7.4.2 热水供应系统的保温 ····· 107

7.5 饮水供应 ····· 107
- 7.5.1 饮水定额 ····· 107
- 7.5.2 热水供应系统 ····· 108

思考题 ····· 110

第8章 建筑消防系统 ····· 111

8.1 火灾的产生及熄灭 ····· 111
- 8.1.1 火灾的产生及火灾分类 ····· 111
- 8.1.2 建筑防火与灭火 ····· 112

8.2 室内消火栓给水系统 ····· 113
- 8.2.1 消火栓给水系统的设置原则与选择 ····· 113
- 8.2.2 消火栓给水系统的组成和给水方式 ····· 115
- 8.2.3 消火栓给水系统的布置 ····· 119

8.3 自动喷水灭火系统 ····· 121
- 8.3.1 自动喷水灭火系统的设置原则与选择 ····· 121
- 8.3.2 自动喷水灭火系统类型 ····· 123
- 8.3.3 自动喷水灭火系统组件 ····· 126
- 8.3.4 自动喷水系统的布置 ····· 130

8.4 其他灭火设施简介 ····· 133

思考题 ····· 135

第9章 建筑给排水施工图识读 ····· 137

9.1 常用给排水图例 ····· 137
- 9.1.1 图线 ····· 137

  9.1.2 常用图例 ··· 137
  9.1.3 标高、管径及编号 ·· 139
9.2 建筑给排水施工图的基本内容 ··· 141
9.3 建筑给排水施工图识读案例 ··· 143
  9.3.1 建筑给排水施工图的识读方法 ·· 143
  9.3.2 室内建筑给排水施工图识读举例 ·· 144
思考题 ··· 149

第3篇 供暖、燃气、通风与空气调节

第10章 建筑供暖与燃气供应 ·· 153

10.1 建筑设计热负荷 ··· 153
  10.1.1 围护结构的耗热量 ·· 153
  10.1.2 门窗缝隙渗入冷空气的耗热量 ·· 155
  10.1.3 间歇供暖系统和辐射供暖系统的供暖负荷 ····································· 156
10.2 供暖系统的组成、分类与形式 ·· 156
  10.2.1 供暖系统的组成 ·· 156
  10.2.2 供暖系统的分类 ·· 157
  10.2.3 供暖系统的形式 ·· 157
10.3 供暖系统的散热设备 ··· 169
  10.3.1 散热器分类及其特性 ·· 169
  10.3.2 散热器的选择 ·· 171
  10.3.3 散热器的布置 ·· 171
10.4 室内供暖系统的管路布置与主要设备及附件 ··· 172
  10.4.1 室内热水供暖系统的管路布置与主要设备及附件 ······················· 172
  10.4.2 室内蒸汽供暖系统的管路布置与主要设备及附件 ······················· 175
10.5 供暖热源概述 ··· 177
  10.5.1 分户式供暖热源 ·· 177
  10.5.2 集中供暖热源 ·· 179
10.6 燃气供应 ··· 182
  10.6.1 概述 ··· 182
  10.6.2 城市燃气输配 ·· 183
  10.6.3 建筑燃气供应 ·· 183
  10.6.4 燃气用具 ··· 185
  10.6.5 燃烧烟气的排除 ·· 186
思考题 ··· 187

第11章 建筑通风系统 ··· 188

11.1 建筑通风概述 ··· 188

11.1.1	建筑通风的任务	188
11.1.2	有害物的种类与来源	188
11.1.3	通风系统的分类	189

11.2 自然通风 … 189

11.2.1	自然通风的原理	189
11.2.2	热压下的自然通风	190
11.2.3	风压下的自然通风	190
11.2.4	风压和热压同时作用下的自然通风	191
11.2.5	进风窗、避风天窗与风帽	191

11.3 机械通风 … 192

11.3.1	全面通风	192
11.3.2	全面通风的气流组织	194
11.3.3	局部通风	194

11.4 通风系统的设备与构件 … 196

11.4.1	通风机	196
11.4.2	风道	198
11.4.3	室内进、排风口	198
11.4.4	室外进、排风口	199
11.4.5	风阀	200

11.5 民用建筑通风 … 201

11.5.1	住宅通风	201
11.5.2	汽车库通风	201
11.5.3	地下人防通风	202

11.6 建筑防排烟 … 203

11.6.1	建筑火灾烟气的特性	203
11.6.2	烟气的流动规律	204
11.6.3	火灾烟气的控制原理	205
11.6.4	建筑防排烟系统	206

思考题 … 209

第 12 章 空气调节系统 … 211

12.1 空调系统的任务、组成与分类 … 211

12.1.1	空气调节的任务和作用	211
12.1.2	空调系统的组成	212
12.1.3	空调系统的分类	212

12.2 空调系统的负荷 … 215

12.2.1	室内冷湿负荷组成	215
12.2.2	空调设备容量概算方法	215

12.3 空调冷源及制冷机房 … 216

		12.3.1 空调冷源及制冷原理	216
		12.3.2 制冷压缩机的种类	218
		12.3.3 制冷机房	219
	12.4	空气处理设备	220
		12.4.1 基本的空气处理方法	220
		12.4.2 空气过滤器	221
		12.4.3 空气加热器	222
		12.4.4 空气冷却器	222
		12.4.5 空气加湿设备	223
		12.4.6 空气除湿设备	224
		12.4.7 空气处理机组	225
		12.4.8 空调机房的设置	226
	12.5	风道系统的选择与设置	226
		12.5.1 风道系统的选择	226
		12.5.2 风道系统的布置	227
		12.5.3 空气分布器	227
		12.5.4 空调房间气流组织形式	230
	思考题		233

第 13 章 暖通空调施工图识读 ... 234

	13.1	常用暖通空调图例	234
		13.1.1 暖通空调制图的一般规定	234
		13.1.2 暖通空调常用图例	235
	13.2	供暖施工图及其识读	238
	13.3	通风空调工程识图	239
		13.3.1 排烟系统识图	239
		13.3.2 空调设备图识读举例	242
	思考题		245

第 4 篇 建筑电气

第 14 章 建筑供配电及建筑防雷与接地 ... 249

	14.1	建筑电气简介	249
		14.1.1 建筑电气的概念及功能	249
		14.1.2 建筑电气的分类	249
		14.1.3 现代建筑的发展趋势	249
	14.2	电力系统概述	250
		14.2.1 电力系统的组成	250
		14.2.2 建筑供配电系统组成	251

14.2.3　低压配电系统接线方式 ………………………………………… 251
　　　14.2.4　电能质量 …………………………………………………………… 252
　14.3　建筑用电负荷 …………………………………………………………………… 253
　　　14.3.1　负荷分级 …………………………………………………………… 253
　　　14.3.2　负荷计算 …………………………………………………………… 254
　14.4　电气设备的选择 ………………………………………………………………… 254
　　　14.4.1　高压电气设备 ……………………………………………………… 255
　　　14.4.2　低压电气设备 ……………………………………………………… 256
　14.5　电缆、电线的选择与敷设 ……………………………………………………… 259
　　　14.5.1　电线、电缆的选择 ………………………………………………… 259
　　　14.5.2　线路的敷设 ………………………………………………………… 259
　14.6　建筑防雷与接地 ………………………………………………………………… 260
　　　14.6.1　雷电的危害及种类 ………………………………………………… 260
　　　14.6.2　建筑物防雷的分类与措施 ………………………………………… 261
　思考题 ………………………………………………………………………………… 263

第15章　建筑电气照明系统 ………………………………………………… 264

　15.1　照明的基本知识 ………………………………………………………………… 264
　　　15.1.1　照明的基本概念 …………………………………………………… 264
　　　15.1.2　照度标准 …………………………………………………………… 265
　15.2　电光源和灯具 …………………………………………………………………… 266
　　　15.2.1　常用电光源 ………………………………………………………… 266
　　　15.2.2　灯具的分类与选择 ………………………………………………… 267
　15.3　照明设计 ………………………………………………………………………… 269
　　　15.3.1　照明的方式与种类 ………………………………………………… 269
　　　15.3.2　照度计算 …………………………………………………………… 270
　　　15.3.3　照明设计内容与步骤 ……………………………………………… 270
　思考题 ………………………………………………………………………………… 271

第16章　智能建筑与建筑设备自动化 …………………………………… 272

　16.1　智能建筑的基本概念及系统结构 ……………………………………………… 272
　　　16.1.1　智能建筑的基本概念 ……………………………………………… 272
　　　16.1.2　智能建筑的系统结构 ……………………………………………… 273
　16.2　建筑设备自动化 ………………………………………………………………… 275
　　　16.2.1　给排水设备监控系统 ……………………………………………… 275
　　　16.2.2　空调通风监控系统 ………………………………………………… 276
　　　16.2.3　供配电监控系统 …………………………………………………… 277
　　　16.2.4　照明设备监控系统 ………………………………………………… 277
　　　16.2.5　电梯监控系统 ……………………………………………………… 277

16.2.6　火灾自动报警与消防联动控制系统 ……………………………………… 278
　　16.2.7　安全防范系统 ……………………………………………………………… 279
思考题 ………………………………………………………………………………………… 281

第17章　建筑电气施工图识读 ………………………………………………………… 282

17.1　常见建筑电气图例 …………………………………………………………………… 282
　　17.1.1　电气图的基本概念 …………………………………………………………… 282
　　17.1.2　常见电气施工图图例 ………………………………………………………… 283
17.2　建筑电气图纸基本内容及识读方法 ………………………………………………… 284
　　17.2.1　电气施工图纸的内容 ………………………………………………………… 284
　　17.2.2　识读方法 ……………………………………………………………………… 285
17.3　电气照明施工图识读 ………………………………………………………………… 285
　　17.3.1　电气照明施工图 ……………………………………………………………… 285
　　17.3.2　电气照明施工图识读举例 …………………………………………………… 288
思考题 ………………………………………………………………………………………… 291

参考文献 …………………………………………………………………………………… 292

第1篇

流体力学、传热学及电工学基础知识

第1章 流体力学基础知识

1.1 流体的主要物理性质

实际工程中给排水系统和采暖空调通风系统的介质都是运动的流体。流体中各质点之间的内聚力极小,且不能形成固定的形状,但流体在密闭状态下却能承受较大的压力。充分认识以上所说的流体的基本特征,深刻研究流体处于静止或运动状态的力学规律,才能很好地把水、空气或其他流体按人们的意愿进行输送和利用,为人们日常生活和生产服务。

1.1.1 密度和容重

1. 密度

对于均质流体,单位体积的质量称为流体的密度,即

$$\rho = \frac{m}{V} \tag{1-1}$$

式中:m——流体的质量,kg;
V——流体的体积,m³。

流体的密度随外界压力和温度的变化而变化。

2. 容重

流体处于地球引力场中,所受的重力是地球对流体的引力。单位体积流体的重量称为流体的容重,即

$$\gamma = \frac{G}{V} \tag{1-2}$$

式中:G——流体的重量,N;
V——流体的体积,m³。

1.1.2 流体的黏滞性

黏滞性是流体固有特性。当流体相对于物体运动时,流体内部质点间或流层间因相对运动而产生内摩擦力(切向力或剪切力)以反抗相对运动,从而产生了摩擦阻力。这种在流

体内部产生内摩擦力以阻抗流体运动的性质称为流体的黏滞性,简称黏性。黏性是流动性的反面,流体的黏性越大,其流动性越小。流体的黏性是流体产生的根源。

用流速仪测出管道中某一断面的流速分布,如图 1-1 所示。流体沿管道直径方向分成很多流层,各流层的流速不同,并按照某种曲线规律连续变化,管轴心的流速最大,沿着管道壁的方向递减,直至管壁处的流速为零。

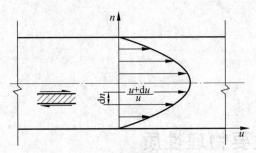

图 1-1 管道中断面流速分布

牛顿在总结实验的基础上,首先提出了流体内摩擦力的假说——牛顿内摩擦定律,如用切应力表示,可写为

$$\tau = \frac{F}{S} = \mu \frac{\mathrm{d}u}{\mathrm{d}n} \tag{1-3}$$

式中:F——内摩擦力,N;

S——摩擦流层的接触面积,m^2;

τ——流层单位面积上的内摩擦力,又称切应力,N/m^2 或 Pa;

μ——与流体种类有关的系数,称为动力黏度,$N \cdot s/m^2$ 或 $Pa \cdot s$;

$\dfrac{\mathrm{d}u}{\mathrm{d}n}$——流速梯度,表示速度沿垂直于速度方向的变化率,$s^{-1}$。

流体黏性的大小,可用黏度表达,除动力黏度 μ 外,常用运动黏度 $\nu = \mu/\rho$ 表示,单位为 m^2/s。

1.1.3 压缩性和膨胀性

流体体积随着压强的增大而减小的性质称为流体的压缩性。流体体积随着温度的升高而增大的性质称为流体的膨胀性。液体和气体的压缩性和膨胀性有所区别。

1. 液体的压缩性和膨胀性

水的压力增加一个标准大气压时,其体积仅仅缩小 1/2000,因此实际工程中认为液体是不可压缩流体。液体随着温度的升高体积膨胀的现象较为明显,因此认为液体具有膨胀性。流体的膨胀性通常用膨胀系数 α 来表示,它是指在一定的压力下温度升高 1℃时,流体体积的相对增加量。水在温度升高 1℃时,密度降低仅为万分之几,因此一般工程中也不考虑液体的膨胀性。但在热网系统中,当温度变化较大时,需考虑水的膨胀性,并应注意在系统中设置补偿器、膨胀水箱等设施。

2. 气体的压缩性和膨胀性

气体和液体不同,具有显著的压缩性和膨胀性。在温度不太低,压强不太高时,可以将这些气体近似地看作理想气体,气体压强、温度、比容之间的关系服从理想气体状态方程

$$pV = RT \tag{1-4}$$

式中:p——气体的绝对压强,N/m^2;

$\quad\quad V$——气体的比容,m^3/kg;

$\quad\quad T$——气体的热力学温度,K;

$\quad\quad R$——气体常数,在标准状态下,$R = \dfrac{8314}{M}(J/kg \cdot K)$;$M$ 为气体分子量。

气体虽然是可以压缩和膨胀的,但是,对于气体流速较低的情况,在流动过程中压强和温度的变化较小,密度仍可以看作常数,这些气体称为不可压缩气体。在通风空调工程中,所遇到的大多数气体流速较低,都可看作不可压缩流体,而膨胀性要考虑,所以在空调管道中通常设置补偿器。

1.2 流体静力学基础知识

流体静止是运动中的一种特殊状态。由于流体静止时不显示其黏滞性,不存在切向应力,同时认为流体也不能承受拉力,不存在由于黏滞性所产生运动的力学性质。因此,流体静力学的中心问题是研究流体静压强的分布规律。

1.2.1 流体静压强及其分布规律

1. 流体静压强及其特性

处于相对静止状态下的流体,由于本身的重力或其他外力的作用,在流体内部及流体与容器壁面之间存在着垂直于接触面的作用力,这种作用力称为静压力。单位面积上流体的静压力称为流体的静压强。在静止流体中,作用于任意点不同方向上的压强在数值上均相同,常用 p 表示,单位为 N/m^2。此外,压强的大小也可以间接地以流体的柱高度表示,如用米水柱或毫米汞柱等。若流体的密度为 ρ,则液柱高度与压强的关系为

$$p = \rho g h \tag{1-5}$$

式中:p——液体产生的压强,Pa;

$\quad\quad \rho$——液体密度,kg/m^3;

$\quad\quad g$——重力加速度,N/kg;

$\quad\quad h$——液体深度,m。

流体静压强有如下两个特征:

(1) 流体静压强的方向必定沿着作用面的内法线方向。

(2) 任意点的流体静压强只有一个值,它不因作用面方位的改变而改变。

2. 流体静压强的分布规律

流体静压强基本方程式(又称为流体静力学基本方程式)为

$$p = p_0 + \gamma h \tag{1-6}$$

式中：p——静止液体中任意点的压强，kN/m^2 或 kPa；

p_0——液体表面压强，kN/m^2 或 kPa；

γ——液体的重度，kN/m^3；

h——所研究点在自由表面下的深度，m。

该方程表示静水压强与水深成正比的直线分布规律。应用流体静压强基本方程式分析问题时，要抓住等压面这个概念，流体中压强相等的各点所组成的面为等压面。

1.2.2 压强的测量

工程计算中，压强有不同的量度基准：

(1)绝对压强：绝对压强是以完全真空为零点计算的压强，用 p_A 表示。

(2)相对压强：相对压强是以大气压强为零点计算的压强，用 p 表示。

相对压强与绝对压强的关系为

$$p = p_A - p_a \tag{1-7}$$

式中：p_a——大气压强。

相对压强的正值称为正压(即压力表读数)，负值称为负压，这时流体处于真空状态，通常用真空度(或真空压强)来度量流体的真空程度。所谓真空度，是指某点的绝对压强不足于一个大气压强的部分，用 p_k 表示，即

$$p_k = p_a - p_A = -p \tag{1-8}$$

真空度实际上等于相对压强的绝对值。图 1-2 为压力计量基本图示。

压强单位如前所述，除可用单位面积上的压力和工程大气压表示外，还可用液柱高度表示，三者的关系为：1 个工程大气压 $\approx 10mH_2O \approx 735.6mmHg \approx 98kN/m^2 \approx 98\,000Pa$。

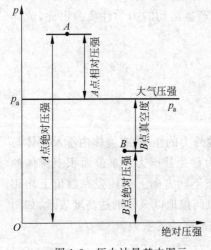

图 1-2 压力计量基本图示

测量流体静压强常用的测压仪器有液柱测压计、金属压力表和真空表等，多数测量仪表的显示值为相对压力值，也称为表面压力。

1.3 流体动力学基础知识

流体动力学是研究流体运动规律的科学，在流体静力学中，压强只与所处空间有关。在流体动力学中，压强还与运动的情况有关。

1.3.1 流体运动的基本概念

1. 压力流与无压流

(1) 压力流:流体在压差作用下流动时,流体整个周界都和固体壁相接触,没有自由表面。

(2) 无压流:液体在重力作用下流动时,液体的部分周界与固体壁相接触,部分周界与气体接触,形成自由表面。

2. 恒定流与非恒定流

(1) 恒定流:流体运动时,流体中任一位置的压强、流速等运动要素不随时间变化的流动称为恒定流动。

(2) 非恒定流:流体运动时,流体中任一位置的运动要素如压强、流速等随时间变化而变动的流动称为非恒定流。

自然界中都是非恒定流,工程中可以取为恒定流。

3. 流线与迹线

(1) 流线:流体运动时,在流速场中可画出某时刻的一条空间曲线,它上面所有流体质点在该时刻的流速矢量都与这条曲线相切,这条曲线就称为该时刻的一条流线。

(2) 迹线:流体运动时,流体中某一个质点在连续时间内的运动轨迹称为迹线。

流线与迹线是两个完全不同的概念。非恒定流时流线与迹线不重合,在恒定流时流线与迹线重合。

4. 均匀流与非均匀流

(1) 均匀流:流体运动时,流线是平行直线的流动称为均匀流。如等截面长直管中的流动。

(2) 非均匀流:流体运动时,流线不是平行直线的流动称为非均匀流。如流体在收缩管、扩大管或弯管中流动等。它又可分为渐变流和急变流,流体运动中流线几乎近于平行直线的流动称为渐变流;流体运动中流线不能视为平行直线的流动称为急变流。

5. 元流、总流、过流断面、流量与断面平均流速

(1) 元流:流体运动时,在流体中取一微小面积 $d\omega$,在 $d\omega$ 面积上各点引出流线并形成了一股流束称为元流。在元流内的流体不会流到元流外面;在元流外面的流体也不会流进元流中。由于 $d\omega$ 很小,可以认为 $d\omega$ 上各点的运动要素(压强与流速)相等。

(2) 总流:流体运动时,无数元流的总和称为总流。

(3) 过流断面:流体运动时,与元流或总流全部流线正交的横断面称为过流断面。用 $d\omega$ 或 ω 表示,单位是 m^2 或 cm^2。均匀流的过流断面为平面,渐变流的过流断面可视为平面;非均匀流的过流断面为曲面。

(4) 流量:流体运动时,单位时间内通过过流断面的流体体积称为体积流量,用符号 Q 表示,单位是 m^3/s 或 L/s。

(5) 断面平均流速:流体流动时,断面各点流速一般不易确定,当工程中又无必要确定

时，可采用断面平均流速(v)简化流动。断面平均流速为断面上各点流速的平均值。

1.3.2 流体运动的基本方程

1. 恒定流连续性方程

连续性方程是由质量守恒定律得出的，质量守恒定律告诉我们，同一流体的质量在运动过程中既不能创生也不能消失，即流体运动到任何地方，其质量应该是保持不变的。

在恒定总流中任取一元流，应用质量守恒定律，流进 1—1 断面的质量必然等于流出 2—2 断面的质量。因此，质量流量连续性方程式为

$$\rho_1 A_1 v_1 = \rho_2 A_2 v_2 \tag{1-9}$$

$$\rho_1 Q_1 = \rho_2 Q_2 \tag{1-10}$$

式中：ρ——密度，kg/m^3；

A——总流的过流断面面积，m^2；

v——总流的断面平均流速，m/s；

Q——流体流量，m^3/s。

当流体不可压缩时，流体的密度不变，故

$$A_1 v_1 = A_2 v_2 \tag{1-11}$$

$$Q_1 = Q_2 \tag{1-12}$$

2. 恒定总流能量方程

能量既不能消失也不能创生，只能由一种形式转换成另一种形式，或从一个物体转移到另一个物体。而在转化和转移的过程中总和保持不变，流体的能量包括三种形式，即位能 Z、压能 $\dfrac{p}{\gamma}$ 和动能 $\dfrac{v^2}{2g}$，三者之和为断面的单位重量液体具有的机械能。理想流体是指没有黏性(流动中没有摩擦阻力)的不可压缩流体。这种流体实际上并不存在，是一种假想的流体，但这种假想对解决工程实际问题具有重要意义。在理想流动的管段上取两个断面 1—1、2—2，两个断面的能量之和相等，即

$$Z_1 + \frac{p_1}{\gamma} + \frac{v_1^2}{2g} = Z_2 + \frac{p_2}{\gamma} + \frac{v_2^2}{2g} \tag{1-13}$$

式中：Z_1，Z_2——分别为 1—1 断面、1—2 断面单位重量流体具有的位能；

$\dfrac{p_1}{\gamma}$，$\dfrac{p_2}{\gamma}$——分别为 1—1 断面、2—2 断面单位重量液体具有的压能；

$\dfrac{v_1^2}{2g}$，$\dfrac{v_2^2}{2g}$——分别为 1—1 断面、2—2 断面单位重量液体具有的动能。

通常称式(1-13)为伯努利方程式。

由于流体本身存在黏滞力以及管道壁面有一定的粗糙程度，所以实际流体在流动过程中要消耗一部分能量来克服这种流动阻力，会有能量损失，假设从 1—1 断面到 2—2 断面流动过程中能量损失为 h，则实际流体流动的伯努利方程为

$$Z_1 + \frac{p_1}{\gamma} + \frac{v_1^2}{2g} = Z_2 + \frac{p_2}{\gamma} + \frac{v_2^2}{2g} + h \tag{1-14}$$

1.3.3 流动阻力和水头损失

由于流体具有黏滞性及固体边界的不光滑，所以流体在流动过程中既受到存在于相对运动的各层界面间摩擦力的作用，又受到流体与固体边壁之间摩擦阻力的作用。同时固体边壁形状的变化也会对流体的流动产生阻力。为了克服上述流动阻力，必须消耗流体所具有的机械能，单位质量的流体流动中所消耗的机械能，称为能量损失或几何意义上的能量损失，即水头损失。

1. 沿程阻力和沿程水头损失

流体在长直管（或明渠）中流动，所受的摩擦阻力称为沿程阻力。为了克服沿程阻力而消耗的单位重量流体的机械能，称为沿程水头损失 h_l。沿程水头损失与管的长度、粗糙度及流速的平方成正比，而与管径成反比，通常采用达西-维斯巴赫公式计算，即

$$h_l = \lambda \frac{L}{d} \frac{v^2}{2g} \tag{1-15}$$

式中：λ——沿程阻力系数；
L——管长，m；
d——管径，mm；
v——平均流速，m/s；
g——重力加速度，m/s²。

2. 局部阻力和局部水头损失

流体的边界在局部地区发生急剧变化时，比如断面变化处、转向处、分支或其他使流体流动情况改变时，迫使主流脱离边壁而形成漩涡，流体质点间产生剧烈碰撞，所形成的阻力称局部阻力。为克服局部阻力所引起的能量损失称为局部水头损失 h_j。计算公式为

$$h_j = \xi \frac{v^2}{2g} \tag{1-16}$$

式中：ξ——局部阻力系数；
v——平均流速，m/s；
g——重力加速度，m/s²。

流体在流动过程中的总损失应该等于各个管路系统所产生的所有沿程水头损失和局部水头损失之和。

思考题

1. 简述流体静水压强基本方程的形式。静止液体中压强分布与深度有什么关系？
2. 绝对压强、相对压强和真空度之间的相互关系是什么？
3. 流体运动的基本原理是什么？如何进行分类？
4. 流体运动的基本方程是什么？
5. 什么是流动阻力和水头损失？
6. 什么是元流、总流？什么是过流断面、流量和流速？

第2章

传热学基础知识

2.1 传热学基本概念

凡是有温差的地方,都会发生热量的转移,因此传热是一种普遍的现象,传热学正是研究热量传播规律的一门学科。按照物体中各点温度是否随时间变化,传热可分为稳定传热和非稳定传热。

1. 热

热是由物体外界温度不同,通过边界而传递的能量,是物体间通过分子运动传递的能量。给物体加热,实际就是增加使物体分子运动的能量,物体的温度将会升高;反之,使物体散热,减少分子运动的能量,物体的温度便会降低。

热的单位是 J(焦[耳]),1J=1N·m(或 0.24cal)。

热分为显热和潜热,以温度为特征的热称为显热。例如:每 1L 水,温度升高 1K(1℃)吸收的热量为 4200J;降低 1K(1℃)放出的热量为 4200J。以状态变化为特征的热称为潜热,也叫汽化热。例如:1L 100℃的水蒸发为 100℃蒸汽需要吸收 2260kJ 的热量。日常生活中水的蒸发过程,也是吸收的潜热。

2. 热力学温度

温度表示物体冷热的程度。热力学温度的单位为 K(开[尔文]),把水的三相点的温度,即水的固相、液相、气相平衡共存状态的温度作为单一基准点,并规定为 273.15K。热力学温度 T 与摄氏温度 t 之间的关系为 $T=t+273.15$。

3. 热膨胀

物体受热,长度增长,体积增大,这是物质热力学能增加使分子间隔增大的结果。这种随温度升高而胀大的现象称为热膨胀。

(1)线膨胀:物体的线膨胀是指温度升高后物体在长度方向的增长。每升高 1℃ 时单位长度的伸长量称为线膨胀系数 α_l。

$$\alpha_1 = \frac{L_2 - L_1}{L_1(t_2 - t_1)} \tag{2-1}$$

式中：L_1、L_2——物体的原长度、胀后的长度，m；

t_1、t_2——原有温度、升温后的温度，℃ 或 K；

α_1——线膨胀系数，$℃^{-1}$ 或 K^{-1}。

(2) 体膨胀：物体的体积随温度的升高而胀大，其膨胀程度用体膨胀系数来表示。

$$V_2 = \alpha_V V_1 (t_2 - t_1) \tag{2-2}$$

式中：V_1、V_2——t_1、t_2 时的体积，m^3；

α_V——体膨胀系数，$℃^{-1}$ 或 K^{-1}；

t_1、t_2——原有温度、升温后的温度，℃ 或 K。

4．比热容

质量为 1kg 的物体、温度升高 1K 所吸收的热量称为比热容。物体吸收的热量与其温度的升高成正比。

$$Q = cm(t_2 - t_1) \tag{2-3}$$

式中：Q——物体的吸热量，J；

m——物体的质量，kg；

t_1、t_2——物体的初温和终温，℃ 或 K；

c——物体的比热容，J/(kg·K)。

2.2 传热方式与传热过程

2.2.1 传热方式

物体的传热方式可分为三种，即热传导、热对流和热辐射。

1．热传导

由于物体内分子运动而将热量由高温部位传递到低温部位，这种热传递过程称为热传导，简称导热。

如图 2-1 所示，一块均质平板，面积为 A，厚度为 δ，板两面温度为由 t_1 降到 t_2，若热导率为 λ，则单位时间通过平板的导热量 Q 与 A 及温差成正比，与板厚 δ 成反比，即

$$Q = \frac{\lambda A(t_1 - t_2)}{\delta} \tag{2-4}$$

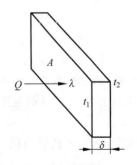

图 2-1 导热平面

式中：Q——导热量，W；

A——导热面积，m^2；

t_1、t_2——均质平板两面温度，K；

δ——板厚，m；

λ——热导率，W/(m·K)，因材料不同而不同。

2. 热对流

热对流是流体各部分之间发生相对运动而引起的热量传递方式。对流发生在流体内部，流动着的流体和与其温度不同的固体壁面接触时的热交换运动，这种换热称为对流换热；如果流体是在外力作用下而产生的换热运动，这种对流换热称为强制对流换热；如果无外力作用，仅由部分流体受热膨胀密度减小产生浮力的流动换热称为自然对流换热。

$$Q = \alpha A(t_w - t_f) \tag{2-5}$$

$$q = \alpha(t_w - t_f) \tag{2-6}$$

式中：Q——对流换热量，W；

　　　q——单位面积的对流换热量，W/m²；

　　　t_w、t_f——分别为物体表面和流体的温度，K；

　　　α——表面传热系数，W/(m²·K)。

3. 热辐射

物体通过电磁波传递热量的方式称为热辐射，它与导热和对流换热不同，热辐射不需中间媒介，故可在真空中进行。

黑体的辐射能在同温度物体中最大，黑体单位时间内发出的辐射热量与其热力学温度的 4 次方成正比。

$$Q = \alpha_R A T^4 \tag{2-7}$$

式中：Q——黑体辐射热量，W；

　　　A——辐射面积，m²；

　　　T——黑体的热力学温度，K；

　　　α_R——斯忒藩-玻耳兹曼常量，$\alpha_R = 5.67 \times 10^{-8}$ W/(m²·K⁴)。

2.2.2 传热过程及热媒的性质

1. 传热过程

热量从温度较高的流体经过固体壁传递给另一侧温度较低的流体的过程，称为总传热过程，简称传热过程。工程上大多数设备的热传递过程都属于这种情况，如锅炉中水冷壁、省煤器和空气预热器的传热，蒸汽轮机装置的表面式冷凝器、内燃机散热器的传热，以及热力设备和管道的散热。

传热过程实际上是热传导、热对流和热辐射三种基本方式共同存在的复杂换热过程。传热过程中，当两种流体间的温度差一定时，传热面越大，传递的热流量越多。在同样的传热面上，两种流体的温度差越大，传递的热流量也越多。传热过程的热流量可用下式表示：

$$\Phi = KA\Delta t \tag{2-8}$$

式中：A——传热面积，m²；

　　　Δt——$\Delta t = t_1 - t_2$，热流体和冷流体间的传热温差，又称温压，K 或 ℃；

　　　K——比例系数，称为传热系数，W/(m²·K)。

总传热系数表示总传热过程中热量传递能力的大小。数值上，它表示传热温差为 1K 时，单位传热面积在单位时间内的传热量。

2. 热媒的性质

1) 水

水在传热学中的有关性质如下：

（1）水的压缩性很小，一般情况可视为不可压缩体，但其膨胀性却不可忽视。

（2）水的比热容为 4.187kJ/(kg·K)，凝结热为 335kJ/kg，汽化热为 2260kJ/kg，热容量很大，因而常被用作供暖或冷却的热媒。

（3）水的沸点在标准大气压下为 100℃，但其随压力的增加而提高，也随含有溶解物质的增多而提高。水的冰点却随压力的增加而降低。

（4）水的密度和汽化热随温度的升高而降低。

（5）水的黏滞性随温度的升高而降低，因而摩擦力相应也减小。

（6）水是优质的溶剂。

2) 蒸汽

蒸汽分为饱和蒸汽和过热蒸汽。100℃的水称为饱和水，100℃的蒸汽称为饱和蒸汽，它含有一些雾状的小水滴，这种蒸汽也称为湿饱和蒸汽。若湿饱和蒸汽再加热便会成为干饱和蒸汽。将饱和蒸汽再加热，并保持一定的压力，便会形成过热蒸汽。

饱和水再加热转化为饱和蒸汽，需要吸取汽化热 2260kJ/kg，凝结为饱和水时放出同样的热量。

蒸汽的比热容比热水大得多。蒸汽的状态参数是表现其在热力学特性方面的物理量，有温度 t、比热容 c 或密度 ρ、压力 P、汽化热 r 等。

3) 空气

空气含有氮气、氧气及少量的二氧化碳和其他气体，还含有少量的水蒸气，其中氮气和氧气占总量的 98% 以上。不含水蒸气的空气称为干空气，含有少量水蒸气的空气称为湿空气，平常的空气都是湿空气。

湿空气的状态除用压力 P、容积 V 及热力学温度 T 等参数表示外，还需要有标志湿空气中水蒸气含量的特性参数，比如温度、湿度、相对湿度、含湿量、湿球温度及其比焓等。此外，还需了解空气焓湿图。

思考题

1. 传热学的基本概念有哪些？
2. 传热的基本方式有哪些？
3. 常见热媒有哪些基本性质？

第3章

电工学基础知识

3.1 电路的基本概念

3.1.1 电路的基本物理量

1. 电荷

我们常将"带电粒子"称为电荷,带正电的粒子叫正电荷(表示符号为＋),带负电的粒子叫负电荷(表示符号为－)。一般用 Q 或 q 来表示电荷所带的电荷量,电荷的单位是库[仑],用符号 C 表示。

电荷是一种客观存在的物质,既不能创造也不能消失,只能从一个物体转移到另一个物体,这就是电荷守恒定律。

2. 电场、电场力和电场强度

带电物体的周围存在着电场。静止电荷产生的电场不随时间的变化而变化,这一电场称为静电场。

如果把一个实验电荷放在电场里,实验电荷就会受到力的作用,这种力就是电场力。电场力的大小不仅和带电体所带电荷量有关,还与它们的形状、大小及周围的介质有关。

在静电场中某一确定的点处有一实验正电荷,该电荷所受的力与它所带的电荷量之比是一个常数,这个常数就是电场强度。电场中任意一点的电场强度,在数值上等于放在该点的单位正电荷所受的电场力的大小,电场强度的方向就是正电荷受力的方向。

3. 电位、电压、电流和电阻

有带电体的存在就有电场的存在,电荷在电场中会受到电场力的作用,通常把电场力将单位电荷从某点移动到参考点(参考点的电位为零)所做的功称为该点的电位,单位用伏[特](V)表示。

电场力把单位正电荷从电场的 A 点移到 B 点所做的功称为 AB 两点间的电压,用 U_{AB} 表示,即 $U_{AB}=\dfrac{W_{AB}}{Q}$。显然,电路中某两点间的电位差等于该两点间的电压,即 $V_A-V_B=$

U_{AB}。当然,电压的单位也是伏[特]。

电路中把带电粒子(电子和离子)受到电源电场力的作用而形成有规则的定向运动称为电流。电路中电流的形成必须同时具备两个条件:①必须具有能够自由移动的电荷;②导体两端存在电压。电流的大小用单位时间内通过导体某一截面的电荷量的大小来衡量,在物理学中叫电流强度,工程上简称电流,用符号 I 表示。

物体阻碍电流通过的能力称为电阻,用 R 表示,单位为欧[姆](Ω)。

4. 电动势、电功率

在电源内部,非电场力将单位正电荷从电源的低电位端(负极)移到高电位端(正极)所做的功,称为电源的电动势,用符号 E 表示,电动势的单位也是伏[特]。电动势是表示电源的物理量。

单位时间内电流所做的功称为电功率,简称功率,用符号 P 表示,单位为瓦[特],简称瓦(W)。根据电流、电压、功率的定义:

$$P = \frac{W}{t} = \frac{W}{Q} \cdot \frac{Q}{t} = UI \tag{3-1}$$

3.1.2 电路的结构及状态

电路就是电流所流经的路径,由电源、负载、连接导线及开关3个基本部分组成。如图3-1所示,当电路的开关接通时,灯泡发光,说明电路中有电流通过。电池是整个电路的电源,电源是把其他形式的能量转换为电能的设备。在电路中,电源是维持电路中电流流动的原动力,并使电路两端保持一定的电位差,使正电荷源源不断地从高电位经负载流向低电位,负电荷源源不断地从低电位经负载流向高电位,形成稳定的电流。电灯是整个电路的负载,负载是消耗电能的设备,它可以把电能转换为其他形式的能量。负载是各种用电设备,如电灯是把电能转换为光能;电热设备是把电能转换为热能;电动机是把电能转换为机械能等。导线和开关是电源和负载之间不可缺少的连接和控制部件,起传输和分配电能的作用。开关有控制和保护电气设备的作用,当开关闭合时,电路中才有电流通过负载。

根据电路开关的工作状态一般将电路分为正常状态、开路状态、短路状态三种。正常状态是指额定工作状态,即电路中的电源、负载的电压、电流、频率等处于电气设备所允许的工作条件;开路状态是指当电路的开关断开时,电路中的电流为零,电源两端的电压值就是电源的电动势;短路状态是指电路将一部分负载短接,即电压不等的两点被电阻为零的导体连接,其结果是电路中的电流将突然增大,破坏原电路的稳定。

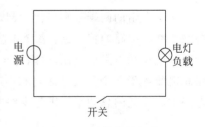

图 3-1 最简单的电路

基本电路元件有五种,即电阻元件、电感元件、电容元件、理想电压源和理想电流源。

图 3-1 的原理接线图如图 3-2 所示。图 3-2(a)中将电源用理想电压源来表示,E 表示电源和它的电动势,"+"表示电源的正极,"−"表示电源的负极。在内电路中,电流从电源的"−"极指向电源的"+"极;在外电路中,电流从高电位点指向低电位点,箭头的方向即表示电流的正方向。电压的正方向正好与电动势的方向相反,其正方向也是从高电位点指向

低电位点,当电路的电压方向与电流的方向一致时,则电压、电流之间的方向称为关联参考方向,如图3-2(c)中的电压、电流的方向。图3-2(b)、(c)是图3-2(a)的另外两种表示方法。

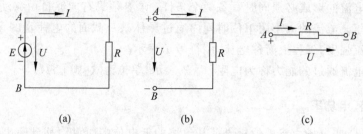

图 3-2　电路图的几种画法
(a) 用电动势表示电源；(b) 用端电压表示电源；(c) 图(a)和图(b)的简单画法

3.2　负载连接

3.2.1　负载的串联连接

如果把几个电阻首尾相连,在这几个电阻中通过的是同一电流,这种连接方式叫串联。串联电路的特点是:电路中电流处处相同,且为同一电流;串联电路两端的总电压等于各电阻上分电压之和;串联电路的总电阻等于所有电阻之和,串联电路的总电阻必定要大于电路中任何一个分电阻,故串联电阻越串越大;串联电阻上的电压与电阻值成正比,电阻值越大,所分得的电压越大;各电阻所消耗的功率与电阻值成正比,串联电路的总功率等于各电阻功率之和。

由于串联电路中电压分配与电阻值成正比,当电源电压高于负载额定电压时,可以采用串联电阻构成的分压器来降低供电电压,以满足负载的要求。

3.2.2　负载的并联连接

每个电阻的两端分别接在一起,每个电阻两端所承受的是同一电压,这种连接方式称为并联。并联电路的特点是:各个电阻两端的电压相等,都等于外电压,这是主要特征;每个支路的电流和电阻成反比,电阻越小,支路的电流越大,电阻越大,支路的电流越小;并联电路总电流等于各个分支电流之和;并联电路总电流的倒数等于各支路电阻倒数之和;并联电路中所消耗的总功率等于各支路电阻消耗的功率之和。

3.3　三相交流电路

三相交流电路是电力系统中普遍采用的一种电路,目前电能的生产、输送、分配和应用几乎全部采用三相交流电。三相交流电是在单相交流电路的基础上发展起来的。三相交流电源是由三个频率相同、大小相等、彼此之间具有120°相位差的对称三相电动势组成的,一般称为对称三相电源。对称三相电动势是由三相交流发电机产生的,对用户来说也可看成是由变压器提供的。不管发电机还是变压器,三相电源都是由三相绕组直接提供的。三相绕组既可以接成星形,也可以接成三角形。

3.3.1 三相电源的联结方式

1. 三相电源的星形联结

将三个绕组的末端 U_2、V_2、W_2 连在一起,由 U_1、V_1、W_1 三个始端引连接线,这种连接方式就叫星形联结,如图 3-3 所示。

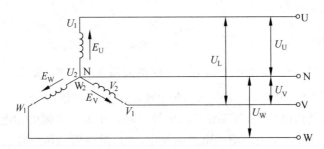

图 3-3 三相对称电源的星形联结

星形联结时,三个末端连接在一起的点称为中性点,用"N"表示。从中性点引出的连接线称为中性导体,从始端引出的三根连接线称为相导体,这种连接方式也称为三相四线制。

星形联结时可以得到两种电压:一种是相电压,即绕组的始端与末端之间的电压,也可以说是相导体与中性导体之间的电压;另一种是线电压,即各绕组始端与始端之间的电压,也就是各相导体之间的电压。

相电压的有效值用 U_U、U_V 或 U_W 表示,一般用 U_ϕ 表示,三个相电压的有效值大小相等,即 $U_U=U_V=U_W=U_\phi$。

线电压的有效值用 U_{UV}、U_{VW} 或 U_{WU} 表示,一般用 U_L 表示。同样三个线电压的有效值大小也相等,即 $U_{UV}=U_{VW}=U_{WU}=U_L$。三个相电压和线电压分别对称。

各相电动势的正方向规定为从绕组的末端指向始端,那么相电压的正方向就是从绕组的始端指向末端。线电压的正方向习惯按 U、V、W 顺序规定,如 U_{UV} 就是从 U 端指向 V 端。

电源连接成星形时,相电压与线电压显然是不相等的。线电压与相电压之间的关系为

$$U_L = \sqrt{3} U_\phi \tag{3-2}$$

这就是说,电源为星形联结时,线电压等于相电压的 $\sqrt{3}$ 倍。

通常讲的电压 220V 和 380V,是指电源星形联结时的相电压和线电压值,即 $380V = \sqrt{3} \times 220V$。

2. 三相电源的三角形联结

三相绕组也可以按顺序将始端与末端依次联结,组成一个闭合三角形,由三个联结端点向外引出三条导线供电,这种接法称为三角形联结,如图 3-4 所示。

三相电源三角形联结时,线电压等于相应的相电压,

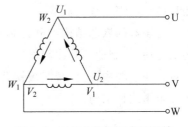

图 3-4 三相电源的三角形联结

电源只能提供一种电压。

3.3.2 三相负载的联结方式

三相负载的接法也有星形联结和三角形联结两种。

1. 星形联结

当负载星形联结时,线电压与相电压之间的关系为$\sqrt{3}$倍,每相线电压都超前各自相电压30°,并且线电流等于相电流。

2. 三角形联结

当负载三角形联结时,线电压与相电压之间的关系是相等的,如果负载对称时,每相线电流都滞后各自相电流30°,并且线电流和相电流的关系为$\sqrt{3}$倍。

对于三相四线制供电系统,当三相负载的额定相电压等于电源的相电压时,负载需星形联结;当三相负载的额定相电压等于电源的线电压时,负载需三角形联结。

3.4 变压器

变压器是利用电磁感应的原理,将某一数值的交流电压转变成频率相同的另一种或几种不同数值交流电压的电器设备。它通常可分为电力变压器和特种变压器两大类。

电力变压器是电力系统中的关键设备之一,有单相和三相之分,容量从几千伏安到数十万伏安。除电力系统应用的变压器以外,其他各种变压器统称为特种变压器。因此它的品种繁多,常用的有测量用的电压互感器、电流互感器,焊接用的电焊变压器等。尽管种类不同,大小形状也不同,但是它们的基本结构和工作原理是相似的。

3.4.1 变压器的结构

变压器的电磁感应部分包括电路和磁路两部分。电路又有一次电路与二次电路之分。各种变压器由于工作要求、用途和形式不同,外形结构不尽相同,但是它们的基本结构都是由铁芯和绕组组成的。

铁芯是磁通的通路,它是用导磁性能好的硅钢片冲剪成一定的尺寸,并在两面涂以绝缘漆后按一定规则叠装而成。

变压器的铁芯结构可分为芯式和壳式两种,如图3-5所示。芯式变压器绕组安装在铁芯的边柱上,制造工艺比较简单,一般大功率的变压器均采用此种结构。壳式变压器的绕组安装在铁芯的中柱上,线圈被铁芯包围着,所以它不需要专门的变压器外壳,只有小功率变压器采用此种结构。

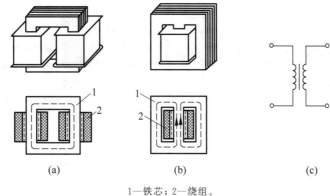

1—铁芯；2—绕组。

图 3-5 芯式变压器与壳式变压器

（a）芯式变压器；（b）壳式变压器；（c）单相变压器的符号

3.4.2 三相电力变压器

交流电电能生产、输送和分配几乎都是采用三相制，即三相电力变压器。三相变压器可以看成三个单相变压器组合，三个绕组可以联结成星形或三角形。三相电力变压器外形如图 3-6 所示。

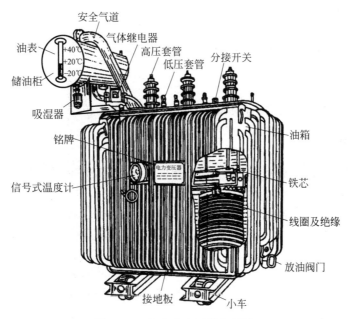

图 3-6 三相电力变压器外形图

3.4.3 变压器的技术参数

1. 型号

变压器型号命名规则如图 3-7 所示。

例如：SL7-630/10 表示为三相油浸自冷铝线变压器，设计序号 7，额定容量为 630kV·A，

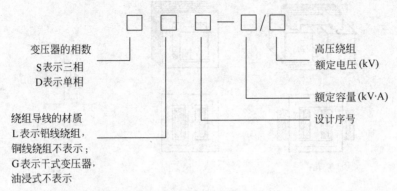

图 3-7 变压器型号

高压侧额定电压等级为 10kV。

2. 额定电压 U_{1N}/U_{2N}

一次额定电压 U_{1N} 是指加到一次绕组上的电源线电压额定值。二次额定电压 U_{2N} 是指当一次绕组所接电压为额定值、分接开关位于额定分接头上,变压器空载时,二次绕组的线电压,单位为 kV 或 V。

3. 额定电流 I_{1N}/I_{2N}

一次、二次绕组的线电流,可根据额定容量和额定电压计算出电流值,单位为 A。

4. 额定容量 S_N

额定容量是变压器在额定工作状态下输出的视在功率,单位为 kV·A 或 V·A。

5. 额定频率 f_N

额定频率 f_N 是变压器一次绕组所加电压的额定频率,额定频率不同的变压器是不能换用工作的。国产电力变压器的额定频率均为 50Hz。

变压器铭牌上还标明抗阻电压、联结组别、油重、器身重、总重、绝缘材料的耐热等级及各部分允许温升等。

思考题

1. 电路的基本物理量有哪些?
2. 简述电路的三种状态及特点。
3. 三相电源、负载的星形及三角形联结的电压和电流关系有什么不同?

第2篇

建筑给水排水工程

第4章 室外给排水工程概述

4.1 室外给水工程概述

室外给水工程又称为城市给水工程，是为满足城乡居民及工业生产等用水需要而建造的工程设施，它的任务是自水源取水，将其净化到所要求的水质标准后，经输配水系统送往用户。它包括水源、取水工程、净水工程、输配水工程四部分。

4.1.1 水源

给水水源是指能为人类所开采，经过一定的处理或不经处理就可利用的自然水体。给水水源按水体的存在和运动形式不同，分为地下水源和地表水源。地下水源包括潜水（无压地下水）、自流水（承压地下水）和泉水三种类型。地表水水源有江河、湖泊、水库和海洋等。

大部分地区的地下水受形成、埋藏和补给等条件的影响，具有水质清澈、水温稳定、分布面广等特点。尤其是承压地下水（层间地下水），其上覆盖不透水层，可防止来自地表污染物的渗透污染，具有较好的卫生条件。但地下水径流量较小，有的矿化度和硬度较高，部分地区可能出现矿化度很高或其他物质（如铁、锰、氟、氯化物、硫酸盐、各种重金属或硫化氢）含量较高的情况。

采用地下水源具有下列优点：取水条件及取水构筑物构造简单，便于施工和运行管理；通常地下水无须澄清处理，即使水质不符合要求时，大多数情况下的处理工艺也比地表水简单，故处理构筑物投资和运行费用也较省；便于靠近用户建立水源，从而降低给水系统的投资，节省输水运行费用，同时也可提高给水系统的安全可靠性；便于分期修建；便于建立卫生防护区。但是，开发地下水源的勘察工作量较大，对于规模较大的地下水取水工程需要较长时间的水文地质勘察。还应注意的是，过量开采地下水常常会引起地面下沉，威胁地面建筑物的安全。

大部分地区的地表水源流量较大，由于受地面各种因素的影响，通常表现出与地下水相反的特点。例如，河水浑浊度较高，水温变幅大，有机物和细菌含量高，易受到污染，有时还有较高的色度。但是地表水一般具有径流量大、矿化度低、硬度低，含铁、锰量较低的优点。地表水的水质水量随季节有明显的变化。此外，采用地表水源时，需要同时考虑地形、地质、水文、卫生防护等方面因素。

地表水源水量充沛，常能满足大量用水的需要。因此，城市、工业企业常利用地表水作为给水水源,尤其是我国南方地区,河网发达,湖泊、水库较多,以地表水作为给水水源的城市、村镇、工业企业更为普遍。

4.1.2 取水工程

1. 地下水取水构筑物

地下水取水构筑物主要有管井、大口井、辐射井、复合井及渗渠等,其中最常见的是管井和大口井。

管井是地下水取水构筑物中应用最广泛的一种形式,因其井壁和含水层中进水部分均为管状结构而得名。管井直径大多为 50～1000mm,井深可达 1000m 以上,常见的管井直径大多小于 500mm,井深在 200m 以内。随着凿井技术的发展和浅层地下水的枯竭与污染,直径在 1000mm 以上、井深在 1000m 以上的管井已有使用。管井构造一般由井室、井壁管、过滤器及沉淀管组成。管井施工方便,适应性强,能用于各种岩性、埋深、含水层厚度和多层次含水层的取水工程。常见管井的一般构造如图 4-1 所示。

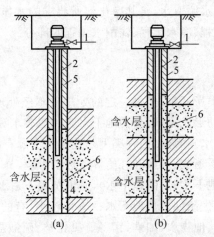

1—井室;2—井壁管;3—过滤器;4—沉淀管;5—黏土;6—填砾

图 4-1 管井的一般构造

(a) 单过滤器管井;(b) 多过滤器管井

大口井是广泛用于开采浅层地下水的取水构筑物。与管井一样,也是一种垂直建造的取水井,由于井的直径较大,故名大口井,主要由井筒、井口和进水部分组成。大口井直径一般为 5～8m,最大不宜超过 10m,井深一般在 15m 以内。由于施工条件的限制,我国大口井多用于开采埋深小于 12m、厚度在 5～20m 的含水层。

2. 地表水取水构筑物

地表水取水构筑物按地表水种类可分为江河取水构筑物、湖泊取水构筑物、水库取水构筑物、山溪取水构筑物和海水取水构筑物。按取水构筑物的构造分为固定式(岸边式、河床式、斗槽式、低坝式、底栏栅式)和移动式(浮船式、缆车式、潜水泵直接吸水式)。固定式取水构筑物适用于各种大小取水量和各种地表水源;移动式取水构筑物适用于中小取水量,多用于江河、水库、湖泊取水。

地表水取水构筑物位置的选择应通过技术经济比较综合确定，并应满足下列条件：
（1）位于水质较好的地带；
（2）靠近主流，有足够的水深，有稳定的河床及边岸，有良好的工程地质条件；
（3）尽可能不受泥沙、漂浮物、冰凌、冰絮等影响；
（4）不妨碍航运和排洪，并应符合河道、湖泊、水库整治规划的要求；
（5）尽量不受河流上的桥梁、码头、丁坝、拦河坝等人工构筑物或天然障碍的影响；
（6）靠近主要用水地区；
（7）供生活饮用水的地表水取水构筑物的位置，位于城镇和工业企业上游的清洁河段，且大于工程环评报告规定的与上下游排污口的最小距离。

取水构筑物的形式应根据取水量和水质要求，结合河床地形及地质、河床冲淤、水深及水位变幅、泥沙及漂浮物、冰情和航运等因素以及施工条件，在保证安全可靠的前提下，通过技术经济比较确定。

4.1.3 净水工程

取用天然水源水，进行处理达到生活和生产使用水质标准的处理工程称为净水工程（又称给水处理）。净水工程的主要目的有三：第一，去除或部分去除水中杂质，包括有机物、无机物和微生物等，使其达到使用水质标准；第二，在水中加入某种化学成分以改善使用性质，例如，饮用水中加入氟以防止龋齿，循环冷却水中加缓蚀剂及阻垢剂以控制腐蚀、结垢等；第三，改变水的某些物理化学性质，例如调节水的 pH 值、水的冷却等。此外，净水过程中所产生的污染物处理和处置也是净水工程的内容之一。

1. 单元处理方法及其应用

单元处理是净水工艺中完成或主要完成某一特定目的的处理环节。单元处理方法可分成物理、化学（其中包括物理化学分支）和生物三种。在水处理中，为方便考虑，简化为"物理化学法"和"生物法"（或生物化学）两种。这里的"物理化学法"并非指化学分支中的"物理化学"，而是物理学和化学两大学科的合称。

1）物理化学法

水的物理化学处理方法很多，主要有以下几种：

（1）混凝：在原水（未经处理或放入容器等待进一步处理的水）中投加电解质，使水中不易沉淀的胶体和悬浮物聚结成易于沉淀的絮凝体的过程称为混凝，混凝包括凝聚和絮凝两个阶段。

（2）沉淀：通常指水中悬浮颗粒在重力作用下从水中分离出来的过程，如果向水中投加某些化学药剂，与水中一些溶解物质发生化学反应而生成难溶物沉淀下来，称为化学沉淀。

（3）澄清：是集絮凝和沉淀于一体的单元处理方法。在同一个处理单元或设备中，水中胶体、悬浮物经过絮凝聚集成尺寸较大的絮凝体，然后在同一设备中完成固液分离。

（4）气浮：是固液分离或液液分离的一种方法。利用大量微细气泡黏附于杂质、絮粒之上，将悬浮颗粒浮出水面而去除的工艺，称为气浮分离。

（5）过滤：待滤水通过过滤介质（或过滤设备）时，水中固体物质从水中分离出来的一种单元处理方法,过滤分为表面过滤和滤层过滤两种。表面过滤是指尺寸大于介质孔隙的固体物质被截留于过滤介质表面而让水通过的一种过滤方法,如滤网过滤、微孔滤膜过滤等。滤层过滤是指过滤设备中填装粒状滤料(如石英砂、无烟煤等)形成多孔滤层的过滤方法。

(6) 膜分离:在电位差、压力差或浓度差推动力作用下,利用特定膜的透过性能,分离出水中离子、分子和固体微粒的处理方法。在水处理中,通常采用电位差和压力差两种。利用电位差的膜分离法有电渗析法;利用压力差的膜分离法有微滤、超滤、纳滤和反渗透法。

(7) 吸附:吸附可以发生在固相-液相、固相-气相和液相-气相之间。在某种力的作用下,被吸附物质移出原来所处的位置在界面处发生相间积聚和浓缩的现象称为吸附。由分子力产生的吸附为物理吸附;由化学键产生的吸附为化学吸附。

(8) 离子交换:一种不溶于水且带有可交换基团的固体颗粒(离子交换剂)从水溶液中吸附阴、阳离子,且把本身可交换基团中带相同电荷的离子等当量释放到水中,从而达到去除水中特定离子的过程。离子交换法广泛应用于硬水软化、除盐和工业废水中的铬铜等重金属的去除。

(9) 氧化还原法:利用水中溶解性有毒有害物质被氧化或还原的性能,采用氧化或还原方法使之转化为无毒无害物质或不溶物质,称为氧化还原法。给水处理常用氧、氯等氧化剂氧化水中铁、锰、铬、氰等无机物和多种有机物等,生成不溶解物质,沉淀后去除。用氯、二氧化氯等氧化剂灭活水中细菌和绝大多数病原体进行消毒。

(10) 曝气:给水处理中曝气主要是利用机械或水力作用将空气中的氧转移到水中充氧或使水中有害的溶解气体穿过气液界面向气相转移,从而去除水中溶解性气体(游离二氧化碳、硫化氢等)和挥发性物质的过程。

2) 生物法

利用微生物(主要是细菌菌落)的新陈代谢功能去除水中有机物和某些无机物的处理方法称为生物法。在净水工程中,大多采用微生物附着生长在固定填料或载体表面形成的生物膜,降解水中有机物的方法,即为生物膜法。净水工艺中的生物处理方法主要可去除水中微量有机污染物和氨氮等。

以上所介绍的各种单元处理方法,在净水工程中应用是灵活多样的。去除一种污染物,往往可采用多种处理方法。同样,一种处理方法,往往也可应对多种处理对象。

2. 净水工艺系统

天然水体中杂质的成分相当复杂,单靠某一种单元处理,难以达到预定的水质目标,往往需要由多个单元串联处理协同完成。由多个单元处理组成的处理过程称为水处理工艺系统或者水处理工艺流程。例如,在给水处理中,传统的处理工艺通常由4个处理单元组成,即混凝→沉淀→过滤→消毒。不同的原水水质或达到不同的出水标准,可用不同的处理工艺和单元处理方法。净水工程的任务就是在众多处理工艺和处理方法中寻找适合不同原水水质处理的最为经济有效的处理工艺和处理方法,并不断研究新的处理工艺和方法。

4.1.4 输配水工程

泵站、输水管渠、管网和调节构筑物(水塔和水池)总称为输配水系统,从给水整体来说,它是投资最大的子系统。对输配水系统的总要求如下:供给用户所需的水量,保证配水管网足够的水压,保证不间断给水。输水管渠是指从水源到城镇水厂或从城镇水厂到管网的管线或渠道,它的作用很重要,在某些远距离输水工程中,投资是很大的。

1. 管网

管网是给水系统的主要组成部分。给水管网有各种各样的要求和布置,但不外乎两种基本形式:枝状管网和环状管网,如图 4-2 所示。枝状管网的干管和配水管的布置形似树枝[图 4-2(a)],干线向供水区延伸,管线的管径随用水量的减少而逐渐缩小,这种管网的管线长度最短,构造简单,供水直接,投资最省,但当某处管线发生故障时,其下游管线将会断水,供水可靠性较差。枝状管线末端水流停滞,可能影响水质。一般在小城市中供水要求又不太严格时,可以采用枝状管网;或在建设初期,可先采用枝状管网形式,以后再按发展规划,逐步形成环网。

图 4-2(b)中管线间连接成环网,每条管均可由两个方向来水,如果一个方向发生故障,还可由另一方向供水,因此环状管网供水较为安全可靠。在较大城市或供水要求较高不能断水的地区,均应采用环状管网。环状管网还有降低水头损失,节省能量,缩小管径,以及减小水锤威胁等优点,有利供水安全,但环状管网的管线长,需要较多材料,因而会增加建设投资。

在实际工程中常用枝状管网和环状管网混合布局,根据具体情况,在主要供水区内用环状管网,而在次要或边区用枝状管网。总之,管网的布置既要保证供水安全,又要尽量缩短管线。

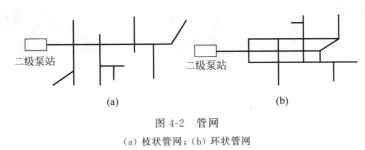

图 4-2 管网
(a) 枝状管网;(b) 环状管网

2. 泵站

泵站是输配水系统中的加压提升设施。给水系统中常用的泵站有一级泵站、二级泵站和加压泵站。

一级泵站的作用是由水源地把水输送至净水构筑物或无须净化时直接由水源地把水输送至配水管网或水塔等调节用水的构筑物。二级泵站的作用是把净水厂已经净化了的水输送到配水管网供用户使用。如果城市面积较大,或专为局部地形较高的区域供水,在远离水厂的管网中间应另设加压泵站。

3. 水量调节设施

水量调节设施有清水池、水塔或高位水池,其作用是调节供水和用水的流量差。水厂内的清水池用于调节一级泵站和二级泵站的流量差。因为水处理构筑物是按每日平均时进水量设计的,故一级泵站抽水流量通常按时平均流量设计,即抽水量基本稳定。二级泵站抽水量往往根据城市用水量变化而变化。白天用水高峰时,二级泵站抽水量大;夜间用水量少时,二级泵站抽水量小。二级泵站抽水量的变化,通过水泵机组调度实现。当二级泵站抽水量小于一级泵站抽水量时,多余水量贮存在清水池内;当二级泵站抽水量大于一级泵站抽水量时,其差值则由清水池内贮水量补充。清水池通常设在水厂内,且紧靠二级泵站。图4-3 所示为某水厂两座平行布置的清水池(图中建筑物为二级泵站和其他用房)。

虽然二级泵站抽水量随城市用水量变化而变化,但居民用水和工业生产等用水量变化很大,且每时每刻均有不同,特别是小城镇供水。二级泵站不可能随用水量变化而频繁调度,水塔或高位水池则起二级泵站供水和城镇用水不等的调节作用。不过,大中城市由于用户多,用水量大,一天 24h 变化不太大,故通常不设水塔(因大容量水塔造价很高),可采用二级泵站内的水泵调度来调节水量。某些小城镇或大的工业企业内部管网,有时设有水塔。图4-4 所示为某企业供水站水塔。

图 4-3　某水厂清水池

图 4-4　某企业供水站水塔

4.2　室外排水工程概述

生产和生活产生的大量污水,如不加控制地任意排入水体或土壤,就会使水体或土壤受到污染,破坏原有的自然环境,以致引起环境问题,甚至造成公害。

为保护环境,现代城市就需要建设一整套的工程设施来收集、输送、处理和处置污水,此工程设施称为排水工程。其主要内容包括:①收集各种污水并及时将其输送至适当地点,为此,城市必须采用排水管网收集和输送生活与生产过程中产生的污水和雨水。城市排水管网包括污水管网、雨水管网、合流制管网及城市内河与排洪设施。②污水妥善处理后排放或再利用,即通过污水处理厂对污水进行适当处理,达到《城镇污水处理厂污染物排放标准》(GB 18918—2002)的要求。

4.2.1　城市排水管网

城市排水管网系统是收集和输送城市产生的生活污水、工业废水与雨、雪降水的公用设施系统,一般由污(废)水及雨水收集设施、排水管道、雨水调蓄池、提升泵站和排污口等组成。

城市和工业企业的生活污水、工业废水以及降水的收集与排除方式称为排水体制。排水体制分为分流制与合流制。

1. 分流制排水系统

分流制排水系统是将生活污水和工业废水用一套或一套以上管道排放而将雨水用另一套管道排放的系统。根据排除雨水方式的不同,分流制排水系统又分为完全分流制和不完全分流制。完全分流制排水系统具有完整的污水排水系统和雨水排水系统;不完全分流制排水系统只有污水排水系统,未建雨水管道系统,雨水沿自然地面、街道边沟、沟渠等原有雨水渠道系统排泄,待城市进一步发展或有资金时再修建雨水排水系统,逐步改造成完全分流制排水系统。

2. 合流制排水系统

合流制排水系统是将生活污水、工业废水和雨水混合在同一个管渠系统内排放的系统。它有直接排入水体的旧合流制、截流式合流制和全处理式合流制三种形式。将城市的混合污水不经任何处理,直接就近排入水体的排水方式称为旧合流制或直排式合流制,国内外老城区的合流制排水系统均属此类。由于污水对环境造成的污染越来越严重,必须对污水进行适当处理才能减轻城市对环境造成的污染和破坏,为此产生了截流式合流制。截流式合流制就是在旧合流制基础上,修建沿河截流干管,在城市下游建污水处理厂,并在适当位置设置溢流井,这种系统可以保证晴天的污水全部进入污水处理厂处理,雨天一部分污水得到处理。在降雨量较小或对水体水质要求较高的地区,可以采用全处理式合流制,即将生活污水、工业废水和雨水全部送到污水处理厂处理后再排放,这种方式对环境水质的影响最小,但对污水处理厂的要求最高,并且投资最大。

由于城市排水对下游水体造成的污染和破坏与排水体制有关,为了更好地保护环境,一般新建的排水系统均应考虑采用分流制。只有在附近有水量充沛的河流或近海而发展又受到限制的小城镇地区,或街道较窄、地下设施较多、修建污水和雨水两条管线有困难的地区,以及雨水稀少和雨水、污水要求全部处理的地区才考虑选用合流制排水系统。

4.2.2 污水处理的基本方法与系统

污水处理的基本方法,就是采用各种技术与手段,将污水中所含的污染物分离去除、回收利用,或将其转化为无害物质,使水得到净化。具体方法可归纳为物理法、化学法、生物法等。

(1) 物理法是利用物理作用来分离废水中的悬浮物。例如,沉淀法不仅可以除去废水中相对密度大于1的悬浮颗粒,同时也是回收这些物质的有效方法;气浮法(浮选法)可去除乳状油或相对密度接近1的悬浮物;筛网过滤可除去纤维、纸浆等。

(2) 化学法是利用化学反应的作用来处理废水中的溶解物质或胶体物质。例如,中和法用于中和酸性或碱性废水；吹脱法用于除去废水中的挥发性物质。对于含有大量病菌的医院及制革工业用水等废水，排放前应进行的消毒处理也属化学法。

(3) 生物法是利用微生物的作用处理废水的方法，它主要是用来除去废水中的胶体和溶解性的有机物质。主要方法可分为两大类：利用好氧微生物作用的好氧法和利用厌氧微生物作用的厌氧法。好氧法广泛应用于处理城市污水及有机生产污水，其中有活性污泥法和生物膜法两种；厌氧法多用于处理高浓度有机污水与污水处理过程中产生的污泥，现在也开始用于处理城市污水与低浓度有机污水。

城市污水与生产污水中的污染物是多种多样的，往往需要采用几种方法的组合才能处理不同性质的污染物与污泥，以达到净化的目的与排放标准。现代污水处理技术按处理程度划分，可分为一级、二级和三级处理。

一级处理主要去除污水中呈悬浮状态的固体污染物质，物理法大部分只能完成一级处理的要求。经过一级处理后的污水，生化需氧量（biochemical oxygen demand，BOD）一般可去除30%。但还达不到排放标准，还需要二级处理，一级处理属于二级处理的预处理。

二级处理主要去除污水中呈胶体和溶解状态的有机污染物质，即BOD、化学需氧量（chemical oxygen demand，COD）物质去除率可达90%以上，使有机污染物含量达到排放标准。

三级处理是在一级、二级处理后，进一步处理难降解的有机物、磷和氮等能够导致水体富营养化的可溶性无机物等。主要方法有生物脱氮除磷法、混凝沉淀法、砂滤法、活性炭吸附法、离子交换法和电渗析法等。三级处理是深度处理的同义语，但两者又不完全相同，三级处理常用于二级处理之后，而深度处理则是以污水回收再利用为目的，在一级或二级处理后增加的处理工艺。

污泥是污水处理过程中的产物。城市污水处理产生的污泥含有大量有机物，富有肥分，可以作为农肥使用，但又含有大量细菌、寄生虫卵以及从生产污水中带来的重金属离子等，需要做稳定与无害化处理。污泥处理的主要方法是减量处理（如浓缩法脱水等）、稳定处理（如厌氧消化、好氧消化等）、综合利用（消化气利用、污泥农业利用等）、最终处置（干燥焚烧、填地投海、建筑材料等）。

城市排水工程与城市给水工程之间关系紧密，排水工程规划的污水量、污水处理程度、受纳水体及污水出口应与给水工程规划的用水量、回用再生水的水质和水量、水源地及其卫生防护区相协调；城市排水工程与城市水系统规划、城市防洪规划有关，应与规划水系的功能和防洪设计水位相协调；城市排水工程灌渠多沿城市道路敷设，应与城市规划道路的布局和宽度相协调；城市排水工程规划中排水管渠的布置和泵站、污水处理厂位置的确定应与城市竖向规划相协调。

思考题

1. 比较地下水源与地表水源的优缺点。
2. 给水管网建设中，采用环状管网对供水的安全性有何保证？
3. 清水池在给水系统中如何起调节作用？
4. 污水处理的基本方法有哪些？

第5章 建筑给水系统

建筑内部给水系统是将城镇给水管网或自备水源给水管网的水引入室内,选用适用、经济、合理的最佳供水方式,经配水管送至室内各种卫生器具、用水嘴、生产装置和消防设备,并满足用水点对水量、水压和水质要求的冷水供应系统。

5.1 建筑给水系统的分类与组成

5.1.1 给水系统的分类

按用途不同,建筑给水系统可以分成三类。

1. 生活给水系统

生活给水系统是指供居住建筑、公共建筑与工业建筑饮用、烹饪、盥洗、洗涤、沐浴、浇洒和冲洗等生活用水的给水系统。水质必须严格符合国家规定的生活饮用水卫生标准的要求,并应具有防止水质污染的措施。

2. 生产给水系统

生产给水系统是指供工业生产中所需要的设备冷却水、原料和产品的洗涤水、锅炉及原料等用水的给水系统。由于工业种类、生产工艺各异,所以生产给水系统对水量、水压、水质及安全方面的要求也不尽相同。

3. 消防给水系统

消防给水系统是指以水作为灭火剂供消防扑救建筑火灾时的用水设施,包括消火栓给水系统、自动喷水灭火系统、水幕系统、水喷雾灭火系统等。消防用水用于灭火和控火,即扑灭火灾和控制火灾蔓延。消防用水对水质要求不高,但必须按照《建筑设计防火规范》(GB 50016—2014)(2018版)要求保证供给足够的水量和水压。

以上3种基本给水系统可根据具体情况及建筑物的用途和性质、设计规范等要求,设置独立的某种系统或组合系统。如生活-生产给水系统、生活-消防给水系统、生产-消防给水系统、生活-生产-消防给水系统等。

5.1.2 给水系统的组成

建筑内部给水系统如图 5-1 所示,一般由引入管、水表节点、给水管网、配水附件、增压和贮水设备、给水局部处理设施等组成。

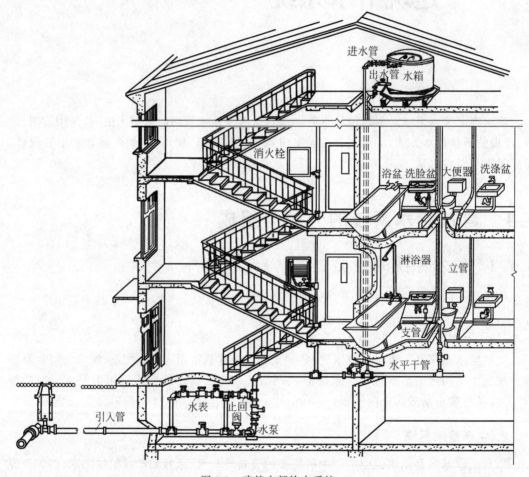

图 5-1 建筑内部给水系统

1. 引入管

引入管是指穿越建筑物承重墙或基础的管道,是室外给水管网与室内给水管网之间的联络管段,也称进户管、入户管。

2. 水表节点

水表节点是指安装在引入管上的水表及其前后设置的阀门和泄水装置的总称。

3. 给水管网

给水管网是指建筑内的水平干管、立管和支管等。

4. 配水附件

配水附件即配水龙头、消火栓、喷头与各类阀门（控制阀、减压阀、单向阀等）。

5. 增压和贮水设备

当室外给水管网的水量、水压不能满足建筑用水要求，或建筑内对供水可靠性、水压稳定性有较高要求时，需要设置各种附属设备，如水箱、水泵、气压给水装置、变频调速给水装置、水池等增压和贮水设备。

6. 给水局部处理设施

当有些建筑对给水水质要求很高，超出我国现行生活饮用水卫生标准，或其他意愿造成水质不能满足要求时，需设置一些设备、构筑物进行给水深度处理。

5.2 室内给水方式

5.2.1 建筑给水系统所需水压的确定

在建筑给水系统设计开始，首先要得到建筑物所在地区的最低供水压力，并将其与建筑给水系统所需压力（图5-2）进行比较，才好确定建筑物的供水方式。建筑给水系统所需压力必须保证将需要的水量输送到建筑物内最高、最远配水点（最不利配水点），并保证有一定的流出压力（流出压力是在保证给水额定流量的前提下，为克服给水配件内摩阻冲击及流速变化等阻力，在控制出流的启闭阀前所需的静水压，而不是出水口处的水头值。）。

一座建筑物所需供水水压可用式(5-1)进行计算，即

$$H = H_1 + H_2 + H_3 + H_4 \quad (5-1)$$

式中：H——给水系统所需水压，kPa；

H_1——室内管网中最不利配水点与引入管之间的静压差，kPa；

H_2——计算管路的沿程和局部水头损失之和，kPa；

H_3——计算管路中水表的水头损失，kPa；

H_4——最不利配水点所需最低工作压力，kPa。

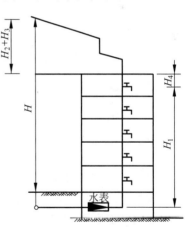

图5-2 给水系统所需水压

为了在初步设计阶段能估算出室内给水管网所需的压力，对于居住建筑生活给水管网可按建筑物层数估算从地面算起的最小保证压力，一般一层为100kPa，二层为120kPa，三层及三层以上每增加一层，增加40kPa。

5.2.2 常见室内给水方式

1. 非高层建筑常用的室内给水方式

1) 直接给水方式

由室外给水管网直接供水，利用室外管网压力供水，为最简单、经济的给水方式，一般单

层和层数少的多层建筑采用这种供水方式,如图5-3所示。这种方式适用于室外给水管网的水量、水压在一天内均能满足用水要求的建筑。

这种给水方式可充分利用室外管网水压,节约能源,且供水系统简单,投资省,充分利用室外管网的水压,节约能耗,减少水质受污染的可能性。但室外管网一旦停水,室内立即断水,供水可靠性差。

2) 设水箱的给水方式

设水箱的给水方式适用于室外管网水压周期性不足(一般是一天内大部分时间能满足要求,只在用水高峰时段,由于用水量增加,室外管网水压降低而不能保证建筑的上层用水),并且允许设置水箱的建筑物。当室外管网压力大于室内管网所需压力时,则由室外管网直接向室内管网供水,并向水箱充水,以储备一定水量。当室外管网压力不足,不能满足室内管网所需压力时,则由水箱向室内系统补充供水,设水箱的给水方式如图5-4所示。

这种给水方式系统比较简单,投资较省;充分利用室外管网的压力供水,节省电能;同时,系统具有一定的储备水量,供水的安全可靠性较好。但系统设置了高位水箱,增加了建筑物的结构荷载,并给建筑设计的立面处理带来一定难度;同时,若管理不当,水箱的水质易受到污染。

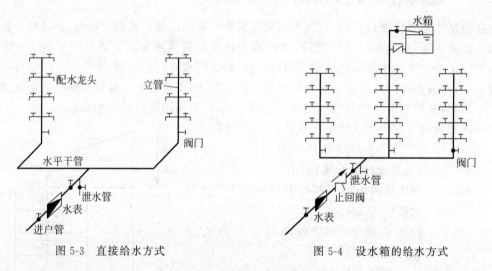

图5-3　直接给水方式　　　　　　　　图5-4　设水箱的给水方式

3) 设水泵的给水方式

设水泵的给水方式适用于室外管网水压经常性不足的生产车间、住宅楼或者居住小区集中加压供水系统,如图5-5所示。当室外管网压力不能满足室内管网所需压力时,利用水泵进行加压后向室内给水系统供水,当建筑物内用水量较均匀时,可采用恒速水泵供水;当建筑物内用水不均匀时,宜采用自动变频调速水泵供水,以提高水泵的运行效率,达到节能的目的。

4) 设水泵、水箱的给水方式

设水泵、水箱的给水方式宜在室外给水管网压力低于或经常不满足室内给水管网所需的压力,且室内用水不均匀时采用。如图5-6所示,该给水方式的优点是水泵能及时向水箱供水,可减少水箱的容积,又因有水箱的调节作用,水泵出水量稳定,能保持在高效区运行。

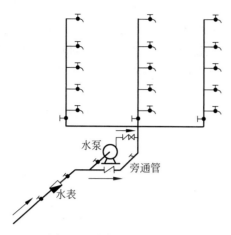

图 5-5 设水泵的给水方式

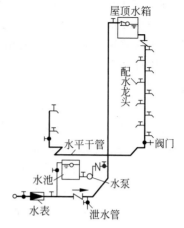

图 5-6 设水泵、水箱的给水方式

这一方式利用水泵将水池中的水提升至高位水箱,用高位水箱贮存调节水量并向用户供水。水箱内设水位继电器来控制水泵的开停。为利用市政管网压力,下面几层往往由室外管网直接供水。

这种供水方式由于水池、水箱储有一定水量,所以停水停电时可延迟供水,供水可靠,供水压力较稳定,但有水泵振动、噪声干扰,且系统投资较大等缺点,普遍适用于多层或高层建筑。

5) 设气压给水装置的给水方式

设气压给水装置的给水方式即在给水系统中设置气压给水设备,利用该设备的气压水罐内气体的可压缩性,升压供水。气压水罐的作用相当于高位水箱,但其位置可根据需要设置在高处或低处。该给水方式宜在室外给水管网压力低于或经常不能满足建筑内给水管网所需水压,室内用水不均匀,且不宜设置高位水箱时采用,如图 5-7 所示。

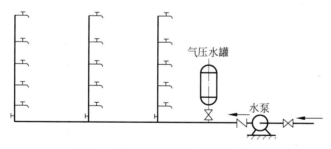

图 5-7 设气压给水装置的给水方式

这种给水方式的优点是设备可设在建筑物的任何高度上,安装方便,具有较大的灵活性,水质不易受污染,投资省,建设周期短,便于实现自动化等。缺点是给水压力波动较大,管理及运行费用较高,且调节能力差。

2. 高层建筑常用的室内给水方式

《建筑设计防火规范》(GB 50016—2014)(2018 版)规定:高层建筑是指建筑高度大于

27m的住宅建筑和建筑高度大于24m的非单层厂房、仓库和其他民用建筑。

整幢高层建筑若采用同一给水系统供水，则下层管道中的静水压力就会很大。过大的静水压力不仅缩短管道、附件的使用寿命，并会造成使用不便、水量浪费，同时需要采用耐高压的管材附件和配水器材，增加费用。因此，高层建筑给水系统必须解决低区系统静水压力过大的问题。

为保证供水的安全可靠性，高层建筑给水系统应采取竖向分区供水，即根据建筑物用途、建筑高度、材料设备性能和室外给水管网水压等，在建筑物的垂直方向按层分段，每段为一区，分别组成各自的给水系统。其分区形式主要有串联式、并联式、减压式和变频调速泵式。分区时，各分区的静水压力不宜大于0.45MPa；当设有集中热水系统时，分区静水压力不宜大于0.55MPa。建筑高度不超过100m的建筑的生活给水系统，宜采用垂直分区并联供水或分区减压的供水方式；建筑高度超过100m的建筑，宜采用垂直串联供水方式。

1）串联分区给水方式

各区设置水泵和水箱，各水泵均设在技术层内，自下区水箱抽水供上区用水，如图5-8所示。这种方式的设备与管道较简单，各分区水泵扬程可按本区需要设计，水泵效率高。但水泵设于技术层，对防振动、防噪声和防漏水等施工技术要求高，且水泵分散设置，占用设备层面积大，管理维修不便，供水可靠性不高，若下区发生事故，其上部各区供水都会受到影响。

2）并联分区给水方式

各给水分区分别设置水泵或调速水泵。各分区水泵采用并联方式供水，水泵一般集中设置在建筑的地下室或底层水泵房内，如图5-9所示。这种给水方式各区自成一体，互不影响；水泵集中，管理维护方便；运行动力费用较低。但水泵型号较多，管材耗用较多，设备费用偏高；分区水箱占用建筑使用面积。

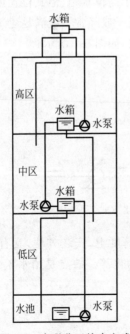

图5-8 串联分区给水方式

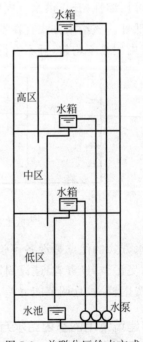

图5-9 并联分区给水方式

3)减压水箱减压供水方式

如图 5-10 所示,该方式是由设置在底层(或地下室)的水泵将整幢建筑的用水量提升至屋顶水箱,然后再分送至各分区减压水箱减压后供下区使用。这种方式水泵数量少,设备布置集中,管理维护方便,各分区减压水箱只起到释放静水压力的作用,因此容积较少,但屋顶水箱容积大,不利于结构抗震。

4)减压阀减压给水方式

如图 5-11 所示,该方式由设置在底层(或地下室)的水泵将整幢建筑的用水量提升至屋顶水箱,然后再经各分区减压阀减压后供各区使用。这种方式供水可靠,设备与管材少、投资省、设备布置集中、省去水箱占用面积,但下区水压损失大,能量消耗多。

5)变频调速泵给水方式

如图 5-12 所示,该方式是各分区设置单独的变频调速水泵,未设置水箱,水泵集中设置在建筑物底层的水泵房内,分别向各区管网供水。这种方式省去了水箱,因而节省了建筑物的使用面积;设备集中布置,便于维护管理;能源消耗较少,但水泵型号及数量较多,投资较大,维修较复杂。

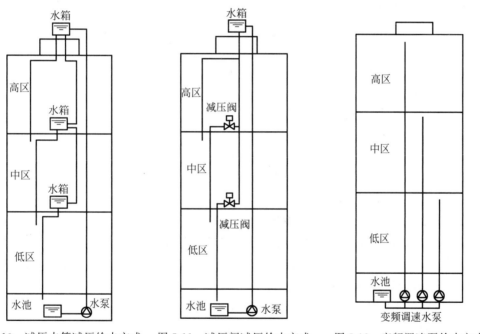

图 5-10 减压水箱减压给水方式　　图 5-11 减压阀减压给水方式　　图 5-12 变频调速泵给水方式

5.3 给水管道材料、附件及设备

5.3.1 给水管道材料

目前我国给水管道可采用钢管、铸铁管、塑料管和复合管等。钢管耐压、抗振性能好,单管长,接头少,且质量比铸铁管轻,有镀锌钢管(白铁管)和非镀锌钢管(黑铁管)之分,前者防腐、防锈性能较后者好。铸铁管性脆、质量大，但耐腐蚀，经久耐用，价格低。近年来，给水塑料管的开发在我国取得了很大进展，有硬聚氯乙烯管、聚乙烯管、聚丙烯管、聚丁烯管和钢塑复合管等。塑料管具有耐化学腐蚀性能强，水流阻力小，质量轻，运输安装方便等优点，使用塑料管还可节省钢材，节约能源。钢塑复合管兼有钢管和塑料管的优点。

管材的选用，应根据水质要求及建筑物使用要求等因素确定。生活给水应选用有利于水质保护和连接方便的管材，一般可选用塑料管、铝（钢）塑复合管、钢管等。消防与生活共用的给水系统中，消防给水管材应与生活给水管材相同。自动喷水灭火系统的消防给水管可采用热浸镀锌钢管、塑料管、塑料复合管、铜管等管材。埋地给水管道一般可采用塑料管或有衬里的球墨铸铁管等。

5.3.2 附件和水表

管道附件是给水管网系统中调节水量、水压，控制水流方向，关断水流等各类装置的总称。水表是一种计量建筑物或设备用水量的仪表。建筑内部的给水系统广泛使用的是流速式水表，管径一定时，根据通过水表的水流速度与流量成正比的原理来测量用水量。

1. 附件

管道附件可分为配水附件和控制附件两类。

1）配水附件

配水附件用来调节水量和分配水流，常用配水附件如图 5-13 所示。

2）控制附件

控制附件用来调节水量和水压，关断水流等，常用控制附件如图 5-14 所示。

截止阀关闭严密，水流阻力大，用于管径不大于 50mm 或经常启闭的管段上。

闸阀全开时，水流呈直线通过，压力损失小，但水中杂质沉积阀座时，阀板关闭不严，易产生漏水现象。管径大于 50mm 或双向流动的管段上宜采用闸阀。

蝶阀为盘状圆板启闭件，绕其自身中轴旋转改变管道轴线间的夹角，从而控制水流通过，具有结构简单、尺寸紧凑、启闭灵活、开启度指示清楚、水流阻力小等优点。在双向流动的管段上应采用闸阀或蝶阀。

室内常用的止回阀有旋启式止回阀和升降式止回阀，其阻力均较大。旋启式止回阀可水平安装或垂直安装，垂直安装时水流只能向上流，不宜用在压力大的管道中；升降式止回阀靠上下游压力差使阀盘自动启闭，宜用于小管径的水平管道上，此外还有消声止回阀和梭式止回阀等类型。

浮球阀是一种利用水位变化而自动启闭的阀门，一般设在水箱或水池的进水管上，用以开启或切断水流。

液位控制阀是一种靠水位升降而自动控制的阀门，可代替浮球阀而用于水箱、水池和水塔的进水管上，通常采用立式安装。

安全阀是保证系统和设备安全的保安器材，有弹簧式和杠杆式两种。

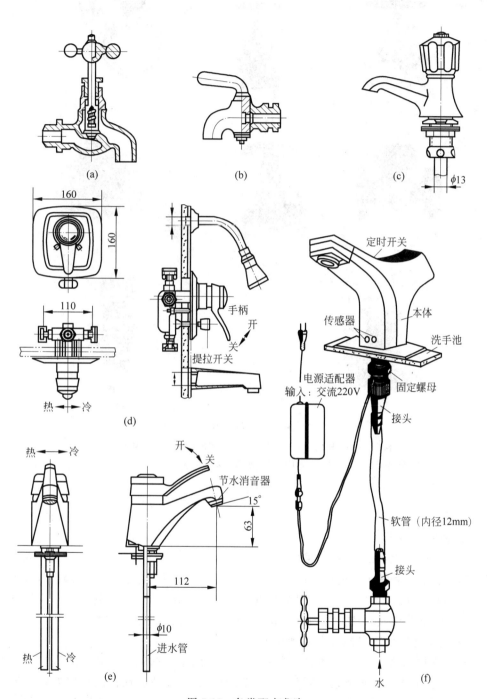

图 5-13 各类配水龙头
(a) 球形阀式配水龙头；(b) 旋塞式配水龙头；(c) 普通洗脸盆配水龙头；
(d) 单手柄浴盆水龙头；(e) 单手柄洗脸盆配水龙头；(f) 自动水龙头

图 5-14 各类阀门
(a) 截止阀；(b) 闸阀；(c) 蝶阀；(d) 旋启式止回阀；(e) 升降式止回阀；
(f) 浮球阀；(g) 液位控制阀；(h) 弹簧式安全阀

2. 水表

1) 流速式水表

在建筑内部给水系统中，广泛采用的是流速式水表。按叶轮构造不同，流速式水表分旋翼式（又称叶轮式）和螺翼式两种。旋翼式的叶轮转轴与水流方向垂直，阻力较大，起步流量和计量范围较小，多为小口径水表，用来测量较小流量。螺翼式水表叶轮转轴和水流方向平行，阻力较小，起步流量和计量范围比旋翼式水表大，适用于测量大流量。

2) 电控自动流量计（TM 卡智能水表）

随着科学技术的发展，用水管理体制的改变与节约用水意识的提高，传统的"先用水后收费"用水体制和人工进户抄表、结算水费的繁杂模式，已不适应现代的管理方式和生活方式，用新型的科学技术手段改变自来水供水管理体制的落后状况已经提上议事日程。因此，电磁流量计、远程计量仪表等自动水表应运而生，TM 卡智能水表就是其中之一。它内部置有微计算机测控系统，通过传感器检测水表，用 TM 卡传递水量数据，主要用来计量（定量）经自来水管道供给用户的饮用冷水，适于家庭使用。

5.3.3 增压贮水设备

1. 水泵

水泵是给水系统中的主要增压设备。在建筑给水系统中,较多采用离心泵,它具有结构简单、体积小、效率高等优点。

1) 离心泵的工作原理

离心泵的工作原理是靠叶轮在泵壳内旋转,使水靠离心力甩出,从而得到压力,将水送到需要的地方。其安装方式有吸入式和灌入式两种。吸入式是指泵轴高于吸水池水面;灌入式是指吸水池水面高于泵轴。一般来说,设水泵的室内给水系统多与高位水箱联合工作,为减小水箱的容积,多采用灌入式,这种方式也比较容易实现水泵的开停自动控制。

2) 离心泵的基本工作参数

(1) 流量:流量是反映水泵出水量大小的物理量,是指在单位时间内通过水泵的水的体积,以符号 Q 表示,单位常用 L/s 或 m^3/h 表示。

(2) 扬程:流经泵的出口断面与进口断面单位流体所具有的总能量之差称为泵的扬程,用符号 H 表示,单位一般用 mH_2O 表示,也有用 kPa 或 MPa 表示的。

(3) 轴功率、有效功率和效率:轴功率是指电机输给水泵的总功率,以符号 N 表示,单位用 kW 表示。

有效功率是指水泵提升水做的有效功的功率,以符号 N_e 表示,$N_e=\gamma QH$,单位用 kW 表示。

效率是指水泵有效功率与轴功率的比值,用符号 η 表示,$\eta=N_e/N$。

(4) 转速:转速是水泵叶轮转动的速度,以符号 n 表示,单位用 r/min 表示。

3) 水泵的选择

水泵的选择原则,应既满足给水系统所需的总水压与水量的要求,又能在最佳工况点(水泵特性曲线效率最高段)工作,同时还能满足输送介质的特性、温度等要求。水泵选择的主要依据是给水系统所需要的水量和水压。一般应使所选水泵的流量大于或等于给水系统最大设计流量,使水泵的扬程大于或等于给水系统所需的水压。一般按给水系统所需要的水量和水压附加 10%~15% 作为选择水泵流量和扬程的参考。

生活给水系统的水泵,宜设一台备用机组。备用泵的供水能力不应小于最大一台运行水泵的供水能力,且水泵宜自动切换交替运行。

4) 变频调速水泵

当室内用水量不均匀时,可采用变频调速水泵,这种水泵的构造与恒速水泵一样也是离心泵,不同的是配有变速配电装置,整个系统由电动机、水泵、传感器、控制器及变频调速器等组成,其转速可以随时调节。

水泵启动后向管网供水,由于用水量的增加,压力降低,这时从传感器测量到的数据变为电信号输入控制器,经控制器处理后传给变频器增高电源频率,使电动机转速增加,提高水泵的流量和压力,满足当时的供水需要。随着用水量的不断增大,水泵转速也不断加大,直至达到最大用水量。在高峰用水过后,水量逐渐减小,也由传感器、控制器及变频器作用,降低电源频率,减小电动机转速,使水泵的出水量、水压逐渐减小。变频调速泵根据用水量变化的需要,使水泵在有效范围内运行,达到节省电能的目的。

5) 建筑物中的泵房

(1) 泵房平面尺寸

泵房平面尺寸要根据水泵机组的布置形式,由水泵机组本身所占尺寸、泵与泵之间所要求的间距,同时还应考虑维修和操作要求的空间来确定。水泵机组的布置间距如图 5-15 所示。

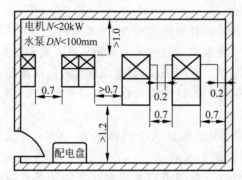

图 5-15　水泵机组的布置间距

泵房内水泵或电动机外形尺寸四周应有不小于 0.7m 的检修通道；大型泵站要求有两路供电电源,常设变电室和配电室,变配电室内的高压开关柜正面的操作空间为 1.8～2.0m,低压配电柜正面的操作空间为 1.2～1.5m,柜后应有 0.8～1.0m 的检修通道。当泵房机组供水量大于 200m³/h 时,泵房应有一间面积为 10～15m² 的修理间和一间面积约为 5m² 的库房。泵房还要求有一间面积不小于 12m² 的值班室。

(2) 泵房建筑的其他要求

水泵在工作时产生振动发出噪声,会通过管道系统传播,影响人们的工作和生活。因此,泵房常设在建筑的底层或地下室,远离要求防振和安静的房间;应在水泵吸水管和压水管上设隔声装置(如软接头),水泵下面设减振装置,使水泵与建筑结构部分断开。

水泵基础高出地面的高度不应小于 0.1m。泵房内管道外底距地面或管沟底面的距离:当管径≤150mm 时,不应小于 0.2m;当管径≥200mm 时,不应小于 0.25m。泵房应设排水措施,光线和通风良好,并不致结冻。

泵房的净高在无吊车起重设备时,应不小于 3.2m;当有吊车起重设备时,应按具体情况决定。

泵房的大门应比最大件宽 0.5m,开窗总面积应不小于泵房地板面积的 1/6,靠近配电箱处不得开窗(可用固定窗)。

2. 贮水池与吸水井

1) 贮水池

贮水池是建筑给水常用调节和贮存水量的构筑物,采用钢筋混凝土、砖石等材料制作,形状多为圆形和矩形。

贮水池应设进水管、出水管、溢流管、泄水管和水位信号装置,溢流管管径宜比进水管管径大一级,泄空管管径应按水池(箱)泄空时间和泄水受体的排泄能力确定,一般可按 2h 内将池内存水全部泄空进行计算,但最小不得小于 100mm。顶部应设有人孔,一般宜为 800~1000mm,其布置位置及配管设置均应满足水质防护要求。仅贮备消防水量的水池,可兼做水景或人工游泳池的水源,但人工游泳池应采取净水措施。非饮用水与消防水共用一个贮水池,应有消防水量平时不被动用的措施。贮水池一般宜分成容积基本相等的两格,以便清洗、检修时不中断供水。

贮水池宜布置在地下室或室外泵房附近,不宜毗邻电气用房和居住用房,生活贮水池应远离化粪池、厕所、厨房等卫生环境不良的地方。

贮水池外壁与建筑主体结构墙面或其他池壁之间的净距,无管道的侧面不宜小于 0.7m;安装有管道的侧面不宜小于 1.0m,且管道外壁与建筑本体墙面之间的通道宽度不宜小于 0.6m;设有人孔的池顶,顶板面与上面建筑本体板底的净空不应小于 0.8m。

2) 吸水井

吸水井是用来满足水泵吸水要求的建筑物。当室外无须设置贮水池而又不允许水泵直接从室外管网抽水时应设置吸水井。

吸水井有效容积不得小于最大一台水泵 3min 的出水量。吸水井尺寸要满足吸水管的布置、安装、检修和水泵正常工作的要求,其布置的最小尺寸如图 5-16 所示。

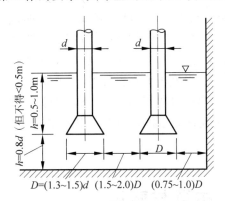

图 5-16 吸水管在吸水井中布置的最小尺寸

吸水井可设置在底层或地下室,也可设置在室外地下或地上。对于生活饮用水,吸水井应有防止污染的措施。

3. 水箱

在建筑给水系统中,当需要储存和调节水量,以及需要稳压和减压时,均可以设置水箱。水箱一般采用钢板、钢筋混凝土、玻璃钢制作。常用水箱的形状有矩形、方形和圆形,如图 5-17 所示。

水箱应设置在便于维护、光线和通风良好且不结冻的地方,一般布置在屋顶或闷顶内的水箱间,在我国南方地区,大部分是直接设置在平屋面上。水箱底距水箱间地板面或屋面应有不小于 0.8m 的净空,以便于安装管道和进行维修。水箱间应有良好的通风、采光和防蚊虫措施,室内最低气温不得低于 5℃。水箱间的承重结构为非燃烧材料。水箱间的净高不得低于 2.2m。

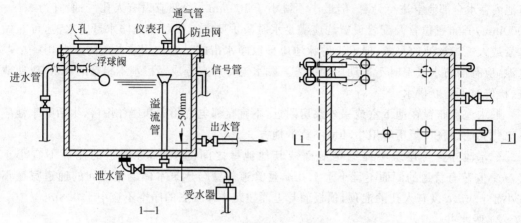

图 5-17 水箱配管、附件示意图

4. 气压给水设备

气压给水设备是一种局部升压和调节水量的给水装置。该设备是用水泵将水压入密闭的罐体内,压缩罐内空气,用水时罐内空气再将存水压入管网,供各用水点用水。其作用相当于高位水箱或水塔。罐的送水压力是压缩空气而不是位置高度,因此气压水罐可以设置于任意高度,安装施工方便,运行可靠,维护和管理方便;由于气压水罐是密闭装置,水质不易受污染,还能消除水锤作用。但气压水罐容量小,调节能力较小,罐内水压变化大,水泵启动频繁,耗电多,经常性费用较高。地震区的建筑、临时性建筑、因建筑艺术要求不宜设置高位水箱或水塔的建筑,以及有隐蔽要求的建筑都可以采用气压给水设备,但不适合对压力要求稳定的用户。

5.4 给水管道的布置与敷设

5.4.1 给水管道的布置

1. 基本要求

1) 引入管

引入管是室外给水管网与室内给水管网之间的联络管段,布置时力求简短,其位置一般由建筑物用水量最大处接入,同时要考虑便于水表的安装与维修,与其他地下管线之间的净距应满足安装操作的需要。

一般的建筑物设一根引入管,单向供水。对不允许间断供水的大型或多层建筑,可设两条或两条以上引入管,并由建筑不同侧的配水管网上引入。

给水引入管与排水排出管的水平净距不得小于1m,引入管应有不小于0.003的坡度,坡向室外给水管网。

2）水平干管

室内给水系统，按照水平配水干管的敷设位置，可以设计成上行下给式、下行上给式和中分式三种形式。

3）立管

立管靠近用水设备，并沿墙柱向上层延伸，应保持短直，避免多次弯曲。明设的给水立管穿楼板时，应采取防水措施。美观程度要求较高的建筑物，立管可在管井内敷设。管井应每层设外开检修门。需进入维修管道的管井，其维修人员的工作通道净宽度不宜小于0.6m。

4）支管

支管从立管接出，直接接到用水设备。需要泄空的给水横支管宜有0.002～0.005的坡度，坡向泄水装置。

以上各管道系统在室内布置时，不应穿越变配电房、电梯机房、通信机房、大中型计算机房、计算机网络中心、音像库房等遇水会损坏设备和引发事故的房间，并应避免在生产设备上方通过，也不得妨碍生产操作、交通运输和建筑物的使用。

室内给水管道不得布置在遇水会引起燃烧、爆炸的原料、产品和设备的上面。

室内给水管道不得布置在烟道、风道、电梯井、排水沟内；给水管道不得穿过大便槽和小便槽，且立管离大、小便槽端部不得小于0.5m，给水管道不宜穿越橱柜、壁柜。

给水管道不宜穿越变形缝。当必须穿越时，应设置补偿管道伸缩和剪切变形的装置。

塑料给水管道不得布置在灶台上边缘；明设的塑料给水立管距灶台边缘不得小于0.4m，距燃气热水器边缘不宜小于0.2m；当不能满足上述要求时，应采取保护措施；塑料给水管道不得与水加热器或热水炉直接连接，应有不小于0.4m的金属管段过渡。

2．布置形式

给水管道的布置形式按供水可靠程度要求可分为枝状和环状两种形式。枝状管网单向供水，供水安全可靠性差，但节省管材，造价低；环状管网相互连通，双向供水，安全可靠，但管线长，造价高。

按水平干管的敷设位置，又可布置成上行下给、下行上给和中分式三种形式。干管设在顶层顶棚下、吊顶内或技术夹层中，由上向下供水的为上行下给式，适用于设置高位水箱的居住与公共建筑和地下管线较多的工业厂房。干管埋地、设在底层或地下室中，由下向上供水的为下行上给式，适用于利用室外给水管网水压直接供水的工业与民用建筑。水平干管设在中间技术层或某层吊顶内，由中间向上、下两个方向供水的为中分式，适用于屋顶用作露天茶座、舞厅或设有中间技术层的高层建筑。同一幢建筑的给水管网也可同时兼有以上两种布置形式。

5.4.2 给水管道的敷设

1．给水管道的敷设形式

根据建筑物的性质及要求，给水管道的敷设分为明装和暗装两种形式。

明装时，管道在建筑物内沿墙、梁、柱、地板或在天花板下等处暴露敷设，并以钩钉、吊环、管卡及托架等支托物使之固定。这种方式安装维修方便,造价低,但外露的管道影响美观,表面易结露、积灰尘。一般的民用建筑和大部分生产车间内的给水管道可采用明装。

暗装时,干管和立管敷设在吊顶、管井内,支管敷设在楼地面的找平层内或沿墙敷设在管槽内。这种方式的管道不影响室内的美观、整洁,但施工复杂,维修困难,造价高。标准较高的民用住宅、宾馆及工艺技术要求较高的精密仪表车间内的给水管道一般采用暗装。

2．给水管道的防腐

明装和暗装的金属管道都要采取防腐措施,以延长管道的使用寿命。通常的防腐做法是管道除锈后,在外壁刷涂防腐涂料。

铸铁管及大口径钢管管内可采用水泥砂浆衬里防腐;埋地铸铁管宜在管外壁刷冷底子油一道、石油沥青两道;埋地钢管宜在外壁刷冷底子油一道、石油沥青两道外加保护层;薄壁不锈钢管埋地敷设,管沟或外壁应有防腐措施(管外加防腐套管或外缚防腐胶带);明装的热镀锌钢管应刷银粉两道(卫生间)或调和漆两道;明装铜管应刷防护漆;当管道敷设在有腐蚀性的环境中,管外壁应刷防腐漆或缠绕防腐材料。

3．给水管道的防冻、防露

敷设在有可能结冻的房间、地下室及管井、管沟等地方的生活给水管道,为了保证冬季安全使用,应有防冻保温措施。

在湿热的气候条件下,或在空气湿度较高的房间内敷设给水管道,由于管道内的水温较低,空气中的水分会凝结成水附着在管道表面,严重时还会产生滴水,这种管道结露现象,不但会加速管道的腐蚀,还会影响建筑的使用,如使墙面受潮、粉刷层脱落,影响墙体质量和建筑美观。

5.5　建筑给水系统设计计算

5.5.1　用水量标准

用水量标准是指在某一度量单位(单位时间、单位产品等)内被居民或其他用水者所消费的水量。建筑内用水包括生活、生产和消防用水三部分。生活用水量要满足生活上的各种需要所消耗的用水,其水量与建筑物内卫生设备的完善程度、当地气候、使用者的生活习惯、水价等因素有关,可根据国家制定的用水定额、小时变化系数和用水单位数来确定。生活用水量的特点是用水量不均匀。生产用水量要根据生产工艺过程、设备情况、产品性质、地区条件等因素确定,计算方法有两种:按消耗在单位产品的用水量计算和按单位时间内消耗在生产设备上的用水量计算,一般生产用水量比较均匀。消防用水量大而集中,与建筑物的使用性质、规模、耐火等级和火灾危险程度等密切相关,为保证灭火效果,建筑内消防用水量应按规定根据同时开启消防灭火设备用水量之和计算,消防用水量的特点是水量大且集中。

生活用水量按用水量定额和用水单位数计算确定。各种不同类型建筑物的生活用水定额及小时变化系数,按我国现行《建筑给水排水设计标准》(GB 50015—2019)中的规定执行。

1. 住宅生活用水定额及小时变化系数

住宅生活用水定额及小时变化系数,可根据住宅类别、建筑标准、卫生器具设置标准等因素按表 5-1 确定。

表 5-1　住宅生活用水定额及小时变化系数

住宅类别	卫生器具设置标准	最高日用水定额 /(L·人$^{-1}$·d^{-1})	平均日用水定额 /(L·人$^{-1}$·d^{-1})	最高日小时变化系数 K_h
普通住宅	有大便器、洗脸盆、洗涤盆、洗衣机、热水器和淋浴设备	130～300	50～200	2.8～2.3
普通住宅	有大便器、洗脸盆、洗涤盆、洗衣机、集中热水供应(或家用热水机组)和淋浴设备	180～320	60～230	2.5～2.0
别墅	有大便器、洗脸盆、洗涤盆、洗衣机、洒水栓、家用热水机组和淋浴设备	200～350	70～250	2.3～1.8

注：1. 当地主管部门对住宅生活用水定额有具体规定时,应按当地规定执行。
　　2. 别墅生活用水定额中含庭院绿化用水和汽车擦洗用水,不含游泳池补水。

2. 公共建筑生活用水定额及小时变化系数

公共建筑的生活用水定额及小时变化系数,可根据卫生器具完善程度、区域条件和使用要求按表 5-2 确定。

表 5-2　公共建筑生活用水定额及小时变化系数

序号	建筑物名称		单位	生活用水定额/L		使用时数/h	最高日小时变化系数 K_h
				最高日	平均日		
1	宿舍	居室内设卫生间	每人每日	150～200	130～160	24	3.0～2.5
		设公用盥洗卫生间		100～150	90～120		6.0～3.0
2	招待所、培训中心、普通旅馆	设公用卫生间、盥洗室	每人每日	50～100	40～80	24	3.0～2.5
		设公用卫生间、盥洗室、淋浴室		80～130	70～100		
		设公用卫生间、盥洗室、淋浴室、洗衣室		100～150	90～120		
		设单独卫生间、公用洗衣室		120～200	110～160		
3	酒店式公寓		每人每日	200～300	180～240	24	2.5～2.0
4	宾馆客房	旅客	每床位每日	250～400	220～320	24	2.5～2.0
		员工	每人每日	80～100	70～80	8～10	2.5～2.0

续表

序号	建筑物名称		单位	生活用水定额/L		使用时数/h	最高日小时变化系数 K_h
				最高日	平均日		
5	医院住院部	设公用卫生间、盥洗室	每床位每日	100～200	90～160	24	2.5～2.0
		设公用卫生间、盥洗室、淋浴室		150～250	130～200		
		设单独卫生间		250～400	220～320		
		医务人员	每人每班	150～250	130～200	8	2.0～1.5
	门诊部、诊疗所	病人	每病人每次	10～15	6～12	8～12	1.5～1.2
		医务人员	每人每班	80～100	60～80	8	2.5～2.0
	疗养院、休养所住房部		每床位每日	200～300	180～240	24	2.0～1.5
6	养老院、托老所	全托	每人每日	100～150	90～120	24	2.5～2.0
		日托		50～80	40～60	10	2.0
7	幼儿园、托儿所	有住宿	每儿童每日	50～100	40～80	24	3.0～2.5
		无住宿		30～50	25～40	10	2.0
8	公共浴室	淋浴	每顾客每次	100	70～90	12	2.0～1.5
		浴盆、淋浴		120～150	120～150		
		桑拿浴（淋浴、按摩池）		150～200	130～160		
9	理发室、美容院		每顾客每次	40～100	35～80	12	2.0～1.5
10	洗衣房		每千克干衣	40～80	40～80	8	1.5～1.2
11	餐饮业	中餐酒楼	每顾客每次	40～60	35～50	10～12	1.5～1.2
		快餐店、职工及学生食堂		20～25	15～20	12～16	
		酒吧、咖啡馆、茶座、卡拉OK房		5～15	5～10	8～18	
12	商场	员工及顾客	每平方米营业厅面积每日	5～8	4～6	12	1.5～1.2
13	办公	坐班制办公	每人每班	30～50	25～40	8～10	1.5～1.2
		公寓式办公	每人每日	130～300	120～250	10～24	2.5～1.8
		酒店式办公		250～400	220～320	24	2.0
14	科研楼	化学	每工作人员每日	460	370	8～10	2.0～1.5
		生物		310	250		
		物理		125	100		
		药剂调制		310	250		
15	图书馆	阅览者	每座位每次	20～30	15～25	8～10	1.2～1.5
		员工	每人每日	50	40		
16	书店	顾客	每平方米营业厅每日	3～6	3～5	8～12	1.5～1.2
		员工	每人每班	30～50	27～40		
17	教学、实验楼	中小学校	每学生每日	20～40	15～35	8～9	1.5～1.2
		高等院校		40～50	35～40		

续表

序号	建筑物名称		单位	生活用水定额/L		使用时数/h	最高日小时变化系数 K_h
				最高日	平均日		
18	电影院、剧院	观众	每观众每场	3~5	3~5	3	1.5~1.2
		演职员	每人每场	40	35	4~6	2.5~2.0
19	健身中心		每人每次	30~50	25~40	8~12	1.5~1.2
20	体育场（馆）	运动员淋浴	每人每次	30~40	25~40	4	3.0~2.0
		观众	每人每场	3	3		1.2
21	会议厅		每座位每次	6~8	6~8	4	1.5~1.2
22	会展中心（展览馆、博物馆）	观众	每平方米展厅每日	3~6	3~5	8~16	1.5~1.2
		员工	每人每班	30~50	27~40		
23	航站楼、客运站旅客		每人次	3~6	3~6	8~16	1.5~1.2
24	菜市场地面冲洗及保鲜用水		每平方米每日	10~20	8~15	8~10	2.5~2.0
25	停车库地面冲洗水		每平方米每日	2~3	2~3	6~8	1.0

注：1. 中等院校、兵营等宿舍设置公用卫生间和盥洗室，当用水时段集中时，最高日小时变化系数 K_h 宜取高值4.0~6.0；其他类型宿舍设置公用卫生间和盥洗室时，最高日小时变化系数 K_h 宜取低值3.0~3.5。
    2. 除注明外，均不含员工生活用水，员工最高日用水定额为每人每班40~60L，平均日用水定额为每人每班30~45L。
    3. 大型超市的生鲜食品区按菜市场用水标准。
    4. 医疗建筑用水中已含医疗用水。
    5. 空调用水应另计。

3. 汽车冲洗用水定额

汽车冲洗用水定额应根据冲洗方式、车辆用途、道路路面等级和沾污程度等确定。汽车冲洗最高日用水定额可按表5-3计算。

表5-3　汽车冲洗最高日用水定额　　　　单位：$L·辆^{-1}·次^{-1}$

冲洗方式	高压水枪冲洗	循环用水冲洗补水	抹车、微水冲洗	蒸汽冲洗
轿车	40~60	20~30	10~15	3~5
公共汽车	80~120	40~60	15~30	—
载重汽车				

注：1. 汽车冲洗台自动冲洗设备用水定额有特殊要求时，其值应按产品要求确定。
    2. 在水泥和沥青路面行驶的汽车，宜选用下限值；路面等级较低时，宜选用上限值。

4. 工业企业建筑生活用水定额

工业企业建筑管理人员的最高日生活用水定额可取30~50L/(人·班)；车间工人的生活用水定额应根据车间性质确定，宜采用30~50L/(人·班)；用水时间宜取8h，小时变化系数宜取2.5~1.5。

工业企业建筑淋浴最高日用水定额，应根据现行国家标准《工业企业设计卫生标准》(GBZ 1—2010)中的车间卫生特征分级确定，可采用40~60L/(人·次)，延续供水时间宜取1h。

5.5.2　用水量变化

在给水系统中除了需要知道用水量标准外，还要知道用户在一天24h内用水量的变化情况，通常用"小时变化系数"K_h来表示，其值为最高日最大小时用水量与最高日平均时用水量的比值。

1. 最高日用水量

建筑物内生活用水的最高日用水量按式(5-2)计算：

$$Q_d = mq_d \tag{5-2}$$

式中：Q_d——最高日用水量，L；

m——设计单位数，人、床、辆、m^2等；

q_d——单位用水量标准，L/(人·d)、L/(床·d)、L/(辆·次)、L/(m^2·d)等，见表5-1～表5-3。

2. 最大小时生活用水量

最大小时生活用水量应根据最高日或最大班生活用水量、每天（或最大班）使用时间和小时变化系数按照式(5-3)进行计算：

$$Q_h = \frac{Q_d}{T} K_h \tag{5-3}$$

式中：Q_h——最大小时生活用水量，L/h；

T——每天（或最大班）使用时间，时班。

5.5.3 设计秒流量

给水管道的设计流量不仅是确定各管段管径，也是计算管道水头损失，进而确定给水系统所需压力的主要依据。因此，设计流量的确定应符合建筑内部的用水规律。建筑内的生活用水量在1昼夜、1h内都是不均匀的，为保证用水，生活给水管道的设计流量应为建筑内卫生器具按最不利情况组合出流时的最大瞬时流量，又称室内给水管网的设计秒流量。

在计算生活给水管道设计秒流量时，为了简化计算，把室内最低卫生水平的一个洗涤盆作为标准，其龙头的额定流量0.2L/s作为一个当量，其他各种用具的给水额定流量均以它为标准换算成当量数的倍数，即"当量数"。各卫生器具给水额定流量和当量可查我国现行《建筑给水排水设计标准》(GB 50015—2019)(表5-4)。据表5-4可以把管段上各种卫生器具换算成相应的设备当量总数，进行管段设计流量的计算。

表5-4 卫生器具的给水额定流量、当量、连接管公称尺寸和工作压力

序号	给水配件名称		额定流量/(L·s^{-1})	当量	连接管公称尺寸/mm	工作压力/MPa
1	洗涤盆、拖布盆、盥洗槽	单阀水嘴	0.15～0.20	0.75～1.00	15	0.100
		单阀水嘴	0.30～0.40	1.50～2.00	20	
		混合水嘴	0.15～0.20 (0.14)	0.75～1.00 (0.70)	15	

续表

序号	给水配件名称		额定流量/(L·s^{-1})	当量	连接管公称尺寸/mm	工作压力/MPa
2	洗脸盆	单阀水嘴	0.15	0.75	15	0.100
		混合水嘴	0.15(0.10)	0.75(0.50)		
3	洗手盆	感应水嘴	0.10	0.50	15	0.100
		混合水嘴	0.15(0.10)	0.75(0.5)		
4	浴盆	单阀水嘴	0.20	1.00	15	0.100
		混合水嘴（含带淋浴转换器）	0.24(0.20)	1.20(1.00)		
5	淋浴器	混合阀	0.15(0.10)	0.75(0.50)	15	0.100~0.200
6	大便器	冲洗水箱浮球阀	0.10	0.50	15	0.050
		延时自闭式冲洗阀	1.20	6.00	25	0.100~0.150
7	小便器	手动或自动自闭式冲洗阀	0.10	0.50	15	0.050
		自动冲洗水箱进水阀	0.10	0.50		0.020
8	小便槽穿孔冲洗管（每米长）		0.05	0.25	15~20	0.015
9	净身盆冲洗水嘴		0.10(0.07)	0.50(0.35)	15	0.100
10	医院倒便器		0.20	1.00	15	0.100
11	实验室化验水嘴（鹅颈）	双联	0.15	0.75	15	0.020
		三联	0.20	1.00		
12	饮水器喷嘴		0.05	0.25	15	0.050
13	洒水栓		0.40　0.70	2.00　3.50	20　25	0.050~0.100
14	室内地面冲洗水嘴		0.20	1.00	12	0.100
15	家用洗衣机水嘴		0.20	1.00	15	0.100

注：1. 表中括弧内的数值系在有热水供应时，单独计算冷水或热水时使用。
　　2. 当浴盆上附设淋浴器时，或混合水嘴有淋浴器转换开关时，其额定流量和当量只计水嘴，不计淋浴器，但水压应按淋浴器计。
　　3. 家用燃气热水器，所需水压按产品要求和热水供应系统最不利配水点所需工作压力确定。
　　4. 绿地的自动喷灌应按产品要求设计。
　　5. 卫生器具给水配件所需额定流量和工作压力有特殊要求时，其值应按产品要求确定。

1. 住宅生活给水管道设计秒流量计算公式

住宅生活给水管道设计秒流量应按下列步骤和方法计算：

(1) 根据住宅配置的卫生器具给水当量、使用人数、用水定额、使用时数及小时变化系数，可按式(5-4)计算出最大用水时卫生器具给水当量平均出流概率：

$$U_0 = \frac{100 q_L m K_h}{0.2 N_G T \times 3600} \times 100\% \quad (5-4)$$

式中：U_0——生活给水管道的最大用水时卫生器具给水当量平均出流概率，%；
　　　q_L——最高用水日的用水定额，可查表5-1确定；
　　　m——每户用水人数，人；

K_h——小时变化系数,可查表 5-1 确定;
N_G——每户设置的卫生器具给水当量数;
T——用水时数,h;
0.2——一个卫生器具给水当量的额定流量,L/s。

(2)根据计算管段上的卫生器具给水当量总数,可按式(5-5)计算得出该管段的卫生器具给水当量的同时出流概率:

$$U = 100 \times \frac{1 + a_c(N_g - 1)^{0.49}}{\sqrt{N_g}} \times 100\% \tag{5-5}$$

式中:U——计算管段的卫生器具给水当量同时出流概率,%;
a_c——对应于不同 U_0 的系数,其值可查表 5-5 确定;
N_g——计算管段的卫生器具给水当量总数。

表 5-5 U_0、a_c 值对应表

$U_0/\%$	a_c	$U_0/\%$	a_c
1.0	0.00323	4.0	0.02816
1.5	0.00697	4.5	0.03263
2.0	0.01097	5.0	0.03715
2.5	0.01512	6.0	0.04629
3.0	0.01939	7.0	0.05555
3.5	0.02374	8.0	0.06489

(3)根据计算管段上的卫生器具给水当量同时出流概率,按式(5-6)计算该管段的设计秒流量 q_g(L/S):

$$q_g = 0.2UN_g \tag{5-6}$$

(4)给水干管有两条或两条以上具有不同最大用水时卫生器具给水当量平均出流概率的给水支管时,该管段的最大用水时卫生器具给水当量平均出流概率应按式(5-7)计算:

$$\overline{U_0} = \frac{\sum U_{0i} N_{gi}}{\sum N_{gi}} \tag{5-7}$$

式中:$\overline{U_0}$——给水干管的卫生器具给水当量平均出流概率,%;
U_{0i}——支管的最大用水时卫生器具给水当量平均出流概率;%
N_{gi}——相应支管的卫生器具给水当量总数。

2. 宿舍(居室内设卫生间)、宾馆、办公楼等建筑生活给水管道设计秒流量计算公式

宿舍(居室内设卫生间)、旅馆、宾馆、酒店式公寓、门诊部、诊疗所、医院、疗养院、幼儿园、养老院、办公楼、商场、图书馆、书店、客运站、航空站、会展中心、教学楼、公共厕所等建筑的生活给水设计秒流量,应按式(5-8)计算:

$$q_g = 0.2\alpha\sqrt{N_g} \tag{5-8}$$

式中:q_g——计算管段的给水设计秒流量,L/s;
N_g——计算管段的卫生器具给水当量总数;
α——根据建筑物用途而定的系数,其值可查表 5-6 确定。

表 5-6　根据建筑物用途而定的系数值（α 值）

建筑物名称	α 值
幼儿园、托儿所、养老院	1.2
门诊部、诊疗所	1.4
办公楼、商场	1.5
图书馆	1.6
书店	1.7
教学楼	1.8
医院、疗养院、休养所	2.0
酒店式公寓	2.2
宿舍（居室内设卫生间）、旅馆、招待所、宾馆	2.5
客运站、航站楼、会展中心、公共厕所	3.0

使用式(5-8)时应注意以下几点：

(1) 当计算值小于该管段上一个最大卫生器具给水额定流量时，应采用一个最大的卫生器具给水额定流量作为设计秒流量；

(2) 当计算值大于该管段上按卫生器具给水额定流量累加所得流量值时，应按卫生器具给水额定流量累加所得流量值采用；

(3) 有大便器延时自闭冲洗阀的给水管段，大便器延时自闭冲洗阀的给水当量均以 0.5 计，计算得到的 q_g 附加 1.20L/s 的流量后为该管段的给水设计秒流量；

(4) 综合性建筑 α 值应按式(5-9)计算，即

$$\alpha = \frac{\alpha_1 N_{g1} + \alpha_2 N_{g2} + \cdots + \alpha_n N_{gn}}{N_g} \tag{5-9}$$

式中：α——综合型建筑经加权平均法确定的总流量系数值；

N_g——计算管段的卫生器具给水当量总数；

N_{g1}、N_{g2}、$\cdots$、N_{gn}——综合性建筑各部门的卫生器具给水当量总数；

α_1、α_2、$\cdots$、α_n——相应于 N_{g1}、N_{g2}、$\cdots$、N_{gn} 的设计秒流量系数 α 值。

3. 宿舍（设公用盥洗卫生间）、公共企业的生活间等建筑生活给水管道设计秒流量计算公式

宿舍（设公用盥洗卫生间）、公共企业的生活间、公共浴室、职工(学生)食堂或营业餐馆的厨房、体育场馆、剧院、普通理化实验室等建筑的生活给水管道的设计秒流量，应按式(5-10)计算：

$$q_g = \sum q_{g0} n_0 b_g \tag{5-10}$$

式中：q_g——计算管段的给水设计秒流量，L/s；

q_{g0}——同类型的一个卫生器具给水额定流量，L/s；

n_0——同类型卫生器具数；

b_g——同类型卫生器具的同时给水百分数，其值可查表 5-7～表 5-9 确定。

使用式(5-10)时应注意以下几点：

(1) 如计算值小于管段上一个最大卫生器具给水额定流量时，应采用一个最大的卫生

器具给水额定流量作为设计秒流量。

(2) 大便器延时自闭冲洗阀应单列计算,当单列计算值小于 1.2L/s 时,以 1.2L/s 计;大于 1.2L/s 时,以计算值计。

(3) 仅对有同时使用可能的设备进行叠加。

表 5-7 宿舍(设公用盥洗卫生间)、公共企业生活间、公共浴室、剧院、体育场馆等卫生器具同时给水百分数　　　　　　　　　　　　　　　　　　　　　%

卫生器具名称	宿舍(设公用盥洗卫生间)	公共企业生活间	公共浴室	剧院	体育场馆
洗涤盆(池)	—	33	15	15	15
洗手盆	—	50	50	50	70(50)
洗脸盆、盥洗槽水嘴	5~100	60~100	60~100	50	80
浴盆	—	—	50	—	—
无间隔淋浴器	20~100	100	100	—	100
有间隔淋浴器	5~80	80	60~80	(60~80)	(60~100)
大便器冲洗水箱	5~70	30	20	50(20)	70(20)
大便槽自动冲洗水箱	100	100	—	100	100
大便器自闭式冲洗阀	1~2	2	2	10(2)	5(2)
小便器自闭式冲洗阀	2~10	10	10	50(10)	70(10)
小便(槽)自动冲洗水箱	—	100	100	100	100
净身盆	—	33	—	—	—
饮水器	—	30~60	30	30	30
小卖部洗涤盆	—	—	50	50	50

注:1. 表中括号内的数值系电影院、剧院的化妆间、体育场馆的运动员休息室使用。
　　2. 健身中心的卫生间,可采用本表体育场馆运动员休息室的同时给水百分数。

表 5-8 职工食堂、营业餐馆厨房设备同时给水百分数　　　　　　　　　%

厨房设备名称	洗涤盆(池)	煮锅	生产性洗涤剂	器皿洗涤剂	开水器	蒸汽发生器	灶台水嘴
同时给水百分数	70	60	40	90	50	100	30

注:职工或学生食堂的洗碗台水嘴,按 100% 同时给水,但不与厨房用水叠加。

表 5-9 实验室化验水嘴同时给水百分数　　　　　　　　　　　　　%

化验水嘴名称	同时给水百分数	
	科研教学实验楼	生产实验室
单联化验水嘴	20	30
双联或三联化验水嘴	30	50

5.5.4　给水管网水力计算

给水管网水力计算的目的在于确定各管段管径、管网的水头损失和确定给水系统所需压力,给水管网水力计算的任务如下:

(1) 确定给水管道各管段的管径。

(2) 求出计算管路通过设计秒流量时各管段产生的水头损失。

(3) 确定室内管网所需水压。

(4) 复核室外给水管网水压是否满足使用要求。
(5) 选定加压装置所需扬程和高位水箱设置高度。

1. 给水管径

管段的设计流量确定后,根据水力学公式及流速控制范围可初步选定管径,按式(5-11)和式(5-12)计算管道直径,即

$$d = \sqrt{\frac{4q_g}{\pi v}} \tag{5-11}$$

$$q_g = Av = \frac{\pi d^2}{4}v \tag{5-12}$$

式中：d——管道直径,m;

　　　q_g——管道设计流量,m^3/s;

　　　v——管道设计流速,m/s。

管段流量确定后,流速大小直接影响管道系统技术、经济的合理性。流速过大会引起水锤,产生噪声,损坏管道、附件,并将增加管道水头损失,提高室内给水系统所需压力;流速过小又将造成管材浪费。因此,设计时应综合考虑以上因素,将给水管道流速控制在适当的范围内,即所谓的经济流速,使管网系统运行平稳且不浪费。生活或生产给水管道的经济流速按表 5-10 选取。

表 5-10　生活或生产给水管道的经济流速

公称直径/mm	15～20	25～40	50～70	≥80
水流速度/(m·s^{-1})	≤1.0	≤1.2	≤1.5	≤1.8

通常,根据公式计算所得管道直径不等于标准管径,可根据计算结果取相近的标准管径,并核算流速是否符合要求。如不符合,应调整流速后重新计算。

在实际工程方案设计阶段,可以根据管道所负担的卫生器具当量数,按表 5-11 估算管径。其中,住宅的进户管公称直径不宜小于 20mm。

表 5-11　按卫生器具当量数确定管径

卫生器具当量数	3	6	12	20	30	50	75
管径/mm	15	20	25	32	40	50	70

2. 给水管网水头损失

给水管网水头损失的计算包括沿程水头损失和局部水头损失两部分。

(1) 给水管道的沿程水头损失按式(5-13)计算,即

$$h_1 = \lambda \frac{L}{d} \frac{v^2}{2g} \tag{5-13}$$

式中：h_1——管道单位长度水头损失,m;

　　　λ——沿程阻力系数;

　　　L——管长,m;

　　　d——管径,mm;

v——平均流速,m/s;

g——重力加速度,m/s²。

(2) 给水管道的局部水头损失按式(5-14)计算,即

$$h = \sum \zeta \frac{v^2}{2g} \tag{5-14}$$

式中：h——管道的局部水头损失,m;

ζ——局部阻力系数;

v——管段内平均水流速度,m/s;

g——重力加速度,m/s²。

给水管网中管件如弯头、三通很多,随结构不同其值也不尽相同,详细计算较为烦琐,实际工程中给水管网局部水头损失可采用管(配)件当量长度法。当管道的管(配)件当量资料不足时,可根据下列管件的连接状况,按管网的沿程水头损失的百分数取值：

① 管(配)件内径与管道内径一致,采用三通分水时,取 25%～30%；采用分水器分水时,取 15%～20%；

② 管(配)件内径略大于管道内径,采用三通分水时,取 50%～60%；采用分水器分水时,取 30%～35%；

③ 管(配)件内径略小于管道内径,管(配)件的插口插入管口内连接,采用三通分水时,取 70%～80%；采用分水器分水时,取 35%～40%；

④ 阀门和螺纹管件摩阻损失的折算补偿长度可按表 5-12 选取。

表 5-12 阀门和螺纹管件摩阻损失的折算补偿长度

管件内径/mm	各种管件的折算管道长度/m						
	90°标准弯头	45°标准弯头	标准三通90°转角流	三通直向流	闸板阀	球阀	角阀
9.5	0.3	0.2	0.5	0.1	0.1	2.4	1.2
12.7	0.6	0.4	0.9	0.2	0.1	4.6	2.4
19.1	0.8	0.5	1.2	0.2	0.2	6.1	3.6
25.4	0.9	0.5	1.5	0.3	0.2	7.6	4.6
31.8	1.2	0.7	1.8	0.4	0.2	10.6	5.5
50.8	2.1	1.2	3.0	0.6	0.4	16.7	8.5
63.5	2.4	1.5	3.6	0.8	0.5	19.8	10.3
76.2	3.0	1.8	4.6	0.9	0.6	24.3	12.2
101.6	4.3	2.4	6.4	1.2	0.8	38.0	16.7
127.0	5.2	3.0	7.6	1.5	1.0	42.6	21.3
152.4	6.1	3.6	9.1	1.8	1.2	50.2	24.3

注：本表的螺纹接口是指管件无凹口的螺纹,即管件与管道在连接点内径有突变,管件内径大于管道内径,当管件为凹口螺纹,或管件与管道为等径焊接时,其折算补偿长度取本表值的一半。

(3) 水表的局部水头损失应按选用产品所给定的压力损失值计算。未确定具体产品时,可按下列情况选用：住宅入户管上的水表,宜取 0.01MPa；建筑物或小区引入管上的水表,在生活用水工况时,宜取 0.03MPa；在校核消防工况时,宜取 0.05MPa。

(4) 比例式减压阀的水头损失宜按阀后静水压的 10%～20% 确定。

(5) 管道过滤器的局部水头损失,宜取 0.01MPa。

(6) 倒流防止器、真空破坏器的局部水头损失,应按相应产品测试参数确定。

5.6 建筑中水系统

中水是指各种排水经处理后,达到规定的水质标准,可在生活、市政、环境等范围内杂用的非饮用水。中水系统是由中水原水的收集、储存、处理和中水供给等工程设施组成的有机结合体,是建筑物或建筑小区的功能配套设施之一。

在一幢或几幢建筑物内建立的中水系统叫建筑物中水;在小区内建立的中水系统叫小区中水。建筑物中水和小区中水总称为建筑中水。

5.6.1 建筑中水系统的分类组成

建筑中水系统由中水原水系统、中水处理设施和中水供应系统三部分组成。中水原水系统包括原水收集设施、输送管道系统和一些附属构筑物。

中水处理设施一般包括前处理设施、主要处理设施和深度处理设施。其中前处理设施主要有格栅、滤网和调节池等;主要处理设施根据工艺要求不同可以选择不同的构筑物,常用的有沉淀池、混凝池、生物处理构筑物等;深度处理设施根据水质要求可以采用过滤、活性炭吸附、膜分离或生物曝气滤池等。

中水供应系统包括供配水管网和升压贮水设施,如中水贮水池、中水高位水箱、中水泵站等。

5.6.2 中水水源及中水回用水质标准

1. 中水水源

1) 中水水源的选用

中水水源应根据原水水质、水量、排水状况和中水回用的水质水量来确定。原水可选的种类和选取顺序为:卫生间、公共浴室的盆浴和淋浴等的排水,盥洗排水,空调循环冷却水系统排水,冷凝水,游泳池排水,洗衣排水,厨房排水,冲厕排水。

生活污水包括人们日常生活中排出的生活废水和粪便污水,除粪便污水外的各种排水,如冷却水排水、游泳池排水、淋浴排水、盥洗排水、洗衣排水、厨房排水等称为杂排水;以上杂排水中除厨房排水外称优质杂排水。根据所需中水水量应按照污染程度的不同优先选用优质杂排水。

下列排水严禁作为中水原水:医疗废水、放射性废水、生物污染废水、重金属及其他有毒有害物质超标的排水。

建筑物中水原水量确定时,一般均按用水量进行推算,一般建筑物的排水量可按给水量的 85%~95% 计算。各类建筑排水系统的排水量占建筑物总排水量的比例,均可按各建筑物用水量及比例经计算确定。

2) 中水供应对象

在建筑各种用途的用水中,有部分用水很少与人体接触,有的在密闭体系中使用,不会影响使用者身体健康。从保健、卫生出发,以下用途的用水可考虑由中水供给:冲洗厕所用水、喷洒用水、洗车用水、消防用水（属单独消防系统）、空调冷却用水（补给水）、娱乐用水（水池、喷泉等）。实践中必须克服人们使用上的心理障碍，因此先将中水应用于冲洗厕所、绿化、喷洒、洗车。

2. 中水回用水质标准

中水回用水质应符合下列要求：

（1）卫生上应安全可靠，其控制指标主要有大肠杆菌、细菌总数、悬浮物（suspended substance，SS）、BOD_5、COD等。

（2）人们在感官上无不快感觉，其控制指标主要有浊度、色度、臭味、表面活性剂、油脂等。

（3）不应引起设备和管道的腐蚀和结垢，其控制指标主要有硬度、pH值、蒸发残渣、溶解性物质等。

中水回用水质标准应根据不同的用途具体确定，具体参见有关规定。

5.6.3 中水处理的基本流程及处理设施

1. 中水处理的基本流程

中水处理工艺流程应根据原水的水质、水量及中水回用对水质、水量的要求进行选择。进行方案比较时还应考虑场地状况、环境要求、投资条件、缺水背景、管理水平等因素，经过综合经济技术比较后确定。

（1）当以优质杂排水或杂排水作为中水水源时，可采用以物化处理为主的工艺流程，或采用生物处理和物化处理相结合的工艺流程。

（2）当以含有粪便污水的排水作为中水水源时，宜采用二段生物处理与物化处理相结合的处理工艺流程。

（3）利用污水处理站二级处理出水作为中水水源时，宜选用物化处理或与生化处理相结合的深度处理工艺流程。

2. 中水处理设施

（1）格栅、筛网：格栅用于截留原排水中较大的漂浮或悬浮的机械杂质，设置在进水管（渠）上或调节池进口处。筛网一般设于格栅后面，进一步截留细小杂质，如毛发、线头等。

（2）调节池：调节池的作用是调节水量，均化水质，以保证后续处理设施能够稳定、高效运行。调节池的容积应按照排水量的变化规律、处理规模和处理设备的运行方式来决定。

为防止原排水在池内沉淀、腐化，一般应进行预曝气。

（3）沉淀池：沉淀池的作用是分离清水。在建筑中水工程中，由于处理规模相对较小，因此多采用竖流式或斜板（管）沉淀池。

（4）生化处理：中水处理常用的生物处理方法主要有生物接触氧化池、生物转盘等。厌氧-好氧工艺（A/O法）、膜生物反应器（membrane bioreactor，MBR）等处理方法也被应用到中水处理工程，并取得了较好的处理效果。

（5）过滤：过滤主要是去除二级处理后水中残留悬浮物和胶体物质。滤池的滤料有许多种,如石英砂单层滤料、石英砂无烟煤双层滤料、纤维球滤料、陶粒滤料等。

过滤宜采用过滤池或过滤器,采用压力过滤器时,滤料可选用单层或双层滤料。单层滤料压力过滤器滤料多为石英砂。双层滤料压力过滤器上层滤料为无烟煤,下层滤料为石英砂。

（6）消毒：中水系统的消毒处理是中水回用的安全保证。任何一种流程都必须有消毒步骤,以达到卫生学方面的中水标准。常用的消毒剂有液氯、次氯酸钠、氯片、漂白粉、臭氧、二氧化氯等,其中液氯、次氯酸钠和二氧化氯使用较多。

5.6.4 中水管道系统设计

中水管道系统由中水原水管道系统和中水供水管道系统组成。中水原水管道系统的设计原则、基本要求和方法与建筑排水管道的基本相同,其区别在于需根据中水原水水源的选择,对排水系统进行划分。中水供水管道系统的设计原则、基本要求和方法与建筑给水管道的要求相同。

中水管道系统的布置应满足下列要求：中水原水管道系统应设分流、溢流设施和超越管,以便中水处理设备检修以及在过载时可将部分或全部原水直接排放。为了便于管道布置,在不影响使用功能的前提下,宜尽量将排水设备集中布置(如同层相邻、上下层对应等)。

中水管道宜明装敷设,不宜暗装于墙体和楼面内,以便及时检查。中水管道与生活饮用水管道、排水管道平行埋设时,水平净距不小于0.5m；交叉埋设时,中水管道在饮用水管道下面、排水管道上面,其净距不小于0.15m。

5.6.5 安全防护及控制监测

1. 安全防护

中水系统可节约水资源,减少环境污染,具有良好的综合效益,但也有不安全的一面,为了防止中水供水的中断、误用、误接等事故的发生,在中水供应和使用过程中,还要采取必要措施,以确保中水供应与使用的安全性。

中水系统中主要的安全防护措施有：

（1）中水处理设施应安全稳定运行,出水水质应达到城市杂用水水质标准。因排水的不稳定性,在主要处理前应设调节池,连续运行时,调节池的调节容积按日处理量的35%～50%计算；间歇运行时,调节容积为设备最大连续处理水量的1.2倍。因中水处理站的出水量与中水用水量不一致,在处理设施后应设中水贮水池。连续运行时,中水贮水池调节容积按日处理水量的25%～35%计算；间歇运行时,可按处理设备连续运行期间内,设备处理水量与中水用水量差值的1.2倍计算。中水系统的总调节容积,包括原水调节池(箱)、中水处理工艺构筑物、中水贮水池(箱)及高位水箱等调节容积之和,不宜小于中水日处理量的100%。

（2）中水贮水池(箱)宜采用耐腐蚀、不易结垢的材料制作,钢板池(箱)内壁应采取防腐措施,中水供水管道及附件不得采用非镀锌钢管。

（3）中水供水系统必须独立设置,中水管道严禁与生活饮用水管道直接连接,以免污染生活饮用水水质。

（4）中水贮存池（箱）内的自来水补水管应采取防污染措施，自来水补水管应从水箱上部或顶部接入，补水管口最低点高出溢流边缘的空气间隙不应小于150mm。

（5）中水贮存池（箱）设置的溢流管、泄水管，均应采用间接排水方式。溢流管应设隔网，溢流管管径比补水管大一号。

（6）中水管道应采取下列防止误接、误用、误饮的措施：

① 中水管网中所有组件和附属设施的显著位置应配置"中水"耐久标识，中水管道应涂浅绿色，埋地、暗敷中水管道应设置连续耐久标志带；

② 中水管道取水接口处应配置"中水禁止饮用"的耐久标识；

③ 公共场所及绿化、道路喷洒等杂用的中水用水口应设带锁装置；

④ 中水管道设计时，应进行检查防止错接，工程验收时应逐段进行检查，防止误接。

2. 控制监测

控制监测时中水处理系统安全运行的可靠保证。中水处理系统的控制监测主要有以下几方面：

（1）卫生学指标的检测：中水回用水的卫生学指标是中水供水安全性的重要指标，中水供水系统应设置监测仪表，以保证消毒剂最低投加量和足够的反应时间，使中水回用水质满足卫生学指标要求。

（2）水质指标的监测：在系统的原水管上和中水供应管上设置取样管，定期取样送检。经常性的监测项目包括主要指标的分析，如pH值、浊度、余氯等。

（3）水量的计量与平衡：在系统的原水管上和中水供应管上设置计量装置，以保证水量的平衡。

（4）中水处理设备的运行控制：中水处理站的处理系统和供水系统应采用自动控制，并应同时设置手动控制。

思考题

1. 建筑给水系统按用途可分为哪几类？
2. 建筑给水系统由哪几部分组成？
3. 建筑给水系统管道布置的原则和要求有哪些？
4. 建筑给水管道常用的防腐、防冻和防结露的做法有哪些？
5. 泵房的设计对建筑有哪些要求？
6. 如何计算建筑给水系统所需水压？
7. 低层建筑给水方式如何选用？
8. 高层建筑内部给水系统为什么要进行竖向分区？分区压力一般如何确定？
9. 常用高层建筑内部给水方式有哪几种？其主要特点是什么？
10. 建筑中水系统由哪几部分组成？

第6章 建筑排水系统

6.1 建筑排水系统的分类与组成

建筑内部排水系统的任务,就是将人们在日常生活和工业生产过程中使用过的、受污染的水以及降落到屋面的雨水和雪水收集起来,及时排到室外。

6.1.1 排水系统的分类

根据排水的来源和水受污染情况不同,一般可分为生活排水系统、工业废水排水系统、屋面雨水排水系统三类。

1. 生活排水系统

生活排水系统接纳并排除居住建筑、公共建筑及工业企业的生活污水与生活废水。按照污(废)水处理、卫生条件及杂用水水源的需要,生活排水系统又可分为排除大便器(槽)、小便器(槽)以及用途与此相似的卫生设备产生的生活污水排水系统和排除盥洗、洗涤废水的废水排水系统。生活污水经过化粪池局部处理后排入室外排水系统;生活废水经过处理后,可作为杂用水,用来冲洗厕所、浇洒道路和绿地、冲洗汽车等。

2. 工业废水排水系统

工业废水排水系统排除工业企业生产过程中产生的废水。按照污染程度的不同,可分为生产废水排水系统和生产污水排水系统。生产废水是指在使用过程中受到轻度污染或水温稍有升高的水,通常经某些处理后即可在生产中重复使用或直接排放水体。生产污水是指在使用过程中受到较严重污染的水,多半具有危害性,需要经过处理,达到排放标准后才能排放。

3. 屋面雨水排水系统

屋面雨水排水系统是排除屋面雨水、雪水的系统。雨水、雪水较清洁,可以直接排入水体或城市雨水系统。

6.1.2 排水体制的选择

根据污(废)水在排放过程中的关系,建筑内部的排水体制可分为分流制和合流制两种,分别称为建筑内部分流排水和建筑内部合流排水。建筑内部分流排水是指居住建筑和公共建筑中的粪便污水和生活废水,工业建筑中的生产污水和生产废水各自由单独的排水管道系统排除。建筑内部合流排水是指建筑中两种或两种以上的污(废)水合用一套排水管道系统排除。合流制排水系统结构简单,投资低,占据室内空间小,但使用期间的运行费用高(污水处理量大),对环境污染大;分流制排水系统则相反。具体选择哪种排水系统应根据城市排水体制和本建筑污(废)水分布等情况选择。根据社会发展趋向使用分流制排水系统。

建筑内部排水体制的确定,应根据污水性质、污染程度,结合建筑外部排水系统体制、综合利用以及中水系统的开发和污水的处理要求等因素考虑。

下列情况宜采用生活污水与生活废水分流的排水体制:①当政府有关部门要求污水、废水分流且生活污水需经化粪池处理后才能排入城镇排水管道时;②生活废水需回收利用时。

下列建筑排水应单独排水至水处理或回收构筑物:①职工食堂、营业餐厅的厨房含有油脂的废水;②洗车冲洗水;③含有致病菌、放射性元素等超过排放标准的医疗、科研机构的污水;④水温超过40℃的锅炉排污水;⑤用作中水水源的生活排水;⑥实验室有毒有害废水。

6.1.3 排水系统的组成

建筑排水系统的基本要求是迅速通畅地排除建筑内部的污(废)水,并能有效防止排水管道中的有毒有害气体进入室内。建筑排水系统如图6-1所示,主要由下列几部分组成。

1. 卫生器具和生产设备受水器

卫生器具又称卫生设备或卫生洁具,是接纳、排出人们在日常生活中产生的污(废)水或污物的容器或装置。生产设备受水器是接纳、排出工业企业在生产过程中产生的污(废)水或污物的容器或装置。除便溺用的卫生器具外,其他卫生器具均在排水口处设置格栅。

2. 排水管道

排水管道包括器具排水管(含存水弯)、横支管、立管、埋地干管和排出管。其作用是将各个用水点产生的污(废)水及时、迅速地输送到室外。

3. 清通设备

污(废)水中含有固体杂物和油脂,容易在管内沉积,使管道过水断面减小甚至堵塞管道,因此需要设清通设备。清通设备包括设在横支管顶端的清扫口,设在立管或较长横干管上的检查口和设在室内较长埋地横干管上的检查井。

4. 提升设备

提升设备是指通过水泵提升排水的高程或使排水加压输送的设备。工业与民用建筑的

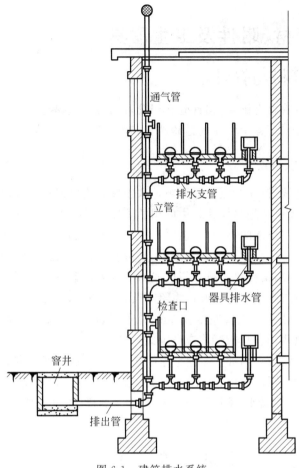

图 6-1 建筑排水系统

地下室、人防建筑、高层建筑的地下技术层和地下铁道等处标高较低,在这些场所产生、收集的污(废)水不能自流排至室外的检查井,须设污(废)水提升设备。

5. 污水局部处理构筑物

当建筑内部污水未经处理不允许直接排入市政排水管网或水体时,需设污水局部处理构筑物,如处理民用建筑生活污水的化粪池,去除含油脂的隔油池,以及以消毒为主要目的的医院污水处理构筑物等。

6. 通气管

建筑内部排水管内是水气两相流,管内水依靠重力作用流向室外。通气管是为使排水系统内空气流通,压力稳定,防止水封破坏而设置的与大气相通的管道。设置通气管的目的是能向排水管内补充空气,使水流畅通,减少排水管内的气压变化幅度,防止卫生器具水封被破坏,并能将管内臭气排到大气中去。

6.2 排水管材、附件及卫生器具

6.2.1 排水管材与管件

管道工程所用的管材有钢管、铸铁管和铜管,还有钢筋混凝土管、石棉水泥管、塑料管和陶土管等。但建筑排水工程中常用的是铸铁管和塑料管,其他管材使用较少。

1. 柔性接口排水铸铁管

对于建筑排水系统,铸铁管正在逐渐被排水硬聚氯乙烯塑料管取代,只在某些特殊的地方使用,此处介绍在高层和超高层建筑中应用的柔性抗震排水铸铁管。

随着高层和超高层建筑的兴起,一般以石棉水泥或青铅为填料的刚性接头排水铸铁管已不能适应高层建筑各种因素引起的变形,尤其是有抗震要求地区的建筑物,对重力排水管道的抗震要求,因此选用柔性接头排水管已成为最应值得重视的问题。

高耸构筑物和建筑高度超过 100m 的超高层建筑物内,排水立管应采用柔性接口。在地震设防 8 度的地区或排水立管高度在 50m 以上时,应在立管上每隔两层设置柔性接口。在地震设防 9 度的地区,立管、横管均应设置柔性接口。

柔性接口排水铸铁管有两种:一种是连续铸造工艺制造,承口带法兰,管壁较厚,采用法兰压盖、橡胶密封圈、螺栓连接,如图 6-2(a)所示;另一种是水平旋转离心铸造工艺制造,无承口,管壁薄而均匀,质量小,采用不锈钢带、橡胶密封圈、卡紧螺栓连接,如图 6-2(b)所示,具有安装更换管道方便、美观的特点。

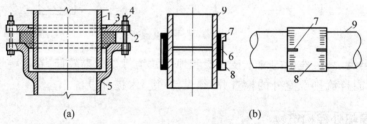

1—插口端头;2—法兰压盖;3—橡胶密封圈;4—紧固螺栓;5—承口端头;
6—橡胶圈;7—卡紧螺栓;8—不锈钢带;9—排水铸铁管。

图 6-2 柔性接口排水铸铁管连接方法

(a)法兰压盖螺栓连接;(b)不锈钢带卡紧螺栓连接

2. 塑料管

排水塑料管有普通排水塑料管、芯层发泡排水塑料管、拉毛排水塑料管和螺旋消声排水塑料管等。目前,在建筑内部广泛使用的排水管是硬聚氯乙烯塑料(unplasticized polyvinyl chloride,UPVC)管。UPVC 管具有质量小、表面光滑、外表美观、耐腐蚀、容易切割、便于安装、造价低廉和节能等优点。但塑料管也有强度低、耐温性差(使用温度为 −5~50℃)、立管噪声大、暴露于阳光下的管道易老化、防火性能差等缺点。常用塑料管排水管件如图 6-3 所示。

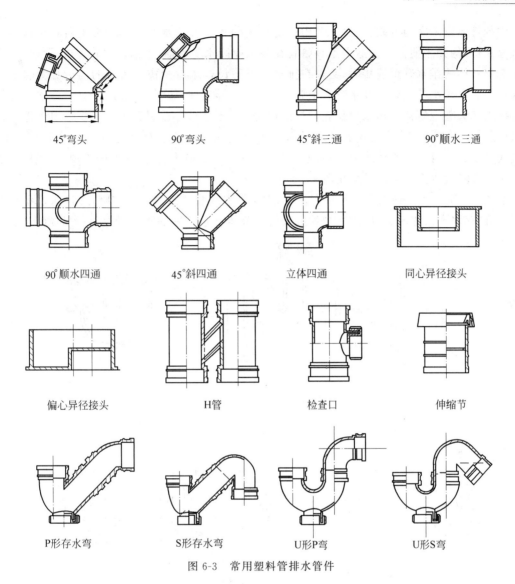

图 6-3　常用塑料管排水管件

排水塑料管适用范围：建筑高度不大于 100m 的工业与民用建筑内；建筑内生活污水连续排水温度不高于 40℃ 并瞬时温度不高于 80℃ 的生活污水管道；噪声要求非特别严格，地震设防烈度不太高的地区都可选用 UPVC 管。

《建筑给水排水设计标准》(GB 50015—2019)规定：室内生活排水管道应采用建筑排水塑料管材、柔性接口排水铸铁管及相应管件；通气管材宜与排水管材一致；当连续排水温度高于 40℃ 时，应采用金属排水管或耐热塑料排水管材；压力排水管道可采用耐压塑料管、金属管或钢塑复合管。

6.2.2　排水附件

1. 存水弯

存水弯是在卫生器具排水管上或卫生器具内部设置一定高度的水柱，防止排水管道系统中的气体窜入室内的附件,存水弯内一定高度的水柱称为水封。有的卫生器具构造内已有存水弯(例如坐便器),构造中不具备者在与工业废水受水器、生活污水管道或其他可能产生有害气体的排水管道连接时,必须在排水口以下设存水弯。按存水弯的构造分为管式存水弯和瓶式存水弯。管式存水弯有 P 形、S 形和 U 形三种,如图 6-4 所示。P 形存水弯适用于排水横管距卫生器具出水口位置较近的情况;S 形存水弯适用于排水横管距卫生器具出水口较远,卫生器具排水管与排水横管垂直连接的情况;U 形存水弯设在水平横支管上。瓶式存水弯本身也由管体组成,但排水不连续,其特点是易于清通,外形较美观,一般用于洗脸盆或洗涤盆等卫生器具的排出管上。

图 6-5 所示为几种新型的补气存水弯,卫生器具大量排水时形成虹吸,当排水过程快结束时,向存水弯出水端补气,防止惯性虹吸过多吸走存水弯内的水,保证水封的高度。

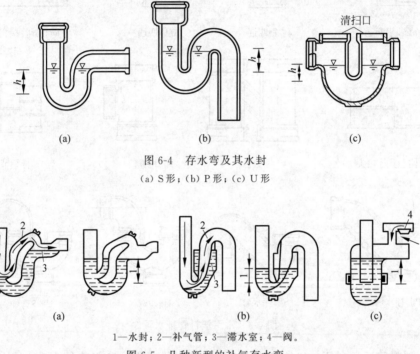

图 6-4 存水弯及其水封
(a) S 形;(b) P 形;(c) U 形

1—水封;2—补气管;3—滞水室;4—阀。

图 6-5 几种新型的补气存水弯
(a) 外置内补气存水弯;(b) 内置内补气存水弯;(c) 外补气存水弯

下列设施与生活污水管道或其他可能产生有害气体的排水管道连接时,必须在排水口以下设存水弯:构造内无存水弯的卫生器具或无水封的地漏,其他设备的排水口或排水沟的排水口。

2. 检查口

检查口装在排水立管上,是用于清通排水立管的附件。排水立管上连接排水横支管的楼层应设检查口,且在建筑物底层必须设置;当立管水平拐弯或有乙字管时,在该层立管拐弯处和乙字管的上部应设检查口;检查口中心高度距操作地面宜为 1.0m,并应高于该层卫生器具上边缘 0.15m;当排水立管设有 H 管时,检查口应设置在 H 管件的上边;当地下室立管上设置检查口时,检查口应设置在立管底部之上;立管上检查口的检查盖应面向便于检查清扫的方向。

3. 清扫口

清扫口装在排水横管上，是用于清扫排水横管的附件。连接2个及2个以上的大便器或3个及3个以上卫生器具的铸铁排水横管上，宜设置清扫口；连接4个及4个以上的大便器的塑料排水横管上宜设置清扫口；水流转角小于135°的排水横管上，应设清扫口；清扫口可采用带清扫口的转角配件替代；当排水立管底部或排出管上的清扫口至室外检查井中心的最大长度大于表6-1的规定时，应在排出管上设清扫口。

表6-1 排水立管底部或排出管上的清扫口至室外检查井中心的最大长度

管径/mm	50	75	100	100以上
最大长度/m	10	12	15	20

排水横管的直线管段上清扫口之间的最大距离，应符合表6-2的规定。

表6-2 排水横管的直线管段上清扫口之间的最大距离

管径/mm	距离/m	
	生活废水	生活污水
50~75	10	8
100~150	15	10
200	25	20

在排水横管上设清扫口，宜将清扫口设置在楼板或地坪上，且应与地面相平，清扫口中心与其端部相垂直的墙面的净距离不得小于0.2m；楼板下排水横管起点的清扫口与其端部相垂直的墙面的距离不得小于0.4m；排水横管起点设置堵头代替清扫口时，堵头与墙面应有不小于0.4m的距离。

4. 地漏

地漏是一种内有水封，用来排放地面水的特殊排水装置。地漏应设置在易溅水的器具或冲洗水嘴附近，且应在地面的最低处。通常，在有设备和地面排水的下列场所应设置地漏：卫生间、盥洗室、淋浴间、开水间；在洗衣机、直饮水设备、开水器等设备的附近；食堂、餐饮业厨房间。图6-6所示是几种类型地漏的构造图。

（1）普通地漏：仅用于收集排放地面水，普通地漏的水封深度较浅。若地漏仅担负排除地面的溅落水时，注意经常注水，以免地漏内的水蒸发，造成水封破坏。

（2）多通道地漏：有一通道、二通道、三通道等多种形式，不仅可以排除地面水，还有通道连接卫生间内洗脸盆、浴盆或洗衣机的排水，并设有防止卫生器具排水可能造成的地漏反冒水措施。但由于卫生器具排水时在多通道地漏处易产生排水噪声，在无安静要求和无设置环形通气管、器具通气管的场所，可采用多通道地漏。

（3）双箅杯式地漏：双箅杯式地漏内部水封盒用塑料制作，形如杯子，便于清洗，比较卫生，排泄量大，排水快，采用双箅有利于拦截污物。这种地漏另附塑料密封盖，完工后去除，以避免施工时发生泥砂等物堵塞。

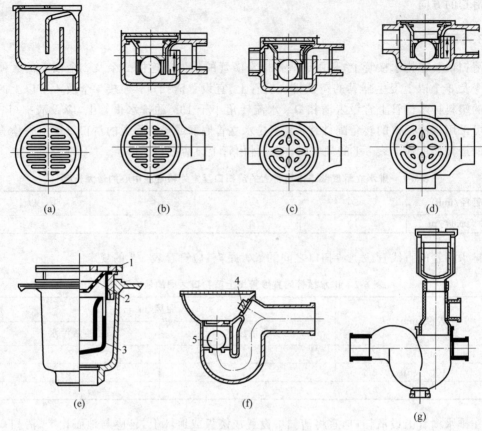

1—外箅；2—内箅；3—杯式水封；4—清扫口；5—浮球。

图 6-6 地漏的构造

(a) 普通地漏；(b) 单通道地漏；(c) 双通道地漏；(d) 三通道地漏；
(e) 双箅杯式地漏；(f) 防倒流地漏；(g) 双接口多功能地漏

(4) 防倒流地漏：防倒流地漏可以防止污水倒流。一般可在地漏内设塑料浮球，或在地漏后设防倒流阻止阀。防倒流地漏适用于标高较低的地下室、电梯井和地下通道排水。

(5) 密封防涸地漏：具有密封和防干涸性能的新型地漏，尤以磁性密封较为新颖实用，地面有积水时能利用水的重力打开密封排水，排完积水后能自动恢复密封，且防涸性能好。

6.2.3 卫生器具

卫生器具是建筑内部排水系统的起点，是用来收集和排除污（废）水的专用设备。因各种卫生器具的用途、设置地点、安装和维护条件不同，卫生器具的结构、形式和材料也各不相同。卫生器具一般采用不透水、无气孔、表面光滑、耐腐蚀、耐磨损、耐热冷、便于清扫，有一定强度的材料制造，如陶瓷、搪瓷生铁、塑料、不锈钢、水磨石和复合材料等。卫生器具朝着材质优良、功能完善、造型美观、消声节能、色彩丰富、使用舒适的方向发展，成为衡量建筑物级别的重要标准。为防止粗大污物进入管道，发生堵塞，除了大便器外，所有卫生器具均应在放水口处设截留杂物的栏栅。

1. 盥洗用卫生器具

（1）洗脸盆：一般用于洗脸、洗手和洗头，设置在卫生间、盥洗室、浴室及理发室内。洗脸盆有长方形、椭圆形、马蹄形和三角形，安装方式有挂式、立柱式和台式，如图6-7所示。

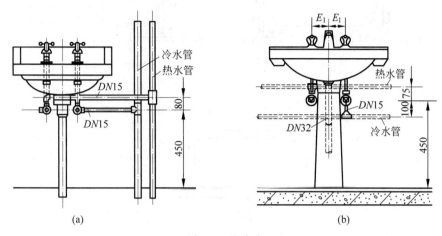

图6-7 洗脸盆
(a) 挂式；(b) 柱式

（2）洗手盆：设置在标准较高的公共卫生间，供人们洗手用的盥洗用卫生器具。形状和材质与洗脸盆相同，但比洗脸盆小而浅，且排水口不带塞封，水流随用随排。

（3）盥洗台：设在集体宿舍、车站候车室、工厂生活间等公共卫生间内，可供多人同时洗手、洗脸。有单面和双面之分，如图6-8所示。

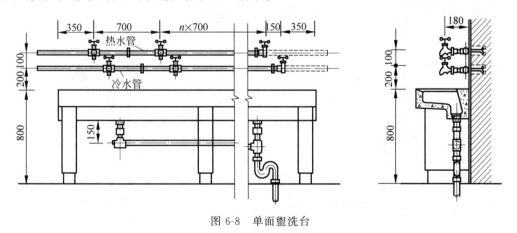

图6-8 单面盥洗台

2. 沐浴用卫生器具

（1）浴盆：是一种人坐在或躺在里面清洗全身用的卫生器具，设在住宅、宾馆、医院住院部等卫生间或公共浴室。多为陶瓷制品，也有搪瓷、玻璃钢、人造大理石等制品。浴盆配有冷热水或混合龙头，并配有淋浴设备，如图6-9所示。

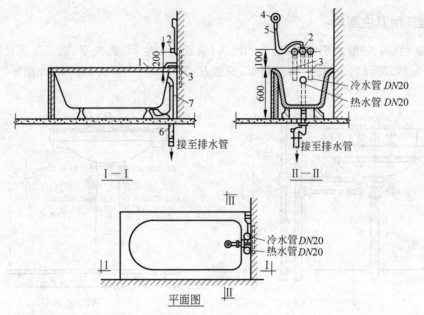

1—浴盆；2—混合阀门；3—给水管；4—莲蓬头；5—蛇皮管；6—存水弯；7—溢水管。

图 6-9 浴盆

(2) 淋浴器：是一种由莲蓬头、出水管和控制阀组成，喷洒水流供人沐浴的卫生器具，一般用于住宅、旅馆、工业企业生活间、医院、学校、机关、体育馆等建筑的卫生间或公共浴室内。它占地面积小，清洁卫生，避免疾病传染，耗水量小，设备费用低，如图 6-10 所示。

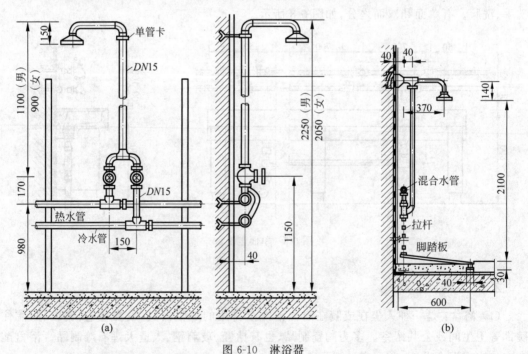

图 6-10 淋浴器
(a) 双管双门手调式；(b) 单管单门脚踏式

(3)净身盆:是一种由坐便器、喷头和冷热水混合阀等组成的卫生器具,如图6-11所示,供便溺后清洗下身用,常设在设备完善的旅馆客房、住宅、女职工较多的工业企业及妇产科医院等建筑卫生间内。

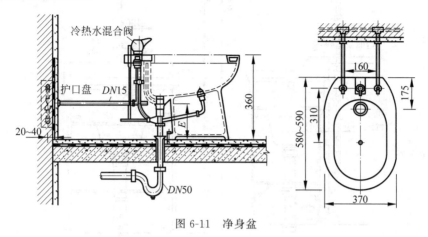

图6-11 净身盆

3. 洗涤用卫生器具

(1)洗涤盆(池):装设在厨房或公共食堂内,用来洗涤碗碟、蔬菜等。多为陶瓷、搪瓷、不锈钢和玻璃钢制作。有单格和双格之分,双格洗涤盆一格洗涤,另一格泄水,如图6-12所示。

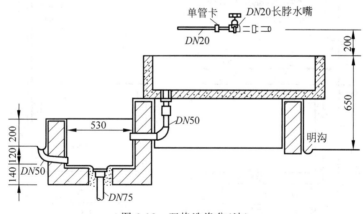

图6-12 双格洗涤盆(池)

(2)化验盆:是洗涤化验器皿、供给化验用水、倾倒化验排水用的洗涤用卫生器具(图6-13)。设置在工厂、科研机关和学校的化验室或实验室内,盆体本身常带有存水弯。材质为陶瓷,也有玻璃钢、搪瓷制品,根据使用要求,可装置单联、双联、三联鹅颈龙头。

(3)污水盆(池):设置在公共建筑的厕所、盥洗室内,供洗涤清扫用具、倾倒污(废)水的洗涤用卫生器(图6-14)。污水盆多为陶瓷、不锈钢或玻璃钢制作,污水池以水磨石现场建造,按设置高度,污水盆(池)有挂墙式和落地式两类。

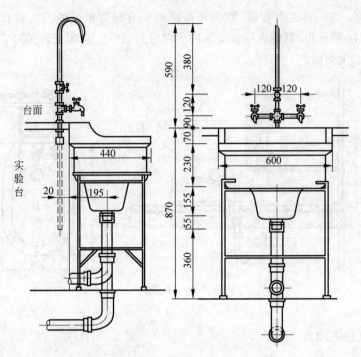

图 6-13 化验盆

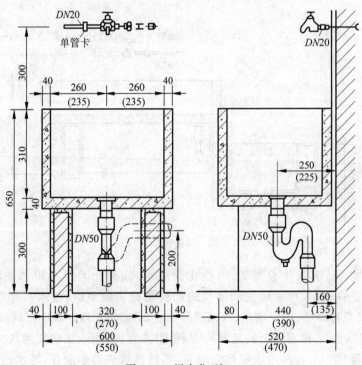

图 6-14 污水盆(池)

4．便溺用卫生器具

设置在卫生间和公共厕所内，用来收集排除粪便、尿液用的卫生器具。

(1) 大便器：是排除粪便的便溺用卫生器具，同时也防臭。常用的大便器有蹲式和坐式两类。

坐式大便器简称坐便器，有多种类型。按安装方式分为落地式和悬挂式；按与冲洗水箱的关系有分体式和连体式；按排出口位置有下出口（或称底排水）和后出口（或称横排水）；按用水量有节水型和普通型；按冲洗的水力原理分为冲洗式和虹吸式两类。图 6-15 所示为几种坐式大便器的构造示意图。坐式大便器通常采用低水箱冲洗，一般用于住宅和宾馆。

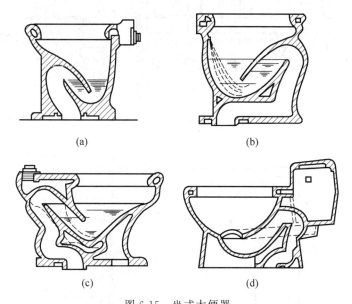

图 6-15 坐式大便器
(a) 冲吸式；(b) 虹吸式；(c) 喷射虹吸式；(d) 旋涡虹吸式

蹲式大便器是供人们蹲着使用，一般不带存水弯的，又称蹲便器。按形状有盘式和斗式两种；按污水排出口的位置分为前出口和后出口。蹲便器使用时不与人体接触，可防止疾病传染，但污物冲洗不彻底，会散发臭气。蹲便器采用高位水箱或延时自闭式冲洗阀冲洗，一般用于集体宿舍和公共建筑物的公用厕所及防止接触传染的医院厕所内，如图 6-16 所示。

(2) 大便槽：是可供多人同时使用的长条形沟槽，用隔板隔成若干小间，多用于学校、火车站、汽车站、码头、游乐场等人员较多的场所，代替成排的蹲式大便器。大便槽一般采用混凝土或钢筋混凝土浇筑而成，槽底有坡度，坡向排出口。为及时冲洗，防止污物黏附，散发臭气，大便槽采用集中自动冲洗水箱或红外线数控冲洗装置。

(3) 小便器：设置在公共建筑男厕所内，收集和排除小便的便溺用卫生器具，多为陶瓷制品，有立式和挂式两类，如图 6-17 所示。立式小便器又称落地小便器，用于标准高的建筑。挂式小便器，又称小便斗，安装在墙壁上。

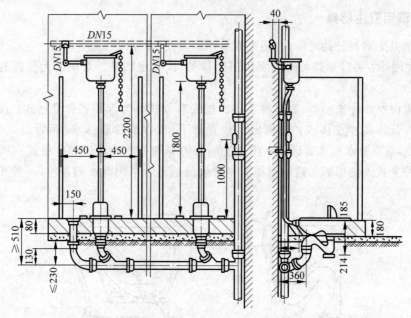

图 6-16 高水箱蹲式大便器

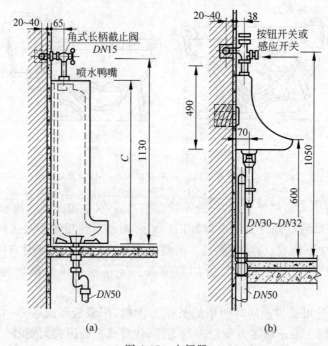

(a) (b)

图 6-17 小便器
(a) 立式小便器；(b) 挂式小便器

除上述常用的便溺用卫生器具外，还有用于特殊场所的不用水或少用水的新型大便器，如以少量水为载体，以真空作动力，用于船舶、车辆、飞机上的真空排水坐便器；以少量水为载体，以压缩空气作动力的压缩空气排水坐便器；自带燃烧室和排风系统，利用瓶装燃气和电热器焚烧粪便,由排风机和风道排除燃烧废气的焚烧式大便器;带有可以封闭并低温冷冻粪便储存器的冷冻式大便器;利用化学药剂分解粪便,装有伸顶通气管的化学药剂大便器;在无条件用水冲洗的特殊场所下通过空气循环作用消除臭味,并将粪便脱水的干式大便器等。

5. 冲洗设备

冲洗设备是便溺用卫生器具的配套设备,有冲洗水箱和冲洗阀两种。

(1) 冲洗水箱:按冲洗的水力原理不同冲洗水箱分为冲洗式、虹吸式两类;按启动方式不同分为手动式、自动式;按安装位置不同分为高水箱和低水箱。目前,自动冲洗水箱多采用虹吸式。高位水箱用于蹲式大便器和大小便槽,公共厕所宜用自动冲洗水箱,如图 6-18 所示,住宅和旅馆的坐式大便器多用手动低位冲洗水箱,如图 6-19 所示。

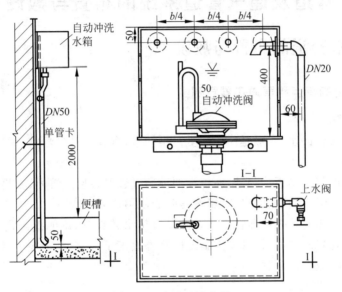

图 6-18 自动冲洗水箱

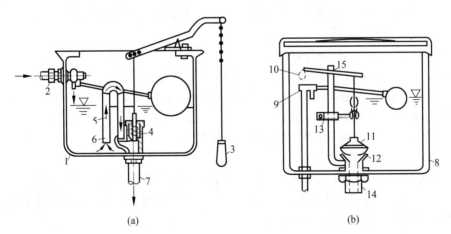

1—水箱;2—浮球阀;3—拉链;4—弹簧阀;5—虹吸管;6—φ5 小孔;7—冲洗管;8—水箱;
9—浮球阀;10—扳手;11—橡胶球阀;12—阀座;13—导向装置;14—冲洗管;15—溢流管。

图 6-19 手动冲洗水箱
(a) 虹吸冲洗水箱;(b) 水力冲洗水箱

冲洗水箱的优点是具有足够冲洗一次所需的贮存水量，水箱进水管管径小，所需出流水头小，即水箱浮球阀要求的流出水头仅20～30kPa，一般室内给水压力均易满足；冲洗水箱能起空气隔断作用，不致引起回流污染。冲洗水箱的缺点是占地面积大，有噪声，进水浮球阀容易漏水，水箱及冲洗管外壁易产生凝结水，自动冲洗水箱浪费水量。

（2）冲洗阀：冲洗阀为直接安装在大小便器冲洗管上的另一种冲洗设备。冲洗阀体积小，外表洁净美观，不需水箱，使用便利。但其构造复杂，容易阻塞损坏要经常检修。冲洗阀多用在公共建筑、工厂及火车站厕所内。按照现行政策及有关规定，公共建筑的冲洗阀宜选用感应式或脚踏式。

6.3 排水管道及通气管道系统的布置与敷设

6.3.1 排水管道的布置与敷设

1. 排水管道的特点和管道布置原则

1）排水管道的特点

排水管道所排泄的水，一般是使用后受污染的水，含有各种悬浮物、块状物，容易引起管道堵塞。

排水管道内的流水是不均匀的，在仅设伸顶通气管的各层建筑内，变化的水流引起管道内气压急剧变化，会产生较大的噪声，影响房间的使用效果。

排水管一般采用建筑排水塑料管或柔性接口排水铸铁管，不能抵御建筑结构的较大变形或外力撞击、高温等影响。在管道内温度比管外温度低较多时，管壁外侧会出现冷凝水。这些在管道布置时应加以注意。

2）排水管道布置原则

排水管道布置除满足使用要求外，还需要经济美观，维修方便，应力求简短，拐弯最少，有利于排水，避免堵塞，不出现"跑、冒、滴、漏"现象，并使管道不易受到破坏，还要使建设投资和日常管理维护费用最低。

排水管道的布置一般应满足以下要求：

（1）排水立管应设置在最脏、杂质最多及排水量最大的排水点处。注意到常有排水量最大的排水点既是给水量最大的点，也是给水立管最佳设立处，有时热水管道、煤气管道等也需设置于此。遇到多管相遇时的管道布置原则：小管让大管，有压管让无压管。一般情况下，排水管是管径最大的，特别当排水管是无压管，所以应该在设计时就要优先安排布置排水立管。

（2）排水管道不得穿越下列场所：卧室、客房、病房和宿舍等人员居住的房间；生活饮用水池（箱）上方；遇水会引起燃烧、爆炸的原料、产品和设备的上面；食堂厨房和饮食业厨房的主副食操作、烹调和备餐的上方。

（3）排水管道不得敷设在食品和贵重商品仓库、通风小室、电气机房和电梯机房内；不得穿过变形缝、烟道和风道；当排水管道必须穿过变形缝时，应采取相应技术措施；不得布置在可能受重物压坏处或穿越生产设备基础处；不宜穿越橱窗、壁柜，不得穿越储藏室；不应布置在易受机械撞击处,当不能避免时,应采取保护措施;排水管、通气管不得穿越住户客厅、餐厅,排水立管不宜靠近与卧室相邻的内墙。

(4) 塑料排水管不应布置在热源附近,当不能避免,并导致管道表面受热温度高于60℃时,应采取隔热措施;塑料排水立管与家用灶具边净距不得小于0.4m。

3) 住宅排水的设置

随着社会的发展和人们生活水平的提高,人们对住宅的要求也越来越高,《建筑给水排水设计标准》(GB 50015—2019)规定:当卫生间的排水支管要求不穿越楼板进入下层用户时,应设置成同层排水。同层排水是指排水横支管布置在排水层或室外,器具排水管不穿楼层的排水方式。目前同层排水形式有装饰墙敷设、外墙敷设、局部降板填充层敷设、全降板填充层敷设、全降板架空层敷设。同层排水方式要求器具排水横支管布置和设置不得造成排水滞留、地漏冒溢,并埋设于填层中的管道不宜采用橡胶圈密封接口。

2. 室内排水管道的布置与敷设

卫生器具的设置位置、高度、数量及选型,应根据使用要求、建筑标准、有关的设计规定,并本着节约用水的原则等因素确定。

器具排水管是连接卫生器具和排水横支管的管段。在器具排水管应设有一个水封装置,若有的卫生器具中本身有水封装置,则可不另设。器具排水管与排水横支管垂直连接,宜采用90°斜三通。

有些构筑物和设备的排水管与生活排水管道系统应采取间接排水的方式。如生活饮用水贮水箱(池)的泄水管和溢流管;开水器、热水器排水;医疗灭菌设备的排水;蒸发式冷却器、空调设备冷凝水的排水;贮存食品或饮料的冷藏库房的地面排水和冷风机溶霜水盘的排水。间接排水口的最小空气间隙应满足表6-3的规定。

表6-3　间接排水口最小空气间隙　　　　　　　　　单位:mm

间接排水管管径	排水口最小空气间隙
≤25	50
32~50	100
>50	150
饮料用贮水箱排水口	≥150

排水横支管一般沿墙布设,注意管道不得穿越建筑大梁,也不得挡窗户。横支管是重力流,要求管道有一定坡度通向立管。

排水立管一般设在墙角处或沿墙、沿柱垂直布置,宜采用靠近排水量最大的排水点。如采用分流制排水系统的住宅建筑的卫生间,污水立管应设在大便器附近,而废水立管则应设在浴盆附近。

排水横支管与立管连接,宜采用顺水三通或顺水四通和45°斜三通或45°斜四通;在特殊单立管系统中横支管与立管连接可采用特殊配件;排水立管与排出管端部的连接,宜采用两个45°弯头、弯曲半径不小于4倍管径的90°弯头或90°变径弯头。

合理布置通气管,如污(废)水合流制的排水立管与通气立管并行布置,也叫双立管排水系统。而分流制的排水系统中,污水立管与废水立管可共用一根通气立管而无须布置两根通气立管,叫作三立管排水系统。

靠近排水立管底部的排水支管连接,应符合下列规定:

(1) 排水立管最低排水横支管与立管连接处距排水立管管底垂直距离不得小于表 6-4 的规定。

表 6-4　最低横支管与立管连接处至立管管底的最小垂直距离　　单位:m

立管连接卫生器具的层数	垂直距离	
	仅设伸顶通气	设通气立管
≤4	0.45	按配件最小安装尺寸确定
5~6	0.75	
7~12	1.20	
13~19	底层单独排出	0.75
≥20		1.20

(2) 当排水支管连接在排出管或排水横干管上时,连接点距立管底部下游水平距离不得小于 1.5m。

(3) 排水支管接入横干管竖直转向管段时,连接点应距转向处以下不得小于 0.6m。

(4) 当靠近排水立管底部的排水支管的连接不能满足(1)项和(2)项的要求时,或在距排水立管底部 1.5m 距离之内的排出管、排水横管有 90°水平转弯管段时,底层排水支管应单独排至室外检查井或采取有效的防反压措施。

6.3.2　通气管道系统的布置与敷设

通气管道系统起着重要的作用:①向排水管内补给空气,使水流畅通,减少排水管道内的气压变化幅度,防止卫生器具水封破坏;②使室内外排水管道中散发的臭气和有害气体能排到大气中;③管道内经常有新鲜空气流通,可减轻管道内废气对管道的锈蚀。

为使生活污水管道和产生有毒有害气体的生产污水管道内的气体流通,压力稳定,排水立管顶端应设伸顶通气管,其顶端应装设风帽或网罩,避免杂物落入排水立管。伸顶通气管的设置高度与周围环境、当地的气象条件、屋面使用情况有关,伸顶通气管高出屋面不得小于 0.3m,且应大于最大积雪厚度;屋顶有人停留时,高度应大于 2m;若在通气管周围 4m 以内有门窗时,通气管口应高出窗顶 0.6m 或引向无门窗一侧;通气管口不宜设在建筑物挑出部分(如屋檐檐口、阳台和雨篷等)的下面。

生活排水管道系统应根据排水系统的类型,管道布置、长度,卫生器具设置数量等因素设置通气管。通气管道系统如图 6-20 所示。

生活排水管道的立管顶端应设置伸顶通气管。

通气支管有环形通气管和器具通气管两类。当排水横支管较长、连接的卫生器具较多时(连接 4 个及 4 个以上卫生器具且长度大于 12m,连接 6 个及 6 个以上大便器、设有器具通气管、特殊单立管偏置时)应设置环形通气管。环形通气管在横支管起端的两个卫生器具之间接出,连接点在横支管中心线以上,与横支管呈垂直或 45°连接。建筑物内的排水管道上设有环形通气管时,生活排水管道宜设置器具通气管。对卫生和安静要求较高的建筑物宜设置器具通气管,器具通气管在卫生器具的存水弯出口端接出。环形通气管和器具通气

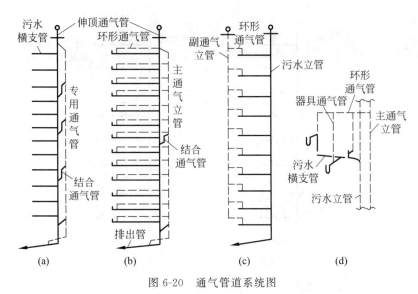

图 6-20 通气管道系统图
(a) 专用通气立管；(b) 主通气立管与环形通气管；(c) 副通气立管与环形通气管；(d) 主通气立管与器具通气管

管应在最高层卫生器具上边缘 0.15m 或检查口以上，按不小于 0.01 的上升坡度敷设与通气立管连接。

通气立管有专用通气立管、主通气立管和副通气立管三类。系统不设环形通气管和器具通气管时，通气立管通常叫专用通气立管；系统设有环形通气管和器具通气管，通气立管与排水立管相邻布置时，叫主通气立管；通气立管与排水立管相对布置时，叫副通气立管。

为在排水系统形成空气流通环路，通气立管与排水立管间需设结合通气管（或 H 管件），结合通气管宜每层或隔层与专用通气立管、排水立管连接，与主通气立管连接；结合通气管下端宜在排水横支管以下与排水立管以斜三通连接，上端可在卫生器具上边缘 0.15m 处于通气立管以斜三通连接；当采用 H 管件替代结合通气管时，其下端宜在排水横支管以上与排水立管连接。当污水立管与废水立管合用一根通气立管时，结合通气管配件可隔层分别与污水立管和废水立管连接；通气立管底部分别以斜三通与污（废）水立管连接。

若建筑物要求不可能每根通气管单独伸出屋面时，可设置汇合通气管，也就是将若干根通气立管在室内汇合后，再设一根伸顶通气管。

若建筑物不允许设置伸顶通气管时，可设置自循环通气管道系统，如图 6-21 所示。该管路不与大气直接相通，而是通过自身管路的连接方式变化来平衡排水管路中的气压波动，是一种安全、卫生的新型通气模式。当采用专用通气立管与排水立管连接时，自循环通气系统的顶端应在最高卫生器具上边缘 0.15m 或检查口以上采用 2 个 90°弯头相连，通气立管下端应在排水横干管或排出管上采用倒顺水三通或倒斜三通相接，宜隔层与排水立管相接，如图 6-21(a)所示。当采取环形通气管与排水横支管连接时，顶端仍应在最高卫生器具上边缘 0.15m 或检查口以上采用 2 个 90°弯头相连，每层排水支管下游段接出环形通气管与通气立管相接，当横支管连接卫生器具较多且横支管较长时，环形通气管应在横支管最始端的两个卫生器具之间接出，如图 6-21(b)所示。通气立管的结合通气管与排水立管连接间隔不宜多于 8 层。

通气立管不得接纳污水、废水和雨水，不得与风道和烟道连接。

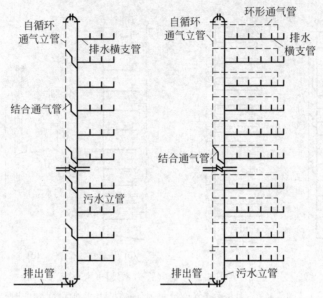

图 6-21 自循环通气系统
(a) 专用通气立管与排水立管相连的自循环；(b) 主通气立管与排水横支管相连的自循环

6.4 建筑污(废)水提升与局部处理

6.4.1 污(废)水的提升

民用和公共建筑的地下室、人防建筑、消防电梯底部集水坑内以及工业建筑内部标高低于室外地坪的车间和其他用水设备房间排放的污(废)水,若不能以重力流排入室外检查井时,应设置集水坑、排水泵设施,把污(废)水集流,提升排出,以保持室内良好的环境卫生。

建筑内污(废)水提升常用的设备有潜水泵、液下泵和立(卧)式离心泵。因潜水泵和液下泵在水面以下运行,无噪声和振动,能自灌,应优先选用。

6.4.2 污(废)水局部处理

当生活污水中油脂、泥沙、病原菌等含量较多或水温过高时,为使城市污水处理厂处理效果不受影响和降低排水管道维修工作量,应在建筑小区内或建筑物周边设置各种功能的生活污水局部处理构筑物,如化粪池、隔油池、降温池、沉淀池和医院污水处理构筑物等。以下主要介绍前两种。

1. 化粪池

化粪池是一种利用沉淀和厌氧发酵原理,去除生活污水中可沉淀和悬浮性有机物,储存并厌氧消化在池底的污泥的处理设施,属于初级的过渡性生活污水处理构筑物,可用于无污水处理厂的风景区、保护区,或对排放水质要求较高的新建住宅区。

化粪池有矩形和圆形两种池形。为达到好的处理效果,化粪池应分格并贯通(图 6-22)。对于矩形化粪池,长度与深度、宽度的比例应按污水中悬浮物的沉降条件和积存数量,经水力计算确定,但水面至池底深度不得小于 1.3m,宽度不得小于 0.75m,长度不得小于 1.0m;圆形化粪池直径不得小于 1.0m。当日处理污水量小于或等于 10m³ 时,采用双格化粪池,其中第一格的容量宜为计算总容量的 75%;当日处理水量大于 10m³ 时,采用三格化粪池,第一格的容量宜为计算总容量的 60%,其余两格各占 20%。

化粪池多设于建筑物背向大街的一侧靠近卫生间的地方,应尽量隐蔽,不宜设在人们经常活动之处。为避免侵害建筑物的基础,化粪池外壁距建筑物外墙的距离不宜小于 5m,并不得影响建筑物基础;为避免污染给水水源,化粪池外壁距地下取水构筑物不得小于 30m。

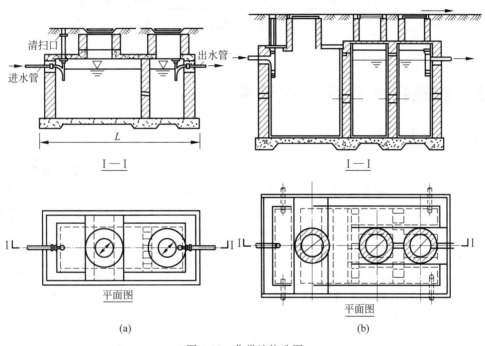

图 6-22 化粪池构造图
(a) 双格化粪池;(b) 三格化粪池

2. 隔油池

食堂、餐饮业等排出的污水中含有大量的油脂,尤其是动物脂肪容易凝结,堵塞排水管道,在排放之前必须去除。另外,其他含油污水如汽车台、汽车库及类似场所排放的污水中含有汽油、煤油、柴油等矿物油。汽油等轻油进入管道后挥发并聚集于检查井,达到一定浓度后会发生爆炸而引起火灾,破坏管道,所以也应设隔油池进行处理。含食用油污水在隔油池内的流速不得大于 0.005m/s,停留时间不得小于 10min,人工除油的隔油池内存油部分的容积不得小于该池有效容积的 25%,粪便污水不得排入隔油池,地下式隔油池结构如图 6-23 所示。

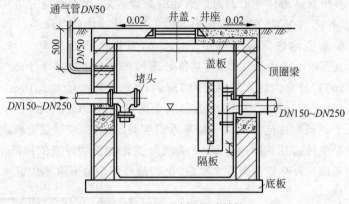

图 6-23 地下式隔油池结构

6.5 建筑排水系统设计计算

6.5.1 排水定额

人们每日排出的生活污水量与气候、建筑物内卫生设备的完善程度、生活习惯等有关。居住小区生活排水定额是其相应的生活给水系统用水定额的 85%～95%。居住小区生活排水系统小时变化系数与其相应的生活给水系统小时变化系数相同。公共建筑生活排水定额和小时变化系数与公共建筑生活给水用水定额和小时变化系数相同。

在计算排水设计流量时，为了便于累加计算，以污水盆排水量 0.33L/s 为一个排水当量，将其他卫生器具的排水量与 0.33L/s 的比值作为该种卫生器具的排水当量。卫生器具排水的特点是突然、迅猛、流速较大，因此，一个排水当量的排水流量是一个给水当量的额定流量的 1.65 倍。各种卫生器具的排水流量、当量、排水管的管径见表 6-5。

表 6-5 卫生器具排水的流量、当量和排水管的管径

序号	卫生器具名称		排水流量/(L·s^{-1})	当量	排水管管径/mm
1	洗涤盆、污水盆(池)		0.33	1.00	50
2	餐厅、厨房洗菜盆(洗)	单格洗涤盆(池)	0.67	2.00	50
		双格洗涤盆(池)	1.00	3.00	50
3	盥洗槽(每个水嘴)		0.33	1.00	50～75
4	洗手盆		0.10	0.30	32～50
5	洗脸盆		0.25	0.75	32～50
6	浴盆		1.00	3.00	50
7	淋浴器		0.15	0.45	50
8	大便器	冲洗水箱	1.50	4.50	100
		自闭式冲洗阀	1.20	3.60	100
9	医用倒便器		1.50	4.50	100
10	小便器	自闭式冲洗阀	0.10	0.30	40～50
		感应式冲洗阀	0.10	0.30	40～50

续表

序号	卫生器具名称		排水流量/(L·s⁻¹)	当量	排水管管径/mm
11	大便槽	≤4个蹲位	2.50	7.50	100
		>4个蹲位	3.00	9.00	150
12	小便槽（每米长）	自动冲洗水箱	0.17	0.50	—
13	化验盆（无塞）		0.20	0.60	40～50
14	净身盆		0.10	0.30	40～50
15	饮水器		0.05	0.15	25～50
16	家用洗衣机		0.50	1.50	50

注：家用洗衣机下排水软管直径为30mm，上排水软管内径为19mm。

6.5.2 排水设计秒流量

1. 住宅、宿舍（居室内设卫生间）、旅馆等建筑的排水设计秒流量计算

住宅、宿舍（居室内设卫生间）、旅馆、宾馆、酒店式公寓、医院、疗养院、幼儿园、养老院、办公楼、商场、图书馆、书店、客运中心、航站楼、会展中心、中小学教学楼、食堂或营业餐厅等建筑生活排水管道设计秒流量，应按式(6-1)进行计算：

$$q_p = 0.12 a \sqrt{N_p} + q_{max} \tag{6-1}$$

式中：q_p——计算管段排水设计秒流量，L/s；

N_p——计算管段的卫生器具排水当量总数；

a——根据建筑物用途而定的系数，见表6-6；

q_{max}——计算管段上最大一个卫生器具的排水流量，L/s。

表6-6 根据建筑物用途而定的系数 a 值

建筑物名称	住宅、宿舍（居室内设卫生间）、宾馆、酒店式公寓、医院、疗养院、幼儿园、养老院的卫生间	旅馆和其他公共建筑的盥洗室和厕所间
a 值	1.5	2.0～2.5

如果采用式(6-1)计算所得的流量值大于该管段上所有卫生器具排水量的累加值，应按卫生器具排水量的累加值计算。

2. 宿舍（设公用盥洗卫生间）、工业企业生活间、公共浴室、洗衣房等建筑的排水设计秒流量计算

宿舍（设公用盥洗卫生间）、工业企业生活间、公共浴室、洗衣房、职工食堂或营业餐厅的厨房、实验室、影剧院、体育场（馆）等建筑的生活排水管道设计秒流量，应按式(6-2)计算：

$$q_p = \sum q_{p0} n_0 b_p \tag{6-2}$$

式中：q_{p0}——同类型的一个卫生器具排水流量，L/s；

n_0——同类型卫生器具数；

b_p——卫生器具的同时排水百分数（同给水百分数，冲洗水箱大便器的同时排水百分数应按12%计算）。

当采用式(6-2)计算所得的流量小于一个大便器的排水量时,应按一个大便器的排水量计算。

6.5.3 排水系统的设计计算

建筑内排水系统的排水立管和横管的管径均可以通过水力计算确定,但为了排水通畅,防止管道堵塞,保障室内环境卫生,《建筑给水排水设计标准》(GB 50015—2019)对排水管道的最小管径做了明确的规定。在进行建筑内排水管道设计计算时,首先应通过水力计算确定管径,同时还应满足最小管径的要求。

1. 排水管道的最小管径

排水管道的最小管径在一般情况下应遵循如下规定:
(1) 建筑内排出管最小管径不得小于50mm。
(2) 大便器排水管最小管径不得小于100mm。
(3) 多层住宅厨房内的立管管径不宜小于75mm。
(4) 单根排水立管的排出管宜与排水立管管径相同。
(5) 公共食堂厨房内的污水采用管道排除时,其管径应比计算管径大一级,且干管管径不得小于100mm,支管管径不得小于75mm。
(6) 医疗机构污物洗涤盆(池)和污水盆(池)的排水管管径不得小于75mm。
(7) 小便槽或连接3个及3个以上的小便器,其污水支管管径不宜小于75mm。
(8) 公共浴室的泄水管管径不宜小于100mm。

2. 排水立管水力计算

排水立管的排水能力与管径、系统是否通气、通气的方式和管材有关。当采用建筑排水光壁管管材和管件时,排水能力按表6-7确定。

表6-7 生活排水立管最大设计排水能力

排水立管系统类型				最大设计排水能力/(L·s^{-1})		
				排水立管管径/mm		
				75	100(110)	150(160)
伸顶通气			厨房	1.00	4.00	6.40
			卫生间	2.00		
专用通气	专用通气管 75mm	结合通气管每层连接			6.30	—
		结合通气管隔层连接			5.20	
	专用通气管 100mm	结合通气管每层连接			10.00	
		结合通气管隔层连接			—	
	主通气立管+环形通气管				8.00	
自循环通气	专用通气形式				4.40	
	环形通气形式				5.90	

3. 排水横管的水力计算

(1) 充满度和管道坡度：在设计计算横支管和横干管时，为保证管道系统排水通畅，压力稳定，管道的设计充满度、管道的坡度、水流速度等水力要素必须满足有关规定。建筑内部排水横管（塑料管）的最大设计充满度要求见表6-8。塑料排水横管的标准坡度均为0.026。

表6-8 建筑排水塑料管排水横管的最大设计充满度和最小坡度

外径/mm	最小坡度	最大设计充满度
110	0.5	0.0040
125		0.0035
160	0.6	0.0030
200		0.0030

(2) 自净流速与最大流速：管内流速与水中杂质的输送能力有直接关系。为防止污水中的杂质沉积，管内应保持的最低流速称为自净流速，排水管道的自净流速见表6-9；同时为了防止管道的冲刷磨损，排水管道对最大流速也做了限制，一般生活污水采用金属管时最大流速为7.0m/s。

表6-9 排水管道的自净流速

污（废）水类别	生活污水			雨水管及合流管道	明渠
	$d<150mm$	$d=150mm$	$d=220mm$		
自净流速/(m·s^{-1})	0.60	0.65	0.70	0.75	0.40

(3) 水力计算表：根据水力计算公式及各项参数的规定，可编制各种材质排水横管水力计算表，设计计算时可以直接通过水力计算表确定管径、流速和坡度等。表6-10列出了各种排水管管径在不同的坡度和充满度下的排水能力和相应的流速。

表6-10 排水塑料管水力计算表（$n=0.009$）

坡度	$h/D=0.5$											$h/D=0.6$			
	$d_e=50mm$		$d_e=75mm$		$d_e=90mm$		$d_e=110mm$		$d_e=125mm$		$d_e=160mm$		$d_e=200mm$	
	v/(m·s^{-1})	Q/(L·s^{-1})	v/(m·s^{-1})	Q/(L·s^{-1})	v/(m·s^{-1})	Q/(L·s^{-1})	v/(m·s^{-1})	Q/(L·s^{-1})	v/(m·s^{-1})	Q/(L·s^{-1})	v/(m·s^{-1})	Q/(L·s^{-1})	v/(m·s^{-1})	Q/(L·s^{-1})
0.0030											0.74	8.38	0.86	15.24
0.0035									0.63	3.48	0.80	9.05	0.93	16.46
0.0040							0.62	2.59	0.67	6.72	0.85	9.68	0.99	17.60
0.0050					0.60	1.64	0.69	2.90	0.75	4.16	0.95	10.82	1.11	19.67
0.0060					0.65	1.79	0.75	3.18	0.82	4.55	1.04	11.85	1.21	21.55
0.0070			0.63	1.22	0.71	1.94	0.81	3.43	0.89	4.92	1.13	12.80	1.31	23.28
0.0080			0.68	1.31	0.75	2.07	0.87	3.67	0.95	5.26	1.20	13.69	1.40	26.40
0.0090			0.71	1.39	0.80	2.20	0.92	3.89	1.01	5.58	1.28	14.52	1.48	26.40
0.0100			0.75	1.46	0.84	2.31	0.97	4.10	1.06	5.88	1.35	15.30	1.56	27.82
0.0110			0.79	1.53	0.88	2.43	1.02	4.30	1.12	6.17	1.41	16.05	1.64	29.18

续表

坡度	$h/D=0.5$										$h/D=0.6$			
	$d_e=50mm$		$d_e=75mm$		$d_e=90mm$		$d_e=110mm$		$d_e=125mm$		$d_e=160mm$		$d_e=200mm$	
	$v/(m \cdot s^{-1})$	$Q/(L \cdot s^{-1})$	$v/(m \cdot s^{-1})$	$Q/(L \cdot s^{-1})$	$v/(m \cdot s^{-1})$	$Q/(L \cdot s^{-1})$	$v/(m \cdot s^{-1})$	$Q/(L \cdot s^{-1})$	$v/(m \cdot s^{-1})$	$Q/(L \cdot s^{-1})$	$v/(m \cdot s^{-1})$	$Q/(L \cdot s^{-1})$	$v/(m \cdot s^{-1})$	$Q/(L \cdot s^{-1})$
0.0120	0.62	0.52	0.82	1.60	0.92	2.53	1.07	4.49	1.17	6.44	1.48	16.76	1.71	30.48
0.0150	0.69	0.58	0.92	1.79	1.03	2.83	1.19	5.02	1.30	7.20	1.65	18.74	1.92	34.08
0.0200	0.80	0.67	1.06	2.07	1.19	3.27	1.38	5.80	1.51	8.31	1.90	21.64	2.21	39.35
0.0250	0.90	0.74	1.19	2.31	1.33	3.66	1.54	6.48	1.68	9.30	2.13	24.19	2.47	43.99
0.0260	0.91	0.76	1.21	2.36	1.36	3.73	1.57	6.61	1.72	7.48	2.17	24.67	2.52	44.86
0.0300	0.98	0.81	1.30	2.53	1.46	4.01	1.68	7.10	1.84	10.18	2.33	26.50	2.71	48.19
0.0350	1.06	0.88	1.41	2.4	1.58	4.33	1.82	7.67	1.99	11.00	2.52	28.63	2.93	52.05
0.0400	1.13	0.94	1.50	2.93	1.69	4.63	1.95	8.20	2.13	11.76	2.69	30.60	3.13	55.65
0.0450	1.20	1.00	1.59	3.10	1.79	4.91	2.06	8.70	2.26	12.47	2.86	32.46	3.32	59.02
0.0500	1.27	1.05	1.68	3.27	1.89	5.17	2.17	9.17	2.38	13.15	3.01	34.22	3.50	62.21
0.0600	1.39	1.15	1.84	3.5	2.07	5.67	2.38	10.04	2.61	14.40	3.29	37.48	3.83	68.15
0.0700	1.50	1.24	1.99	3.87	2.23	6.12	2.57	10.85	2.82	15.56	3.56	40.49	4.14	73.61
0.0800	1.60	1.33	2.31	4.14	2.38	6.54	2.75	11.60	3.01	16.63	3.81	43.28	4.42	78.70

注:n—排水管壁粗糙系数;$\dfrac{h}{D}$—充满度;v—流速;Q—流量;d_e—公称外径。

4. 通气管道管径的确定

通气管的最小管径不宜小于排水管管径的1/2,其最小管径见表6-11,当通气立管长度大于50m时,通气管管径应与排水立管相同。

表6-11 通气管最小管径

通气管名称	排水管管径/mm			
	50	75	100	150
器具通气管管径/mm	32	—	50	—
环形通气管管径/mm	32	40	50	—
通气立管管径/mm	40	50	75	100

注:1. 表中通气立管系指专用通气立管、主通气立管、副通气立管。
2. 根据特殊单立管系统确定偏置辅助通气管管径。

通气立管长度不大于50m且两根及两根以上排水立管同时与一根通气立管相连时,应以最大一根排水立管按表6-11确定通气立管管径,且其管径不宜小于其余任何一根排水立管管径;结合通气管管径不宜小于与其连接的通气立管管径。伸顶通气管管径应与排水立管管径相同,但在最冷月平均气温低于-13℃的地区,应在室内平顶或吊顶以下0.3m处将管径放大一级。当两根或两根以上污水立管的通气管汇合连接时,汇合通气管的断面面积应为最大一根通气管的断面面积加其余通气管断面面积之和的0.25倍。

6.6 高层建筑排水系统

6.6.1 高层建筑排水系统的特点

高层建筑排水立管长，排水量大，立管内气压波动大，因此，高层建筑排水系统必须解决好通气问题，稳定管内气压。

6.6.2 高层建筑排水系统的类型

高层建筑排水系统从通气方式来划分，主要有伸顶通气管的排水系统、设专用通气管的排水系统、设器具通气管的排水系统、特殊单立管排水系统等。其中特殊单立管排水系统主要包括以下几种类型。

1. 苏维脱排水系统

苏维脱排水系统如图 6-24 所示。它是指各层排水横支管与立管采用气水混合器连接的排水系统，排水立管底部与横干管采用气水分离器连接的排水系统，达到取消通气立管的目的。

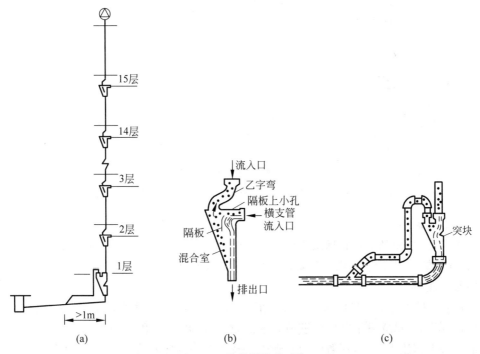

图 6-24 苏维脱排水系统
(a) 苏维脱排水系统；(b) 气水混合器；(c) 气水分离器

(1) 气水混合器：由上流入口、乙字弯、隔板、隔板上小孔、混合室、横支管流入口和排出口等构成，如图 6-24(b) 所示。从立管下降的污水流经乙字弯时，水流撞击分散与周围的空气混合,变成密度小呈水沫状的气水混合物,下降速度减慢,减少了空气的吸入量,避免造成过大的抽吸负压。横支管排出的污水受隔板阻挡,只能从隔板右侧向下排放,不会在立管中形成水舌,能使立管中保持气流畅通,气压稳定。

(2) 气水分离器：由流入口、顶部跑气口、突块和空气分离室等构成,如图 6-24(c)所示。沿立管流下的气水混合物,遇到分离室内突块时被溅洒,从而分离出气体,减少气水混合物的体积,降低流速,不会形成回压。分离出的空气用跑气管接至下游排出管上,使气流不致在转弯处被阻,达到防止在立管底部产生过大正压的目的。

2. 旋流排水系统

旋流排水系统如图 6-25 所示,是指每层的横支管和立管采用旋流接头配件连接,立管底部与横干管采用旋流排水弯头连接的排水系统。

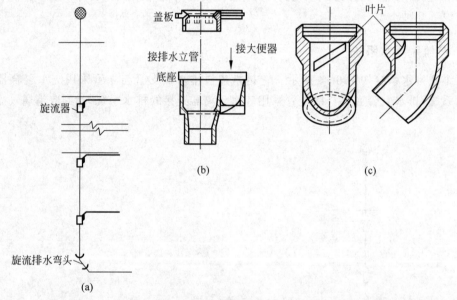

图 6-25　旋流排水系统及配件
(a)旋流排水系统；(b)旋流器；(c)旋流排水弯头

(1) 旋流器：由底座和盖板构成,如图 6-25(b)所示。通过盖板将横支管的排水沿切线方向引入立管,并使其沿着管壁旋流而下,在立管中始终形成一个空气芯,此空气芯占管道断面的 80% 左右,保持立管内空气畅通,使气压变化很小,从而防止水封被破坏,提高排水立管的通水能力。

(2) 旋流排水弯头：与普通铸铁弯头形状相同,但在内部设置有 45°旋转导向叶片,如图 6-25(c)所示。沿立管下降的附壁薄膜水流,在导向叶片作用下,旋向弯头对面内壁上,使水流沿弯头下部流入干管,可避免因干管内出现水跃而封闭水流,造成过大正压。

3. 芯型排水系统

芯型排水系统是在各层排水横支管与立管连接处设置环流器,在排水立管的底部设角笛弯头的一种排水系统。

（1）环流器：如图6-26所示，外观呈倒锥形，在上入流口与横支管入流口交汇处设有内管，从横支管排入的污水沿内管外侧向下流入立管，避免因横支管排水产生的水舌阻碍立管。从立管流下的污水发生扩散下落，形成气水混合流，减缓下落流速，保证立管内空气畅通。

（2）角笛弯头：如图6-27所示，自立管下降的水流因过水断面扩大，流速变缓，夹杂在污水中的空气释放，且弯头曲率半径大，加强了排水能力，可消除水跃和水塞现象，避免立管底部产生过大正压。

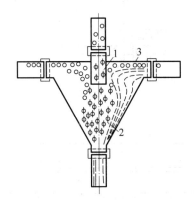

1—内管；2—气水混合物；3—空气。

图6-26 环流器

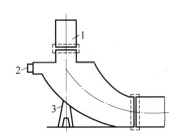

1—立管；2—检查口；3—支墩。

图6-27 角笛弯头

6.6.3 高层建筑排水管道布置与敷设

高层建筑排水管道布置与敷设的要求与普通建筑要求基本相同。

6.7 屋面雨水排水系统

屋面雨水排水系统是汇集降落在建筑物屋面上的雨水和雪水，并将其沿一定路线排泄至指定地点的系统。按雨水管道的位置可分为外排水系统和内排水系统

6.7.1 外排水系统

外排水系统是指雨水管是设置在建筑物外部的雨水排水系统。按屋面有无天沟，又分为檐沟外排水和天沟外排水。

1. 檐沟外排水

檐沟外排水系统由檐沟和水落管组成，如图6-28所示，降落到屋面的雨水沿屋面集流到檐沟，然后流入沿外墙设置的水落管排至地面或雨水口。水落管管材多用排水塑料管或镀锌铁皮制成，截面为矩形或半圆形。断面尺寸一般为80mm×100mm或80mm×120mm，也有石棉水泥管，但其下端极易因碰撞而破裂，在使用时下部距地1m高处应设保护措施。工业厂房的水落管也可用塑料管及排水铸铁管，管径为150mm或100mm。檐沟

外排水系统适用于一般民用建筑、屋面面积较小的公共建筑和单跨工业建筑。

2. 天沟外排水

天沟外排水系统由天沟、雨水斗和排水立管组成,如图 6-29 所示。降落到屋面的雨雪水沿坡向天沟的屋面汇集到天沟,沿天沟流向建筑物两端(山墙、女儿墙)流入雨水斗,经墙外排水立管排至地面或雨水井。

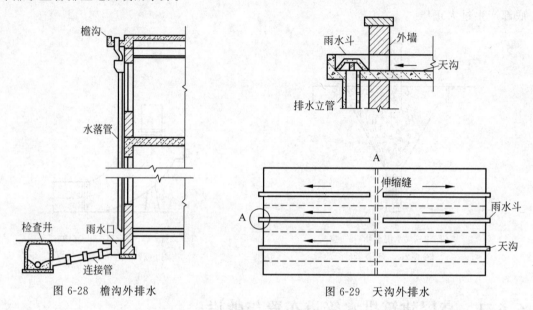

图 6-28 檐沟外排水   图 6-29 天沟外排水

天沟外排水系统一般以建筑物的伸缩缝或沉降缝作为天沟分水线。在屋面不设雨水斗,排水安全可靠,不会因施工不善造成屋面漏水或检查井冒水,节省管材,施工简单,利于厂房内空间利用。天沟坡度不宜小于 0.003,天沟外排水系统适用于长度不超过 100m 的多跨工业厂房。

6.7.2 内排水系统

内排水系统是指屋面设雨水斗,建筑物内部有雨水管道的雨水排水系统,常用于屋面跨度大、屋面曲折(壳形、锯齿形)、屋面有天窗等设置天沟有困难的情况,以及立面要求比较高的高层建筑、大面积平屋顶建筑、寒冷地区的建筑等不宜在室外设置雨水立管的情况。

1. 内排水系统的组成

内排水系统由雨水斗、连接管、悬吊管、立管、排出管、检查井及雨水埋地干管等组成,如图 6-30 所示。雨水降落到屋面上,沿屋面流入雨水斗,经悬吊管排入立管,再经排出管流入检查井,或经埋地干管排至室外雨水管道。

2. 布置与敷设

(1) 雨水斗:是一种专用装置,设在屋面雨水与天沟进入雨水管道的入口处,具有拦截

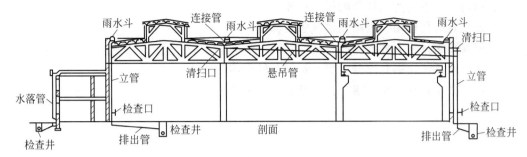

图 6-30 内排水系统

污物、疏导水流和排泄雨水的作用。国内常用的雨水斗有 65 型、79 型、87 型和虹吸雨水斗等,有 75mm、100mm、150mm、200mm 四种规格。内排水系统布置雨水斗时应以伸缩缝、沉降缝和防火墙为天沟分水线。

(2) 连接管:是连接雨水斗和悬吊管的一段竖向短管。连接管应牢固固定在建筑物的承重结构上,下端用 45°斜三通与悬吊管相连,其管径一般与雨水斗短管同径,但不宜小于 100mm。

(3) 悬吊管:用于连接雨水斗和排水立管。常固定在工业厂房的桁架上,方便经常性的维修清通,管径不得小于雨水斗连接管管径。悬吊管应避免从不允许有滴水的生产设备上方通过。

(4) 立管:承接悬吊管或雨水斗流来的雨水。一根立管连接的悬吊管不多于两根,重力流多斗系统立管管径不得小于悬吊管管径。立管宜沿墙、柱安装,在距地面 1m 处设检查口,立管的管材和接口与悬吊管相同。

(5) 排出管:是立管与检查井间的一段较大坡度的横向管道,排出管管径不得小于立管管径。排出管出口的下游排水管宜采用管顶平接法,且水流转角不得小于 135°。

(6) 埋地管:敷设于室内地下,承接立管的雨水并将其排至室外雨水管道。埋地管一般采用混凝土管、钢筋混凝土管、UPVC 管或陶土管,管道坡度按生产废水管道最小坡度计算。

(7) 附属构筑物:常见的附属构筑物有检查井、检查口和排气井。用于雨水系统的检修、清扫和排气,设置在排出管与埋地管连接处,埋地管转弯、变径及长度超过 30m 的直线管路上。水流从排出管流入排气井,与溢流墙碰撞消能,流速减小,气水分离,水流经格栅稳压后平稳流入检查井,气体由放气管排出。密闭内排水系统的埋地管上设检查口,将检查口放在检查井内,便于清通检修。

思考题

1. 室内排水系统由哪几部分组成?
2. 建筑内部污(废)水排水系统可分为哪几类?
3. 卫生器具有哪些种类?布置时有哪些注意事项?
4. 建筑内部排水管道布置和敷设时应注意哪些原则和要求?

5. 如何计算不同类型建筑的设计秒流量？
6. 通气管有何作用？常用的通气管有哪些？
7. 屋面雨水排除方式有哪些？
8. 内排水系统由哪几部分组成？每部分的作用是什么？
9. 新型排水系统主要有哪几种？都有哪些主要配件？

第7章 建筑热水供应系统

7.1 热水供应系统的分类、组成与供水方式

7.1.1 热水供应系统的分类

按热水供应范围,热水供应系统可分为局部热水供应系统、集中热水供应系统和区域热水供应系统。

1. 局部热水供应系统

供水范围小,热水分散制备,一般靠近用水点采用小型加热器供局部范围内一个或几个配水点使用,系统简单,造价低,维修管理方便,热水管路短,热损失小,适用于使用要求不高、用水点少而分散的建筑,其热源宜采用蒸汽、煤气、炉灶余热或太阳能等。

2. 集中热水供应系统

供水范围大,热水集中制备,用管道输送到各配水点。一般在建筑内设专用锅炉房或热交换器将水集中加热后通过热水管道将水输送到一幢或几幢建筑使用。这种系统加热设备集中,管理方便,但设备系统复杂,建设投资较高,管路热损失较大,适用于热水用量大、用水点多且分布较集中的建筑。

3. 区域热水供应系统

中水在热电厂、区域性锅炉房或区域热交换站加热,通过室外热水管网将热水输送至城市街坊、住宅小区各建筑中。该系统便于集中统一维护管理和热能综合利用,并且消除分散的小型锅炉房,减少环境污染,设备、系统复杂,需敷设室外供水和回水管道,基建投资较高,适用于要求供热水的集中区域住宅和大型工业企业。

7.1.2 热水供应系统的组成

热水供应系统的组成因建筑类型和规模、热源情况、用水要求、加热和贮存设备的情况等不同而异,图 7-1 所示为典型的集中热水供应系统,主要由热媒系统、热水系统、附件三部分组成。

(1) 热媒系统由热源、水加热器和热媒管网组成，又称第一循环系统。

(2) 热水系统主要由换热器、供热水管道、循环加热管道、供冷水管道等组成，又称第二循环管道系统。

(3) 附件包括蒸汽、热水的控制附件及管道的连接附件，如温度自动调节器、疏水阀、减压阀、安全阀、膨胀管、管道补偿器、闸阀、水嘴、止回阀等。

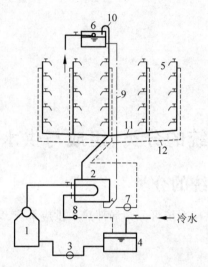

1—蒸汽锅炉；2—水加热器；3—凝结水泵；4—凝结水箱；5—配水龙头；6—贮水箱；
7—循环水泵；8—疏水器；9—冷水管；10—透气管；11—热水管；12—循环管。

图 7-1 集中热水供应系统

7.1.3 热水供水方式

1. 按热水加热方式分类

按热水加热方式不同可分为直接加热和间接加热，如图 7-2 所示。

(1) 直接加热是燃油（气）热水锅炉、太阳能热水器或热泵机组等将冷水加热至加热设备出口所要求的水温，经热水供水管直接输配到用水点。这种直接加热供水方式具有系统简单、设备造价低、热效率高、节能的优点。仅适用于具有合格的蒸汽且对噪声无严格要求的公共浴室、洗衣房、工矿企业等。

(2) 间接加热也称二次换热，是将锅炉、太阳能集热器、热泵机组、电加热器等加热设备产生的热媒通过水加热器把热量传递给冷水达到加热冷水的目的，在加热过程中热媒与被加热水不直接接触。该方式的优点是加热时不产生噪声，蒸汽不会对热水产生污染，供水安全稳定。适用于要求供水稳定、安全、噪声低的旅馆、住宅、医院、办公楼等建筑。

2. 按热力管网的压力工况分类

按热力管网的压力工况不同分为闭式和开式，如图 7-3 所示。

闭式热水供水方式，即在所有配水点关闭后，整个系统与大气隔绝，形成密闭系统。该方式中应采用设有安全阀的承压水加热器，有条件时还应考虑设置压力膨胀罐，以确保系统

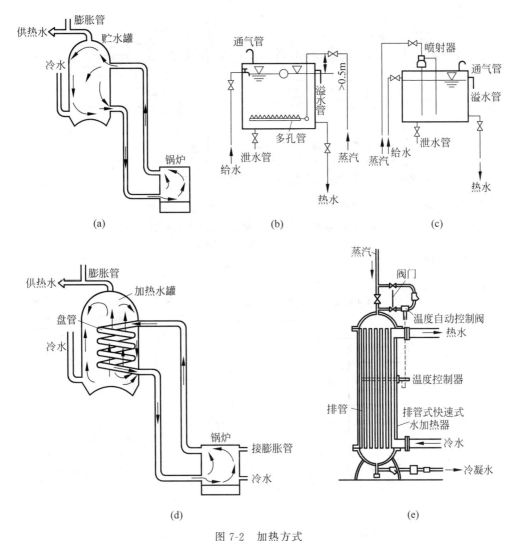

图 7-2 加热方式
(a) 热水锅炉直接加热；(b) 蒸汽多孔管直接加热；(c) 蒸汽喷射器混合直接加热；
(d) 热水锅炉间接加热；(e) 蒸汽-水加热器间接加热

安全运转。它具有管路简单、水质不易受外界污染的优点，但供水水压稳定性较差，安全可靠性较差，适用于不宜设置高位水箱的热水供应系统。

开式热水供水方式，即在所有配水点关闭后，系统内的水仍与大气相通，该方式一般在管网顶部设有高位冷水箱和膨胀管或高位开式加热水箱，系统内的水压取决于水箱的设置高度，而不受室外给水管网水压波动的影响，可保证系统水压稳定和供水安全可靠。但高位水箱占用建筑空间，且开式水箱易受外界污染。该方式适用于用户要求水压稳定，且允许设高位水箱的热水系统。

3. 按热水管网的循环方式分类

按热水管网设置循环管网的方式不同分为全循环、半循环（又分为立管循环和干管循环）、无循环，如图 7-4 所示。

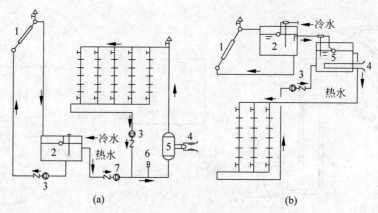

图 7-3 太阳能集热系统直接加热供水方式（闭式和开式）
(a) 闭式系统；(b) 开式系统

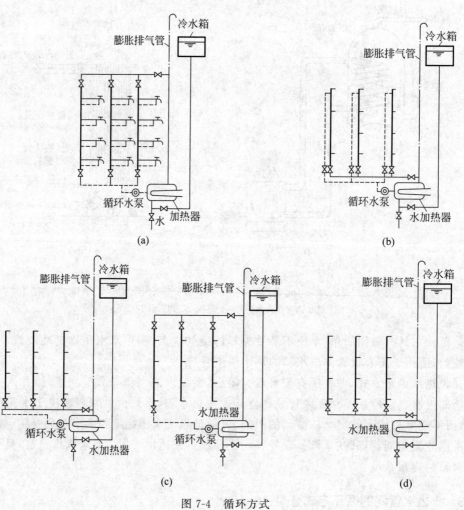

图 7-4 循环方式
(a) 全循环；(b) 立管循环；(c) 干管循环；(d) 无循环

全循环供水方式,是指热水干管、热水立管和热水支管都设置相应循环管道,保持热水循环,各配水嘴随时打开均能提供符合设计水温要求的热水。该方式适用于热水供应要求较高的建筑中,如高级宾馆、饭店、高级住宅等。

半循环供水方式。立管循环方式是指热水干管和热水立管均设置循环管道,保持热水循环,打开配水嘴时只需放掉热水支管中少量的存水,就能获得规定水温的热水。该方式多用于设有全日供应热水的建筑和设有定时供应热水的高层建筑中。干管循环方式是指仅热水干管设置循环管道,保持热水循环,多用于采用定时供应热水的建筑中,在热水供应前,先用循环泵把干管中已冷却的存水循环加热,当打开配水嘴时只需放掉立管和支管内的冷水就可以流出符合要求的热水。

无循环供水方式,是指在热水官网中不设任何循环管道。对于热水供应系统较小、使用要求不高的定时热水供应系统,如公共浴室、洗衣房等可采用此方式。

4. 其他分类

热水供水方式按供回水环路的长度不同又分为同程式和异程式;按热水配水管网干管的位置不同,分为上行下给供水方式和下行上给供水方式;按循环动力不同,分为机械强制循环方式和自然循环方式。

选用何种热水供水方式应根据建筑物用途、热源的供给情况、热水用水量和卫生器具的布置情况进行经济和技术比较后确定。

7.2 热水供应系统的加热设备

7.2.1 热源的选用

制取热水的热源,可以是工业废热、余热、太阳能、可再生低温能源、地热、燃气、电能,也可以是城镇热力网、区域锅炉房或附近锅炉房提供的蒸汽或高温水。

1. 集中热水供应系统热源的选用

具有稳定可靠的余热、废热、地热时,可优先采用。当以地热为热源时,应按地热水的水温、水质和水压,采取相应的技术措施处理满足使用要求。

太阳能取之不尽、安全洁净。在日照时数大于1400h/年且年太阳辐射量大于$4200MJ/m^2$及年极端最低气温不低于-45℃的地区,可采用太阳能。

在夏热冬暖、夏热冬冷地区采用空气源热泵,在地下水源充沛、水文地质条件适宜,并能保证回灌的地区,可采用地下水源热泵。在沿江、沿海、沿湖,地表水源充足、水文地质条件适宜,以及有条件利用城市污水、再生水的地区,可采用地表水源热泵。当采用地下水源和地表水源时,应经当地水务、交通航运等部门审批,必要时应进行生态环境、水质卫生方面的评估。

2. 局部热水供应系统热源的选用

有条件时,宜优先采用太阳能。在夏热冬暖、夏热冬冷地区宜采用空气源热泵。可采用燃气、电能作为热源或辅助热源。在有蒸汽供给的地方，可采用蒸汽作为热源。

7.2.2 加热和贮热设备

1. 局部加热设备

1）燃气热水器

燃气热水器的热源有天然气、焦炉煤气、液化石油气和混合煤气四种，依照燃气压力有低压（$p \leqslant 5\text{kPa}$）、中压（$5\text{kPa} < p \leqslant 150\text{kPa}$）热水器之分。民用和公共建筑生活、洗涤用燃气热水设备一般采用低压，工业企业生产所用燃气热水器可采用中压。按加热冷水的方式不同，燃气热水器有直流快速式和容积式之分。图 7-5 所示是直流快速式燃气热水器，一般安装在用水点就地加热，可随时点燃并可立即取得热水，供一个或几个配水点使用，常用于厨房、浴室、医院手术室等局部热水供应。

2）电热水器

电热水器是把电能通过电阻丝变为热能加热冷水的设备，一般以成品在市场上销售。电热水器产品分快速式和容积式两种。快速式电热水器无贮水容积或贮水容积很小，不需在使用前预先加热，在接通电路和电源后即可得到被加热的热水，适合家庭和工业、公共建筑单个热水供应点使用。容积式电热水器具有一定的贮水容积，其容积可由 10L 到 10m^3。该种热水器在使用前需预先加热，可同时供应几个热水用水点在一段时间内使用，一般适用于局部供水和管网供水系统。典型容积式电热水器构造如图 7-6 所示。

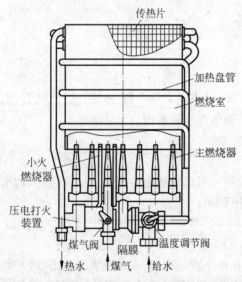
图 7-5 直流快速式燃气热水器构造示意图

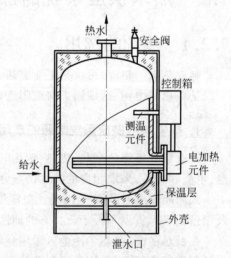
图 7-6 容积式电热水器构造示意图

3）太阳能热水器

太阳能热水器是将太阳能转换成热能并将水加热的装置。其结构简单、维护方便、节省燃料、运行费用低、不存在环境污染问题。但受天气、季节、地理位置等影响不能连续稳定运行，需要配置贮热和辅助加热设施，布置受到一定的限制。

太阳能热水器按组合形式分为装配式和组合式两种。装配式太阳能热水器一般为小型热水器,即将集热器、贮热水箱和管路由工厂装配出售,适于家庭和分散使用场所,目前市场上有多种产品,如图 7-7 所示。组合式太阳能热水器,是将集热器、贮热水箱、循环水泵、辅助加热设备按系统要求分别设置而组成,适用于大面积供应热水系统和集中供应热水系统。

太阳能热水器按热水循环系统不同分为自然循环和机械循环两种。自然循环太阳能热水器是靠水温差产生的热虹吸作用进行水的循环加热,该种热水器运行安全可靠、不需用电和专人管理,但贮热水箱必须装在集热器上面,同时使用的热水会受到时间和天气的影响,如图 7-8 所示。机械循环太阳能热水器是利用水泵强制水进行循环的系统。该种热水器贮热水箱和水泵可放置在任何部位,系统制备热水效率高,产热量大,适用于大面积和集中供应热水场所。

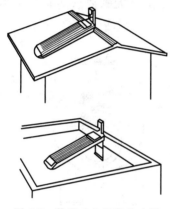

图 7-7 装配式太阳能热水器

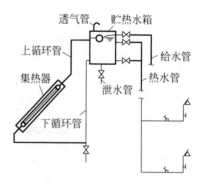

图 7-8 自然循环太阳能热水器

2. 集中热水供应系统的加热和贮热设备

1) 热水锅炉

集中热水供应系统采用的热水锅炉主要有燃煤、燃油和燃气三种。燃煤热水锅炉存在因燃煤产生的烟尘和 SO_2 对环境的污染问题,故被许多城市限制甚至禁止在市区使用。燃油(燃气)锅炉如图 7-9 所示。该类锅炉通过燃烧器向正在燃烧的炉膛内喷射雾状油(或通入燃煤气),燃烧迅速,且比较完全,具有构造简单、排污总量少的优点。它符合环保的要求,使用日益广泛。

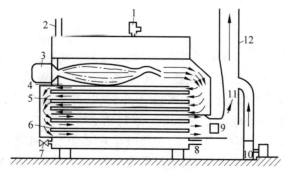

1—安全阀;2—热媒出口;3—油(煤气)燃烧器;4—一级加热管;5—二级加热管;6—三级加热管;7—泄空阀;8—回水(或冷水)入口;9—导流器;10—风机;11—风挡;12—烟道。

图 7-9 燃油(燃气)锅炉构造示意图

2）水加热器

集中热水供应系统中常用的水加热器有容积式水加热器、半容积式水加热器、快速式水加热器和半即热式水加热器。

(1) 容积式水加热器

容积式水加热器是一种间接加热设备，内部设有热媒导管，具有加热冷水和储备热水两种功能，热媒为蒸汽或热水，有卧式和立式之分（图7-10）。容积式水加热器的优点是具有较大的储存和调节能力，被加热水通过时压力损失较小，用水处压力变化平稳，出水水量较为稳定。但被加热水流速缓慢，传热系数小，热交换效率低，且体积庞大占用过多的建筑空间，在热媒导管中心线以下约有30%的储水容积是低于规定水温的常温水或冷水，所以储罐的容积利用率也很低。它适用于用水量不均匀，热源供应不足或要求供水可靠性高、供水水温和水压平稳的热水供应系统。

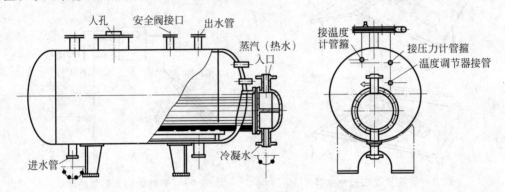

图7-10 容积式水加热器构造示意图

(2) 半容积式水加热器

半容积式水加热器是带有适量储存与调节容积的内藏式容积式加热器，由贮热水罐、内藏式快速换热器和内循环泵三部分组成，如图7-11所示。其中贮热水罐与快速换热器隔离，被加热水在快速换热器内迅速加热后，通过热水配水管进入贮热水罐，当管网中热水用水低于设计用水量时，热水的一部分落到贮罐底部，与补充水（冷水）一道经内循环泵升压后再次进入快速换热器加热。

半容积式水加热器具有体形小（贮热容积比同样加热能力的容积式水加热器减少2/3）、加热快、换热充分、供水温度稳定、节水节能的优点。但由于内循环泵不间断运行，需要有极高的质量保证。

(3) 快速式水加热器

快速式水加热器是热媒与被加热水提高较大速度的流动进行快速换热的一种间接加热设备。根据热媒的不同，快速式水加热器有汽-水和水-水两种类型，前者热媒为蒸汽，后者热媒为过热水。根据加热导管的构造不同，又有单管式、多管式、板式、管壳式、波纹板式、螺旋板式等多种形式。图7-12所示为多管式汽-水快速水加热器。

快速式水加热器具有效率高，体积小，安装搬运方便的优点，但不能贮存热水，水头损失大，在热媒或被加热水压力不稳定时，出水温度波动较大，仅适用于用水量大，而且比较均匀的热水供应系统或建筑物热水采暖系统。

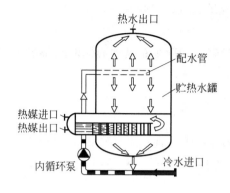
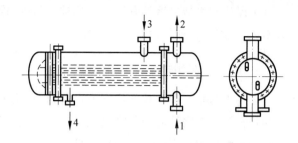

1—冷水；2—热水；3—蒸汽；4—冷凝水。

图 7-11　半容积式水加热器构造示意图　　　图 7-12　多管式汽-水快速式水加热器

（4）半即热式水加热器

半即热式水加热器是带有超前控制，具有少量贮存容积的快速式水加热器，如图 7-13 所示。热媒蒸汽经控制阀和底部入口通过蒸汽立管进入各并联盘管，热交换后，冷凝水入冷凝水立管后由底部流出，冷水从底部经孔板入罐，同时有少量冷水进入分流管。入罐冷水经转向器均匀加热罐底并向上流过盘管得到加热，热水由上部出口流出。部分热水在顶部进入感温管开口端，冷水以与热水用水量成比例的流量由分流管同时入感温管，感温元件读出瞬时感温管内的冷、热水平均温度，即向控制阀发出信号，按需要调节控制阀，以保持所需的热水输出温度。只要一有热水需求，热水出口处的水温尚未下降，感温元件就能发出信号开启控制阀，具有预测性，加热盘管内的热媒由于不断改向，加热时盘管颤动，形成局部紊流区，属于紊流加热。故它的传热系数大，换热速度快，热水贮存容量小，仅为半容积式水加热

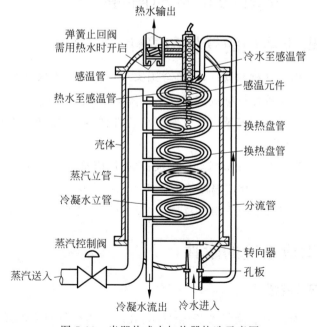

图 7-13　半即热式水加热器构造示意图

器的1/5。同时,由于盘管内外温差的作用,盘管不断收缩、膨胀,可使传热面上的水垢自动脱落。

半即热式水加热器具有快速加热被加热水、浮动盘管自动除垢的优点,体积小,节省占地面积,适用于各种负荷需求的机械循环热水供应系统。

3. 加热水箱和热水贮水箱(罐)

加热水箱是一种简单的热交换设备,在水箱中安装蒸汽多孔管或蒸汽喷射器,可构成直接加热水箱。在水箱内安装排管或盘管即构成间接加热水箱。加热水箱适用于公共浴室等用水量大而均匀的定时热水供应系统。

热水贮水箱(罐)是一种专门调节热水量的容器。可在用水不均匀的热水供应系统中设置,以调节水量,稳定出水温度。

4. 可再生低温能源的热泵热水器

当合理应用水源热泵、空气源热泵等制备生活热水,具有显著的节能效果。热泵技术实质是将热量从温度较低的介质中"泵"送到温度较高的介质中去的过程,可以节约大量的电能。

加热设备是热水供应系统的核心组成部分。加热设备的选择是关系到热水供应系统能否满足用户使用要求和保证系统长期正常运转的关键,应根据热源条件、建筑物功能及热水用水规律、耗热量和维护管理等因素综合比较后确定。

7.3 热水供应系统的管材和附件

7.3.1 热水供应系统的管材和管件

热水供应系统采用的管材和管件,应符合国家现行标准的有关规定。管道的工作压力和工作温度不得大于国家现行标准规定的许用工作压力和工作温度。

热水管道应选用耐腐蚀和安装连接方便可靠的管材,可采用薄壁不锈钢管、薄壁铜管、塑料热水管、复合热水管等。

当采用塑料热水管或塑料和金属复合热水管材时,应符合下列规定:
(1)管道的工作压力应按相应温度下的许用工作压力选择。
(2)设备机房内的管道不应采用塑料热水管。

7.3.2 热水供应系统的附件

1. 自动温度调节装置

热水供应系统中为实现节能节水、安全供水,在水加热设备的热媒管道上应装设自动温度调节装置(图7-14)来控制出水温度。自动调温装置有直接式和间接式两种类型,如

图 7-15 所示。直接式自动调温装置由温包、感温元件和自动调节阀组成,温度调节阀必须垂直安装,温包内装有低沸点液体,插装在水加热器出口的附近,感受热水温度的变化,产生压力升降,并通过毛细导管传至调节阀,通过改变阀门开启度来调节进入加热器的热媒流量,起到自动调温的作用。间接式自动调温装置由温包、电触点压力式温度计、电动调节阀和电气控制装置组成。水加热设备的出水温度应根据其贮热调节容积大小分别采用不同温级精度要求的自动温度控制装置。当采用汽-水换热的水加热设备时,应在热媒管道上增设切断气源的电动阀。

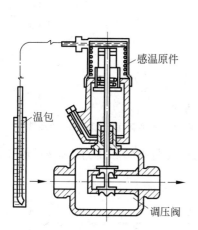

图 7-14 自动温度调节器构造

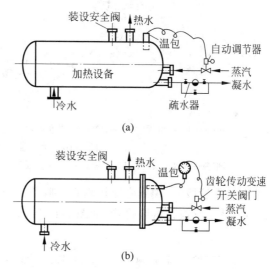

图 7-15 自动温度调节器安装示意图
(a) 直接式自动温度调节;(b) 间接式自动温度调节

2. 疏水器

疏水器自动排出管道和设备中的凝结水,阻止蒸汽流失。为保证使用效果,疏水器前应装过滤器,旁边不宜附设旁通阀。以蒸汽作热媒间接加热的水加热器,为保证凝结水及时排放,同时又防止蒸汽漏失,应在每台开水器凝结水回水管上单独设疏水器,蒸汽管下凹处的下部应设疏水器。这是为了防止水加热器热媒阻力不同(背压不同)相互影响疏水器工作的效果。疏水器的安装如图 7-16 所示。

疏水器按其工作压力有高压和低压之分,热水系统通常采用高压疏水器,一般可选用浮动式和热动力式疏水器。前者是依靠蒸汽和凝结水的密度差工作,后者是利用相变原理靠蒸汽和凝结水热动力学特性的不同来工作。

3. 减压阀

热水供应系统中的加热器常以蒸汽为热媒,若蒸汽管道供应的压力大于水加热器的需求压力,则应设减压阀把蒸汽压力降到需要值,才能保证设备使用安全。

减压阀是利用流体通过阀瓣产生阻力而减压并达到所求值的自动调节阀,阀后压力可在一定范围内进行调整。按其结构形式分为薄膜式、活塞式和波纹管式三类。蒸汽减压阀

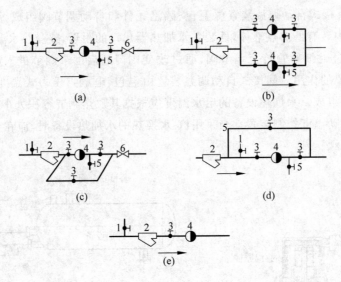

1—冲洗管；2—过滤器；3—截止阀；4—疏水器；5—检查管；6—止回阀。

图 7-16　疏水器的安装方式

(a) 不带旁通管水平安装；(b) 并联安装；(c) 旁通管水平安装；(d) 旁通管垂直安装；(e) 直接排水

应安装在水平管段上，阀体应保持垂直。阀前、阀后均应安装闸阀和压力表，阀后应装设安全阀，一般情况下应设置旁路管，如图 7-17 所示。

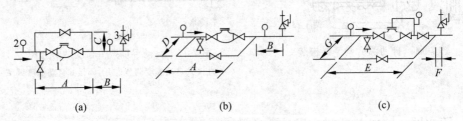

1—减压阀；2—压力表；3—安全阀。ABCDEFG：安装尺寸。

图 7-17　减压阀安装

(a) 活塞式减压阀旁路管垂直安装；(b) 活塞式减压阀旁路管水平安装；(c) 薄膜式或波纹管减压阀的安装

4. 自动排气阀

为排除热水管道中热水气化产生的气体（溶解氧和二氧化碳），以保证管内热水畅通，防止管道腐蚀，配水干管和立管最高处应设自动排气阀。

5. 膨胀管、膨胀水罐和安全阀

在集中热水供应系统中，冷水被加热后，水的体积要膨胀，如果热水系统是密闭的，在卫生器具不用水时，必然会增加系统的压力，有胀裂管道的危险，因此需要设置膨胀管、膨胀水罐或安全阀。

1）膨胀管

膨胀管用于由高位冷水箱向水加热器供应冷水的开式热水系统。当热水系统由高位生活饮用冷水箱补水时，可将膨胀管引至同一建筑物的非生活饮用水箱的上空，如图 7-18 所示。其高度应按式(7-1)计算：

$$h \geqslant H\left(\frac{\rho_1}{\rho_r}-1\right) \tag{7-1}$$

式中：h——膨胀管高出高位冷水箱最高水位的垂直高度，m；

H——热水锅炉、水加热器底部至高位冷水箱水面的高度，m；

ρ_1——冷水密度，kg/m^3；

ρ_r——热水密度，kg/m^3。

膨胀管出口离接入非生活饮用水箱溢流水位的高度不应小于100mm，当膨胀管有冻结可能时，应采取保温措施。膨胀管上严禁装设阀门。膨胀管最小管径见表7-1。

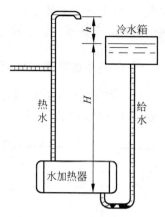

图7-18 膨胀管安装高度计算示意图

表7-1 膨胀管的最小管径

热水锅炉或水加热器的加热面积/m^2	<10	≥10且<15	≥15且<20	≥20
膨胀管最小管径/mm	25	32	40	50

2）膨胀水罐

闭式热水供应系统中，最高日用热水量大于$30m^3$时，应设压力式膨胀罐（图7-19）。以吸收贮热设备及管道内水升温时的膨胀量，防止系统超压，保证系统安全运行。膨胀罐宜设置在水加热设备的冷水补水管上或热水回水管上，其连接管上不宜设阀门。

膨胀水罐的总容积应按式(7-2)计算：

$$V_e = \frac{(\rho_f - \rho_r)p_2}{(p_2 - p_1)\rho_r}V_s \tag{7-2}$$

式中：V_e——膨胀罐的总容积，m^3；

ρ_f——加热前加热、贮热设备内水的密度，kg/m^3（定时供应热水的系统宜按冷水温度确定，全日集中热水供应系统宜按热水回水温度确定）；

ρ_r——热水密度，kg/m^3；

p_1——膨胀罐处管内水压力，MPa（绝对压力，为管内工作压力加0.1MPa）；

p_2——膨胀罐处管内最大允许压力，MPa（绝对压力，其数值可取$1.10p_1$，但应校核p_2值，并应小于水加热器设计压力）；

V_s——系统内热水总容积，m^3。

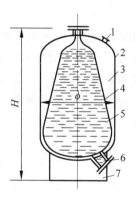

1—充气嘴；2—外壳；3—气室；4—隔膜；5—水室；6—接管口；7—罐座。

图7-19 隔膜式膨胀水罐的构造示意图

3）安全阀

闭式热水供应系统最高日用热水量≤$30m^3$时，可采用安全阀泄压的措施。水加热器宜采用微启式弹簧安全阀，并设防止随意调整螺栓的装置。安全阀的开启压力，一般取热水系统工作压力的1.1倍，但不得大于水加热器本体的设计压力。安全阀的直径应比计算值放大一级,应直立安装在水加热器的顶部。装设位置应便于检修,排出口应设导管将排泄的热水引至安全地点。安全阀与设备之间不得装设取水管、引气管或阀门。

6. 自然补偿管道和伸缩器

热水供应系统中管道因受热膨胀而伸长,为保证管网使用安全,在热水管网上应采取补偿管道温度伸缩的措施,以避免管道因为承受了超过自身所许可的内应力而导致弯曲甚至破裂。

补偿管道热伸长技术措施有两种,即自然补偿和设置伸缩器补偿。自然补偿是利用管道敷设自然形成的 L 形或 Z 形弯曲管段,来补偿管道的温度变形,通常做法是在转弯前后的直线段上设置固定支架,让其伸缩在弯头处补偿,如图 7-20 所示。

当直线管段较长,不能依靠管路弯曲的自然补偿作用时,每隔一定的距离应设置不锈钢波纹管、多球橡胶软管等伸缩器来补偿管道伸缩量。

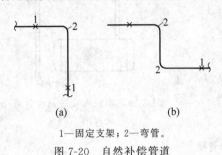

1—固定支架;2—弯管。
图 7-20 自然补偿管道
(a) L 形;(b) Z 形

7.4 热水供应系统的敷设与保温

7.4.1 热水管道的布置与敷设

热水管网的布置与敷设,除了满足给(冷)水管网敷设的要求外,还应注意因水温高带来的体积膨胀、管道伸缩器、保温和排气等问题。

热水管网也有明设和暗设两种敷设方式。铜管、薄壁不锈钢管、衬塑钢管等可根据建筑、工艺要求暗设或明设。塑料热水管宜暗设,明设时立管宜布置在不受撞击处,当不可避免时,应在管外加防撞击的保护措施。热水管道暗设时,其横干管可敷设于地下室、技术设备层、管廊、吊顶或管沟内,其立管可敷设在管道竖井或墙壁竖向管槽内,支管可预埋在地面、楼板面的垫层内,暗设管道在便于检修的地方装设法兰,装设阀门处应留检修门,以利于管道的更换和维修。管沟内敷设的热水管应置于冷水管之上,并且进行保温。

热水管道穿越建筑物墙壁、楼板和基础处应设置金属套管,穿越屋面及地下室外墙时应设置金属防水套管,以免管道膨胀时损坏建筑结构和管道设备。当穿过有可能发生积水的房间地面或楼板面时,套管应高出地面 50~100mm。热水管道在吊顶内穿墙时,可预留孔洞。

配水干管和立管最高点应设置排气装置(自动排气阀、带手动放气阀的集气罐和膨胀水箱)。系统最低点应设置泄水装置(泄水阀或丝堵等)。下行上给式系统回水立管可在最高配水点以下约 0.5m 处与配水立管连接。上行下给式系统可将循环管道与各立管连接。

为使管道中的气体向高点聚集,便于排放,热水横干管的敷设坡度上行下给式系统不宜小于 0.005,下行上给式系统不宜小于 0.003。

热水立管与横管连接时,为避免管道伸缩应力破坏管网,应采用乙字弯的连接方式,如图 7-21 所示。

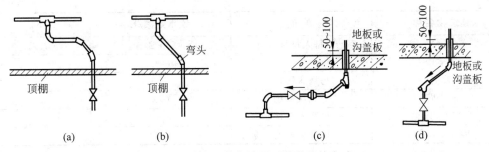

图 7-21 热水立管与水平干管的连接方式

7.4.2 热水供应系统的保温

热水供应系统中的水加热设备,贮热水器,热水供水干管、立管,机械循环的回水干管、立管,有冰冻可能的自然循环回水干管、立管,均应保温,减少介质传送过程中无效的热损失。

热水供应系统保温材料应符合导热系数小、具有一定的机械强度、质量小、无腐蚀性、易于施工成型及可就地取材等要求。

保温层结构由保温层、防潮层和保护层组成。热水配、回水管、热媒水管常用的保温材料为岩棉、超细玻璃棉、硬聚氨酯、橡塑泡沫等,蒸汽管道可用憎水珍珠岩管壳保温。防潮层材料有油毡纸、铝箔、带金属网沥青玛蹄脂、布面涂沥青漆。保护层材料有不锈钢薄板、镀锌薄钢管、布面涂漆、带金属网石棉水泥抹面、铝箔等。保温层厚度要根据热媒温度、保温层外表面温度及保温材料的性质确定。

管道和设备在保温之前,应进行防腐蚀处理。保温材料应与管道或设备的外壁紧密相贴,并在保温层外表面做防护层。如遇管道转弯处,其保温应做伸缩缝,缝内填柔性材料。

7.5 饮水供应

饮水供应主要有开水供应系统、冷饮水供应系统和管道直饮水供应系统三类,采用何种系统应根据当地的生活习惯和建筑物的使用性质确定。

7.5.1 饮水定额

饮水定额及小时变化系数,应根据建筑物性质和地区的条件按表 7-2 确定。

表 7-2 饮水定额及小时变化系数

建筑物名称	单位	饮水定额/L	K_h
热车间	每人每班	3~5	1.5
一般车间	每人每班	2~4	1.5
工厂生活间	每人每班	1~2	1.5
办公楼	每人每班	1~2	1.5

续表

建筑物名称	单位	饮水定额/L	K_h
宿舍	每人每日	1～2	1.5
教学楼	每学生每日	1～2	2.0
医院	每病床每日	2～3	1.5
影剧院	每观众每场	0.2	1.0
招待所、旅馆	每客人每日	2～3	1.5
体育馆(场)	每观众每场	0.2	1.0

注：小时变化系数 K_h 系指饮水供应时间内的变化系数。

7.5.2 热水供应系统

1. 开水供应系统

开水供应系统分集中开水供应和管道输送开水两种方式。集中制备开水的加热方法一般采用间接加热方式，不宜采用蒸汽直接加热方式。

1) 集中开水供应

集中开水供应是在开水间集中制备热水，人们用容器取水饮用，如图 7-22 所示。这种方式适用于机关、学校等建筑，设开水点的开水间宜靠近锅炉房、食堂等有热源地方，每个集中开水间的服务半径范围一般不宜大于 250m。也可以在建筑内每层设开水间，集中制备开水，即把蒸汽热媒管道送到各层开水间，每层设间接加热开水器，其服务半径不宜大于 70m。还可用燃气开水炉、燃油开水炉、电加热开水炉代替间接加热器。

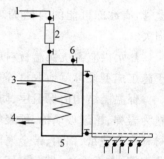

1—给水；2—过滤器；3—蒸汽；4—冷凝水；5—水加热器(开水器)；6—安全阀。

图 7-22 集中制备开水

2) 管道输送开水

对于标准要求较高的建筑物如宾馆等，可采用集中制备开水用管道输送到各开水供应点，如图 7-23 所示。为保证各开水供应点的水温，系统采用机械循环方式，加热设备可采用水加热器间接加热，也可选用燃油开水炉或电加热开水炉直接加热，加热设备可设于底层，采用下行上给的全循环方式，如图 7-23(a)所示，也可设于顶层，采用上行下给的全循环方式，如图 7-23(b)所示。

开水管道金属管材的许用工作温度应大于 100℃。

2. 冷饮水供应系统

对于中小学校、体育场、游泳场、火车站等人员流动较集中的公共场所，可采用冷饮水供应系统，如图 7-24 所示。人们从饮水器中直接喝水，既方便又可防止疾病的传播。

冷饮水的供应水温可根据建筑物的性质按需要确定。一般在夏季不启用加热设备，冷饮水温度与自来水温度相同即可。在冬季，冷饮水温度一般取 35～45℃，要求与人体温度接近，饮用后无不适感觉。

冷饮水供应系统应采用铜管、不锈钢管、铝塑复合管或聚丁烯管，配件材料与管材相同，

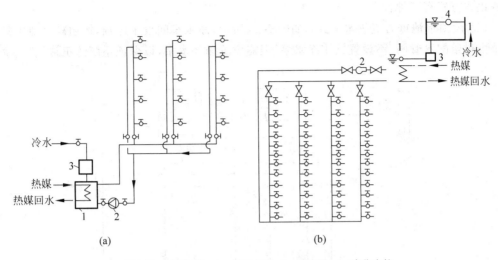

1—开水器(水加热器);2—循环水泵;3—过滤器;4—高位水箱。

图 7-23 管道输送开水全循环方式

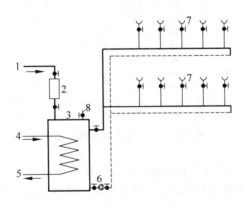

1—冷水;2—过滤器;3—水加热器(开水器);4—蒸汽;5—冷凝水;6—循环泵;7—饮水器;8—安全阀。

图 7-24 冷饮水供应系统

保证管道和配件材质不对饮水水质产生有害影响。

3. 管道直饮水系统

管道直饮水系统是指在建筑物内部保持原有的自来水管道系统不变,供应人们生活清洁、洗涤用水,同时对自来水中只占 2%~5%用于直接饮用的水集中进行深度处理后,采用高质量无污染的管道材料和管道配件,设置独立于自来水管道系统的直饮水管道系统至用户,用户打开水嘴即可直接饮用。如果配置专用的直饮水净水机与直饮水管道连接,可从饮用净水机中直接供应热饮水或冷饮水,非常方便。

管道直饮水系统中水嘴出水的水质指标不应低于国家现行的《饮用净水水质标准》的要求。一般以自来水或其他符合生活饮用水源水质标准的水为原水,经过深度净化处理后制得。水的深度净化处理一般包括预处理(粗滤、吸附过滤、精滤)、主处理(离子交换、膜分离技术)和后处理(消毒)三大部分内容。

管道直饮水系统一般由供水水泵、循环水泵、供水管网、回水管网、消毒设备等组成。常用的供水方式有三种：

（1）屋顶水池重力流供水方式：如图7-25所示，净水车间设于屋顶，饮用净水池中的水靠重力供给配水管网，不设置饮用净水泵，但需设置循环水泵，以保证系统的正常循环。

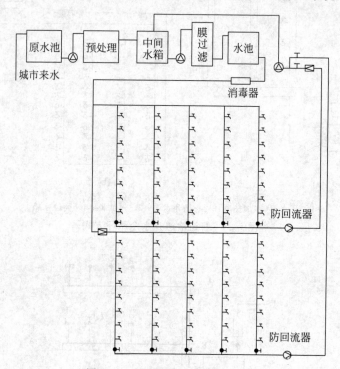

图 7-25　屋顶水池重力供水方式

（2）水泵和高位水箱供水方式：净水车间及饮用净水泵设于管网的下部。管网为下供上回式，高位水箱出口处设置消毒器，并在回水管路中设置防回流器，以保证供水水质。

（3）变频调速泵供水方式：净水车间设于管网的下部，管网为下供上回式，由变频调速泵供水，不设高位水箱。

管道直饮水系统中，管道应选用耐腐蚀、内表面光滑、符合食品级卫生、温度要求的薄壁不锈钢管、薄壁铜管、优质塑料管。

思考题

1. 建筑热水供应系统由哪些部分组成？
2. 热水供应方式有哪些？
3. 热水供应系统的发热设备和换热设备有哪些？
4. 热水供应系统的主要附件有哪些？
5. 热水管网为何要设置循环管道？
6. 热水供应系统中膨胀管、膨胀罐和安全阀的作用是什么？
7. 饮水供应系统有哪几种？各自适用于什么场所？
8. 管道直饮水系统的供应方式有哪些？

第8章 建筑消防系统

8.1 火灾的产生及熄灭

火如果失去控制就会造成火灾,危及人们生命财产安全乃至环境生态系统。因此火灾发生时需要及时有效地灭火,建筑消防系统工程就是建筑火灾发生时的灭火系统工程。

8.1.1 火灾的产生及火灾分类

1. 火灾的基本概念

火灾是指在时间和空间上失去控制的燃烧所造成的灾害。

火灾产生的必要与充分条件是:足够的可燃物、氧气(氧化剂)、温度(点火能量)及不受抑制的链式反应。因此,使火灾熄灭(即灭火)的主要方法有四种:一是冷却,使温度达不到可燃点;二是窒息,使氧气不能进入;三是隔离,使可燃物远离火场;四是化学抑制,使链式反应中止等。水灭火的主要作用是冷却降温,同时附有其他灭火功能,如隔离辐射热、窒息等。

2. 火灾的发展过程

火灾从发生到熄灭经历了四个阶段:

(1)火灾初期阶段:在此阶段,燃烧范围不大,建筑物本身尚未燃烧,燃烧仅限于初始起火点附近;室内温差大,在燃烧区域及其附近存在高温,室内平均温度低,燃烧蔓延速度较慢,在蔓延过程中火势不稳定,燃烧蔓延时间因点火源、可燃物性质和分布、通风条件等影响,差别很大。这一阶段是控火和灭火的最好时机。

(2)发展阶段:在此阶段,火灾范围迅速扩大,除室内可燃物、家具等卷入燃烧外,建筑物的可燃装修由局部燃烧迅速扩大,升温很快,当达到室内固体可燃物全表面燃烧温度时,被高温烘烤分解、挥发出的可燃气体使整个房间充满火焰。

(3)猛烈燃烧阶段:房间内所有可燃物都在猛烈燃烧,房间内温度迅速升高,持续性高温,火灾高温烟气从房间开口大量喷出,火灾蔓延到建筑物其他部分,建筑构件承载力不断下降,甚至造成局部或整体坍塌破坏。

(4)熄灭阶段:猛烈燃烧后期,可燃物数量不断减少,燃烧速度递减,温度逐步下降,火灾熄灭。

3. 火灾分类

火灾按可燃物的燃烧性能分为A、B、C、D、E、F类火灾。A类火灾指固体物质火灾。这种物质通常具有有机物质性质，一般在燃烧时能产生灼热的余烬，如木材、棉、毛、麻、纸张等燃烧引发的火灾。B类火灾是指液体或可熔化的固体物质火灾，如汽油、煤油、原油、甲醇、乙醇、沥青、石蜡等引发的火灾。C类火灾是可燃气体引起的火灾，如煤气、天然气、甲烷、乙烷、乙炔、氢气等燃烧引发的火灾，可燃气体在一定浓度时与空气组成的混合气体遇火源能发生爆炸。D类火灾是指可燃金属燃烧引起的火灾，如钾、钠、镁、钛、锆、锂等燃烧引发的火灾。E类火灾是指带电火灾或物体带电燃烧的火灾。如变压器等设备的电气火灾。F类火灾是指烹饪器具内的烹饪物（如动植物油脂）火灾。

8.1.2 建筑防火与灭火

1. 建筑分类及建筑火灾分级

建筑火灾产生的原因一般是居民生活用火不慎、生产活动中的违规操作、电器短路着火、可燃物堆放不慎以及自然灾害（如雷击等）和人为犯罪放火。

建筑按其使用功能可分为民用建筑和工业建筑，民用建筑根据其建筑高度和层数可分为单层建筑、多层建筑及高层民用建筑。高层建筑为建筑高度大于27m的住宅建筑和建筑高度大于24m的非单层厂房、仓库和其他民用建筑。高层民用建筑根据其建筑高度、使用功能和楼层的建筑面积可分为一类和二类。民用建筑分类应符合表8-1的规定。

表8-1 民用建筑的分类

名称	高层民用建筑		单、多层民用建筑
	一类	二类	
住宅建筑	建筑高度大于54m的住宅建筑（包括设置商业服务网点的住宅建筑）	建筑高度大于27m，但不大于54m的住宅建筑（包括设置商业服务网点的住宅建筑）	建筑高度不大于27m的住宅建筑（包括设置商业服务网点的住宅建筑）
公共建筑	1. 建筑高度大于50m的公共建筑； 2. 建筑高度24m以上部分任一楼层建筑面积大于1000m^2的商店、展览、电信、邮政、财贸金融建筑和其他多种功能组合的建筑； 3. 医疗建筑、重要公共建筑、独立建造的老年人照料设施； 4. 省级及以上的广播电视和防灾指挥调度建筑、网局级和省级电力调度建筑； 5. 藏书超过100万册的图书馆、书库	除一类高层公共建筑外的其他高层公共建筑	1. 建筑高度大于24m的单层公共建筑； 2. 建筑高度不大于24m的其他公共建筑

民用建筑按耐火等级可分为一、二、三、四级,不同耐火等级建筑相应构件的燃烧性能和耐火极限应满足国家有关规定的要求。厂房及仓库按保护等级分为甲、乙、丙、丁、戊五类。

一般来说,建筑火灾按危险性分为轻危险级、中危险级、严重危险级及仓库危险级。按火灾事故等级又分为一般火灾、较大火灾、重大火灾、特别重大火灾。

2. 建筑防火

建筑防火主要有两层意思:一是从建筑火灾产生的原因看,多数是由人们不慎造成的,因此要大力宣传火灾的危害,增强人们的防火意识;二是有些火灾是人们无法预知的,如地震和人为放火等,因此建筑物在建设时应采取必要的防火措施,以防止火势蔓延和扩大。

建筑防火包括火灾前的预防和火灾时的措施两个方面。前者主要为确定建筑的耐火等级和耐火构造,控制可燃物数量及分隔易起火部位等,竖向上设置防火楼板、防火挑檐、避难层和功能转换层等防火分隔;后者主要为平面上设置防火分区、防火间距、防火墙、防火门、防火窗等防止火灾蔓延,设置安全疏散设施及通风排烟,安装报警系统以及火灾探测器等。

3. 建筑灭火

灭火剂是可以破坏燃烧条件,中止燃烧的物质。建筑灭火采用的灭火剂种类较多,常用的灭火剂种类有水、泡沫、干粉、卤代烷、二氧化碳和氮气等。不同的灭火剂灭火的作用不同,应根据火灾时燃烧物的种类,有针对性地选择灭火剂。

建筑灭火主要采用水作为灭火剂,水灭火的主要作用是冷却,因为1kg水的温度每升高1℃可吸收4184J热量,而1kg水蒸发汽化时可吸收2259kJ热量,因此用水灭火可大大降低燃烧区的温度。但用水灭火要防冻,以免严冬将消防水管冻塞等。其次也根据火灾类别,设置不同类型灭火剂的灭火器具,如泡沫灭火器,主要采用泡沫灭火剂与水混溶来灭火,其主要作用是隔离和冷却。

建筑消防系统按灭火剂的种类可分为消火栓给水系统、自动喷水灭火系统等水消防系统和气体消防系统、热气溶胶预制灭火系统等非水消防系统。

8.2 室内消火栓给水系统

建筑消火栓给水系统是把室外给水系统提供的水量,经过加压(外网压力不满足需要时),输送到用于扑灭建筑物内的火灾而设置的固定灭火设备,是建筑物中最基本的灭火设施。

8.2.1 消火栓给水系统的设置原则与选择

1. 消火栓给水系统的设置原则

我国《建筑设计防火规范》(GB 50016—2014)规定,下列建筑或场所应设置室内消火栓系统:

(1) 建筑占地面积大于$300m^2$的厂房和仓库。

(2) 高层公共建筑和建筑高度大于21m的住宅建筑。建筑高度不大于27m的住宅建筑,设置室内消火栓系统确有困难时,可只设置干式消防竖管和不带消火栓箱的 DN65 的室内消火栓。

(3) 体积大于 5000m² 的车站、码头、机场的候车(船、机)建筑、展览建筑、商店建筑、旅馆建筑、医疗建筑、老年人照料设施和图书馆建筑等单、多层建筑。

(4) 特等、甲等剧场,超过 800 个座位的其他等级的剧场和电影院以及超过 1200 个座位的礼堂、体育馆等单、多层建筑。

(5) 建筑高度大于 15m 或体积大于 10 000m³ 的办公建筑、教学建筑和其他单、多层民用建筑。

同时,《建筑设计防火规范》(GB 50016—2014)规定,下列建筑或场所,可不设置室内消火栓系统,单宜设置消防软管卷盘或轻便消防水龙:

(1) 耐火等级为一、二级且可燃物较少的单、多层丁、戊类厂房(仓库);

(2) 耐火等级为三、四级且建筑体积不大于 3000m³ 的丁类厂房,耐火等级为三、四级且建筑体积不大于 5000m³ 的戊类厂房(仓库);

(3) 粮食仓库、金库、远离城镇且无人值班的独立建筑;

(4) 存有与水接触能引起燃烧爆炸的物品的建筑;

(5) 室内无生产、生活给水管道,室外消防用水取自储水池且建筑体积不大于 5000m³ 的其他建筑。

《建筑设计防火规范》(GB 50016—2014)其他规定:国家级文物保护单位的重点砖木或木结构的古建筑,宜设置室内消火栓系统。人员密集的公共建筑、建筑高度大于 100m 的建筑和建筑面积大于 200m² 的商业服务网点内应设置消防软管卷盘或轻便消防水龙。高层住宅建筑的户内宜配置轻便消防水龙。

老年人照料设施内应设置与室内供水系统直接连接的消防软管卷盘,消防软管卷盘的设置间距不应大于 30.0m。

2. 消火栓系统选择

(1) 市政消火栓和建筑室外消火栓应采用湿式消火栓系统。

(2) 室内环境温度不低于 4℃,且不高于 70℃ 的场所,应采用湿式消火栓系统。

(3) 室内环境温度低于 4℃ 或高于 70℃ 的场所,宜采用干式消火栓系统。

(4) 建筑高度不大于 27m 的多层住宅建筑设置室内湿式消火栓系统确有困难时,可设置干式消防竖管。

(5) 严寒、寒冷等冬季结冰地区城市隧道及其他构筑物的消火栓系统,应采取防冻措施,并宜采用干式消火栓系统和干式室外消火栓。

(6) 干式消火栓系统的充水时间不应大于 5min,并应符合下列规定。

① 在供水干管上宜设干式报警阀、雨淋阀或电磁阀、电动阀等快速启闭装置;当采用电动阀时开启时间不应超过 30s。

② 当采用雨淋阀、电磁阀和电动阀时,在消火栓箱处应设置直接开启快速启闭装置的手动按钮。

③ 在系统管道的最高处应设置快速排气阀。

8.2.2 消火栓给水系统的组成和给水方式

1. 消火栓给水系统的组成

建筑内部消火栓给水系统一般由消火栓设备、消防卷盘、消防管道、消防水池、高位水箱、水泵接合器及增压设施等组成。图 8-1 所示为设有水泵-水箱的消防供水方式。

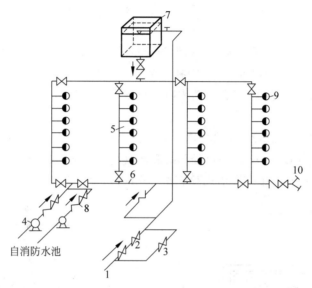

1—引入管；2—水表；3—旁通管及阀门；4—消防水泵；5—竖管；
6—干管；7—水箱；8—止回阀；9—消火栓设备；10—水泵接合器。

图 8-1 设有水泵-水箱的消防供水方式

1）消火栓设备

消火栓设备由水枪、水带和消火栓组成，均安装于消火栓箱内，如图 8-2 所示。

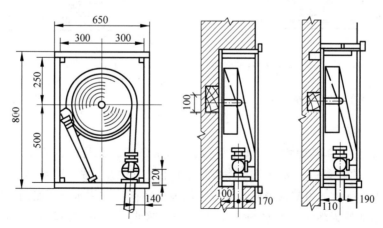

图 8-2 消火栓箱

水枪一般为直流式、收缩水流，可产生灭火效率高的密实水柱。喷嘴口径有 13mm（配备直径50mm水带)、16mm(配备口径50或65mm水带)、19mm(配备65mm水带)三种。水带口径有50mm、65mm两种,水带长度一般为15m、20m、25m、30m四种;水带材质有麻织和化纤两种,有衬胶和不衬胶之分,衬胶水带阻力小。水带长度应根据水力计算选定。

消火栓均为内扣式接口的球形阀式龙头,有单出口和双出口之分。双出口消火栓直径为65mm,如图8-3所示。单出口消火栓口径有50mm和65mm两种。

设置消防水泵的系统,其消火栓箱应设启动水泵的消防按钮,并应有保护按钮设施。消火栓箱有双开门和单开门两种,又有明装、半明装和暗装之分。

2) 消防卷盘

在消火栓给水系统中,因喷水压力和消防流量较大,65mm口径的消火栓对没有经过消防训练的普通人员来说,难以操纵,影响扑灭初期火灾的效果,同时造成的水渍损失较大。因此,消火栓可加设消防卷盘(又称消防水喉),供没有经过消防训练的普通人员扑救初期火灾使用。

消防卷盘由25mm或32mm的小口径室内消火栓,内径不小于19mm的输水胶管,喷嘴口径为6mm、8mm或9mm的小口径开关和转盘配套组成,胶管长度为20～40m,整套消防卷盘与普通消火栓可设在一个消火栓箱内(图8-4),也可从消防立管接出独立设置在专用消火栓箱内。

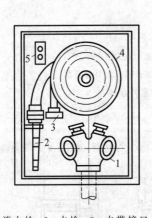
1—双出口消火栓;2—水枪;3—水带接口;4—水带;
5—消防水泵。

图8-3 双出口消火栓

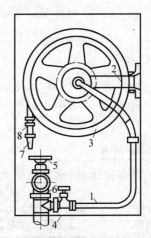
1—卷盘供水管;2—卷盘摇臂;3—卷盘主体;4—箱壁;
5—阀门;6—普通消火栓;7—水枪喷嘴;8—软管。

图8-4 消火栓与消防卷盘布置

3) 水泵接合器

在建筑消防给水系统中均应设置水泵接合器,水泵接合器是连接消防车向室内消防给水系统加压供水的装置。一端由消防给水管网水平干管引出,另一端设于消防车易于接近的地方,如图8-5所示。当室内消防水泵发生故障或室内消防用水量不足时,消防车从室外消火栓、消防水池或天然水源取水,通过水泵接合器将水送至室内消防管网,保证室内消防用水。水泵接合器有地上式、地下式和墙壁式三种。

4) 消防管道

建筑物内消防管道是否与其他给水系统合并或独立设置,应根据建筑物的性质和使用

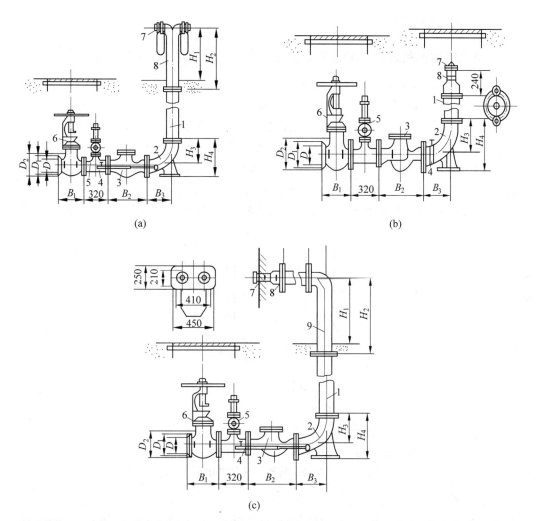

1—法兰接管；2—弯管；3—升降式单向阀；4—放水阀；5—安全阀；6—闸阀；7—进水接口；8—本体；9—法兰弯管。

图 8-5 水泵接合器

(a) SQ 型地上式；(b) SQ 型地下式；(c) SQ 型墙壁式

要求经技术经济比较后确定。

5）消防水池

消防水池用于无室外消防水源情况下，贮存火灾持续时间内的室内消防用水量。消防水池可设于室外地下或地面上，也可设于室内地下室，或与室内游泳池、水景水池兼用。消防水池应设有水位控制阀的进水管和溢水管、通气管、泄水管、出水管及水位指示器等附属装置。根据各种用水系统的供水水质要求是否一致，可将消防水池与生活或生产贮水池合用，也可单独设置。

6）消防水箱

消防水箱对扑救初期火灾起着重要作用，为确保其自动供水的可靠性，应在建筑物的最高部位设置重力自流的消防水箱；消防用水与其他用水合并的水箱，应有消防用水不做他用的技术设施；水箱的安装高度应满足室内最不利点消火栓所需的水压要求，且应贮存

10min 的室内消防用水量。

2. 消火栓给水系统的给水方式

室内消火栓给水系统有下列几种给水方式：

1）由室外给水管网直接供水的消防给水方式

宜在室外给水管网提供的水量和水压在任何时候均能满足室内消火栓给水系统所需的水量、水压要求时采用，如图 8-6 所示。该方式中消防管道有两种布置形式：一种是消防管道与生活（或生产）管网共用。此时在水表处应设旁通管，水表选择应考虑能承受短历时通过的消防水量。这种形式可以节省 1 根给水管，简化了管道系统。另一种是消防管道单独设置，可以避免消防管道中由于滞留过久而腐化的水，对生活（或生产）管网供水产生污染。

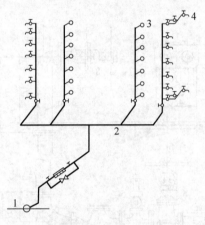

1—室外给水管网；2—室内管网；3—消火栓及立管；4—给水立管及支管。

图 8-6 直接供水的消防-生活共用给水方式

2）设水箱的消火栓给水方式

宜在室外管网一天之内有一定时间能保证消防水量、水压时（或是由生活泵向水箱补水）采用，如图 8-7 所示。由水箱贮存 10min 的消防水量，灭火初期由水箱供水。

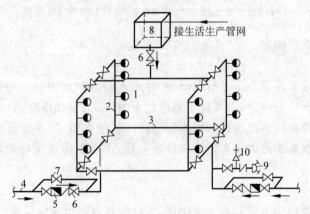

1—室内消火栓；2—消防竖管；3—干管；4—引入管；5—水表；6—止回阀；7—旁通管及阀门；
8—水箱；9—水泵接合器；10—安全阀。

图 8-7 设有水箱的室内消火栓给水系统

3) 设水泵、水箱的消火栓给水方式

宜在室外给水管网的水压不能满足室内消火栓给水系统的水压要求时采用。水箱由生活泵补水,贮存10min的消防用水量,火灾发生初期由水箱供水灭火,消防水泵启动后由消防水泵供述灭火,如图8-1所示。

8.2.3 消火栓给水系统的布置

1. 水枪充实水柱长度

消火栓设备的水枪射流灭火,需要有一定强度的密实水柱才能有效扑灭火灾。水枪射流中在26~38mm直径圆断面内、包含全部水量75%~90%的密实水柱称为充实水柱长度,以H_m表示。根据实验数据统计,当水枪充实水柱长度小于7m时,火场的辐射热使消防人员无法接近着火点,达不到有效灭火的目的;当水枪的充实水柱长度大于15m时,因射流的反作用力而使消防人员无法把握水枪灭火。表8-2为各类建筑物要求的水枪充实水柱最小长度。

表8-2 各类建筑物要求的水枪充实水柱最小长度

建筑物类别		最小充实水柱长度/m
低层建筑	一般建筑	7
	甲、乙类厂房,大于六层民用建筑,大于四层厂房	10
	库房、高价库房	13
高层建筑	民用建筑高度大于等于100m	13
	民用建筑高度小于100m	10
	高层工业建筑	13
人防工程		10
停车场、修车库内		10

2. 消火栓布置

设置室内消火栓的建筑,包括设备层在内的各层均应设置消火栓。室内消火栓宜按直线距离计算其布置间距。消火栓的间距布置应满足下列要求:

(1) 建筑高度≤24m且体积≤5000m³的多层库房、建筑高度≤54m且每单元设置一部疏散楼梯的住宅,可采用1支消防水枪的1股充实水柱到达室内任何部位[图8-8(a)、(c)]。

其布置间距按式(8-1)计算:

$$S_1 \leqslant 2\sqrt{R^2 - b^2} \tag{8-1}$$

式中:S_1——一股水柱时消火栓间距,m;

R——消火栓的保护半径,m;

b——消火栓的最大保护宽度,m(对于外廊式建筑,b为建筑宽度;对于内廊式建筑,b为走道两侧中最大一边宽度)。

(2) 其他民用建筑应保证每一个防火分区同层有2支水枪的充实水柱同时达到任何部位,如图8-8(b)、(d)所示。其布置间距按式(8-2)计算:

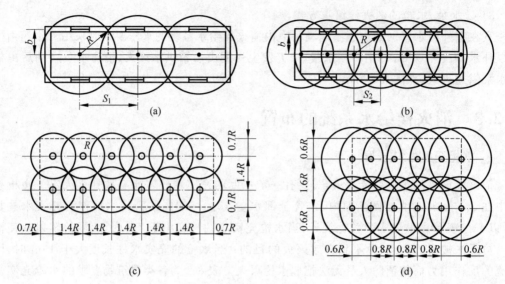

图 8-8 消火栓布置间距
(a) 单排 1 股水柱到达室内任何部位；(b) 单排 2 股水柱到达室内任何部位；
(c) 多排 1 股水柱到达室内任何部位；(d) 多排 2 股水柱到达室内任何部位

$$S_2 \leqslant \sqrt{R^2 - b^2} \tag{8-2}$$

式中：S_2——两股水柱时消火栓间距，m。

消火栓按 2 支消防水枪的 2 股充实水柱布置的建筑物，消火栓的布置间距不应大于 30.0m，消火栓按 1 支消防水枪的 1 股充实水柱布置的建筑物，消火栓的布置间距不应大于 50.0m。

(3) 建筑室内消火栓栓口的安装高度应便于消防水龙带的连接和使用，其距地面高度宜为 1.1m；出水方向应便于消防水带的敷设，并宜设置消火栓的墙面成 90°角或向下。同一建筑物内选用同一规格的消火栓、水带和水枪，为方便使用，每条水带的长度不应大于 25m，为保证及时灭火，每个消火栓处应设置直接启动消防水泵按钮或报警信号装置。

(4) 室内消火栓应设置在楼梯间及其休息平台和前室、走道等明显易于取用，以及便于火灾扑救的位置；住宅的室内消火栓宜设置在楼梯间及其休息平台；汽车库内消火栓的设置不应影响汽车的通行和车位的设置，并应确保消火栓的开启；同一楼梯间及其附近不同层设置的消火栓，其平面位置宜相同；冷库的室内消火栓应设置在常温穿堂或楼梯间内；消防电梯前室应设置室内消火栓，并应计入消火栓使用数量。在建筑物屋顶应设 1 个试验消火栓，以利于消防人员经常试验和检查消防给水系统是否能正常运行，同时还能保护本建筑免受邻近建筑火灾的波及。在寒冷地区，屋顶消火栓可设在顶层出口处、水箱间或采取防冻技术措施。

3. 消防给水管道的布置

(1) 向室外、室内环状消防给水管网供水的输水干管不应少于两条，当其中一条发生故障时，其余的输水干管应仍能满足消防给水设计流量。

(2) 室外消防给水管网应符合下列规定：室外消防给水采用两路消防供水时应采用环

状管网，但当采用一路消防供水时可选择枝状管网；管道的直径应根据流量、流速和压力要求经计算确定，但不应小于 $DN100$；消防给水管道应采用阀门分成若干独立段，每段内室外消火栓的数量不宜超过 5 个；管道设计的其他要求应符合现行国家标准的有关规定。

（3）室内消防给水管网应符合下列规定：室内消火栓系统管网应布置成环状，当室外消火栓设计流量不大于 $20L/s$，且室内消火栓不超过 10 个时，除特殊情况外，可布置成枝状；当由室外生产生活消防合用系统直接供水时，合用系统除满足室外消防给水设计流量以及生产和生活最大小时设计流量的要求外，还应满足室内消防给水系统的设计流量和压力要求；室内消防管道管径应根据系统设计流量、流速和压力要求经计算确定；室内消火栓竖管管径应根据竖管最低流量经计算确定但不应小于 $DN100$。

（4）室内消火栓环状给水管道检修时应符合下列规定：室内消火栓竖管应保证检修管道时关闭停用的竖管不超过 1 根，当竖管超过 4 根时，可关闭不相邻的 2 根；每根竖管与供水横干管相接处应设置阀门。

（5）室内消火栓给水管网宜与自动喷水等其他水灭火系统的管网分开布置；当合用消防泵时，供水管路沿水流方向应在报警阀前分开设置。

8.3 自动喷水灭火系统

自动喷水灭火系统是一种在发生火灾时，能自动打开喷头喷水灭火并同时发出火警信号的消防灭火设施。据资料统计，自动喷水灭火系统扑救初期火灾的效率在 97% 以上，因此在国外一些国家的公共建筑都要求设置自动喷水灭火系统。目前我国大力提倡和推广应用自动喷水灭火系统。

自动喷水灭火系统可分为闭式系统和开式系统，闭式系统包括湿式系统、干式系统、预作用系统和重复启闭预作用系统；开式系统包括雨淋系统、水幕系统和水喷雾系统。

8.3.1 自动喷水灭火系统的设置原则与选择

1. 自动喷水灭火系统的设置原则

我国现行的《自动喷水灭火系统设计规范》(GB 50084—2017)规定，自动喷水灭火系统的设计原则应符合下列规定：闭式洒水喷头或启动系统的火灾探测器，应能有效探测初期火灾；湿式系统、干式系统应在开放一只洒水喷头后自动启动，预作用系统、雨淋系统和水幕系统应根据其类型由火灾探测器、闭式洒水喷头作为探测元件，报警后自动启动；作用面积内开放的洒水喷头，应在规定时间内按设计规定的喷水强度持续喷水；喷头洒水时，应均匀分布，且不应受阻挡。

同时，还规定了自动喷水灭火系统不适用于存在较多下列物品的场所：遇水发生爆炸或加速燃烧的物品；遇水发生剧烈化学反应或产生有毒有害物质的物品；遇水将导致喷溅或沸溢的液体。

我国现行的《建筑设计防火规范》(GB 50016—2014)中，对自动喷水灭火系统在厂房或生产部位以及仓库的设置场所作了规定。

同时，现行的《建筑设计防火规范》(GB 50016—2014)中规定，除本规范另有规定和不宜用水保护或灭火的场所外，下列高层民用建筑或场所应设置自动灭火系统，并宜采用自动喷水灭火系统：

（1）一类高层公共建筑（除游泳池、溜冰场外）及其地下、半地下室；

（2）二类高层公共建筑及其地下、半地下室的公共活动用房、走道、办公室和旅馆的客房、可燃物品库房、自动扶梯底部；

（3）高层民用建筑内的歌舞娱乐放映游艺场所；

（4）建筑高度大于100m的住宅建筑。

现行的《建筑设计防火规范》（GB 50016—2014）中规定，除本规范另有规定和不宜用水保护或灭火的场所外，下列单、多层民用建筑或场所应设置自动灭火系统，并宜采用自动喷水灭火系统：

（1）特等、甲等剧场，超过1500个座位的其他等级的剧场，超过2000个座位的会堂或礼堂，超过3000个座位的体育馆，超过5000人的体育场的室内人员休息室与器材间等；

（2）任一层建筑面积大于1500m^2或总建筑面积大于3000m^2的展览、商店、餐饮和旅馆建筑以及医院中同样建筑规模的病房楼、门诊楼和手术部；

（3）设置送回风道（管）的集中空气调节系统且总建筑面积大于3000m^2的办公建筑等；

（4）藏书量超过50万册的图书馆；

（5）大、中型幼儿园，老年人照料设施；

（6）总建筑面积大于500m^2的地下或半地下商店；

（7）设置在地下、半地下或地上四层及以上楼层的歌舞娱乐放映游艺场所（除游泳场所外），设置在首层、二层和三层且任一层建筑面积大于300m^2的地上歌舞娱乐放映游艺场所（除游泳场所外）。

2. 自动喷水灭火系统的系统选型

自动喷水灭火系统选型应根据设置场所的建筑特征、环境条件和火灾特点等选择相应的开式或闭式系统，露天场所不宜采用开式系统。

环境温度不低于4℃且不高于70℃的场所，应采用湿式系统。

环境温度低于4℃或高于70℃的场所，应采用干式系统。

具有下列要求之一的场所，应采用预作用系统：系统处于准工作状态时严禁误喷的场所；系统处于准工作状态时严禁管道充水的场所；用于替代干式系统的场所。

灭火后必须及时停止喷水的场所，应采用重复启闭预作用系统。

雨淋自动喷水灭火系统适用于燃烧猛烈、蔓延迅速的某些严重危险级场所，具有下列条件之一的场所，应采用雨淋系统：火灾的水平蔓延速度快、闭式洒水喷头的开放不能及时使喷头有效覆盖着火区域的场所；设置场所的净空高度超过自喷规范相关规定，且必须迅速扑救初期火灾的场所；火灾危险等级为严重危险级Ⅱ级的场所。

水幕系统主要是用于隔火，不能用于直接扑灭火灾，下列部位宜设置水幕系统：特等、甲等剧场、超过1500个座位的其他等级的剧场、超过2000个座位的会堂或礼堂和高层民用建筑内超过800个座位的剧场或礼堂的舞台口及上述场所内与舞台相连的侧台、后台的洞口；应设置防火墙等防火分隔而无法设置的局部开口部位；需要防护冷却的防火卷帘或防火幕的上部；舞台口也可采用防火幕进行分隔。

水喷雾灭火系统是将水雾化，一般用于变压器等火灾的扑救，下列场所宜采用水喷雾系统：单台容量在 40MV·A 及以上的厂矿企业油浸变压器，单台容量在 90MV·A 及以上的电厂油浸变压器，单台容量在 125MV·A 及以上的独立变电站油浸变压器；飞机发动机试验台的试车部位；充可燃油并设置在高层民用建筑的高压电容器和多油开关室。

设置在室内的油浸变压器、充可燃油的高压电容器和多油开关室，可采用细水雾灭火系统。

8.3.2 自动喷水灭火系统类型

自动喷水灭火系统根据组成构件、工作原理及用途分成闭式自动喷水灭火系统和开式自动喷水灭火系统。闭式自动喷水灭火系统是指在自动喷水灭火系统中采用闭式喷头，平时系统为封闭系统，火灾发生时喷头自动打开喷水灭火的系统。开式自动喷水灭火系统是指在自动喷水灭火系统中采用开式喷头，平时为敞开状态，报警阀处于关闭状态，管网中无水，发生火灾时报警阀开启，管网充水，喷头喷水灭火。

闭式自动喷水灭火系统又分为湿式、干式、预作用式和重复启闭预作用式。开式自动喷水灭火系统主要分为雨淋式、水幕系统和水喷雾灭火系统 3 种形式。

1. 湿式自动喷水灭火系统

湿式自动喷水灭火系统是由闭式喷头、管道系统、湿式报警阀组、报警装置和供水设施等组成，喷头常闭，如图 8-9 所示。管网中充满有压水，当建筑物发生火灾，火点温度达到开启闭式喷头时，喷头出水灭火。该系统具有系统简单、施工方便、节省投资、控火效率高、适用范围广、灭火及时、扑救效率高的优点。但由于管网中充有有压水，当渗漏时会损坏建筑装饰和影响建筑的使用，该系统适用于环境温度 4~70℃ 且能用水灭火的建筑物，如宾馆饭店、办公楼、医院、厂房、仓库等场所。

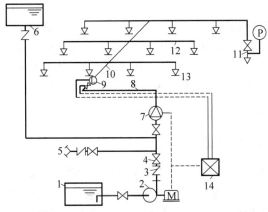

1—水池；2—水泵；3—止回阀；4—闸阀；5—水泵接合器；6—消防水箱；7—湿式报警阀组；
8—配水干管；9—水流指示器；10—配水管；11—末端试水装置；12—配水支管；13—闭式喷头；
14—报警控制器；P—压力表；M—驱动电动机。

图 8-9 湿式自动喷水灭火系统示意图

2. 干式自动喷水灭火系统

干式自动喷水灭火系统为喷头常闭的灭火系统,管网中平时不充水,充有有压空气(或氮气),如图 8-10 所示。当建筑物发生火灾火点温度达到开启闭式喷头时,喷头开启,排气、充水、灭火。因该系统需先排气才能出水,所以灭火不如湿式系统及时。由于管网中平时不充水,可避免水汽化和冻结的危险,对建筑物装饰无影响,对环境温度也无要求。但投资高,因管网充气,需要增加充气设备;施工和管理较复杂,对管道气密性要求较严格。适用于采暖期长而建筑内无采暖的场所。例如不采暖的地下停车场、冷库等处。

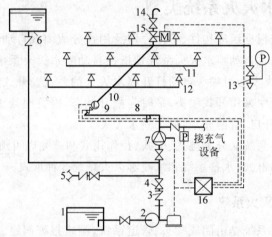

1—水池;2—水泵;3—止回阀;4—闸阀;5—水泵接合器;6—消防水箱;7—干式报警阀组;8—配水干管;9—水流指示器;10—配水管;11—配水支管;12—闭式喷头;13—末端试水装置;14—快速排气阀;15—电动阀;16—报警控制器

图 8-10　干式自动喷水灭火系统示意图

3. 预作用式自动喷水灭火系统

预作用式自动喷水灭火系统为喷头常闭的灭火系统,管网中平时不充水(无压),如图 8-11 所示。发生火灾时,火灾探测器报警后,自动控制系统控制阀门排气、充水,由干式变为湿式系统。只有当着火点温度达到开启闭式喷头时,才开始喷水灭火。该系统弥补了上述两种系统的缺点,适用于对建筑装饰要求高,不允许有水渍损失,或者是冬季结冻不能供暖,而又要求灭火及时的建筑物。

4. 重复启闭预作用式自动喷水系统

重复启闭预作用式自动喷水系统为喷头常闭的灭火系统,发生火灾时专用探测器可以控制系统排气充水,必要时喷头破裂及时灭火。当火灾扑灭环境温度下降后,专用探测器可以自动控制系统关闭,停止喷水,以减少火灾损失。当火灾死灰复燃时,系统可以再次启动灭火。当非火灾时喷头意外破裂,系统不会喷水。适用于必须在灭火后及时停止喷水,以减少不必要水渍损失的场所。

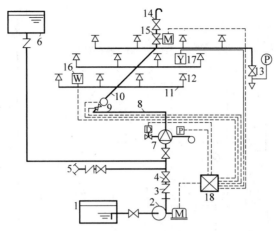

1—水池；2—水泵；3—止回阀；4—闸阀；5—水泵接合器；6—消防水箱；7—预作用报警阀组；
8—配水干管；9—水流指示器；10—配水管；11—配水支管；12—闭式喷头；13—末端试水装置；
14—快速排气阀；15—电动阀；16—感温探测器；17—感烟探测器；18—报警控制器。

图 8-11　预作用自动喷水灭火系统示意图

5. 雨淋式喷水灭火系统

雨淋式喷水灭火系统为喷头常开的灭火系统，当建筑物发生火灾时，由自动控制装置打开集中控制阀门，使整个保护区域所有喷头喷水灭火。雨淋系统一般由三部分组成：火灾探测控制自动传动系统、自动控制成组作用阀门系统、带开式喷头的自动喷水灭火系统。该系统反应快，火灾探测传动控制系统报警时间短，反应时间比闭式喷头开启的时间短，如果采用充水式雨淋系统，反应速度更快，利于尽快出水灭火，能有效地控制火灾，系统灭火控制面积大，用水量大。实际应用中，系统形式的选择比较灵活。雨淋系统适用于燃烧猛烈，蔓延迅速的严重危险级建筑物和其他严重危险级场所。

6. 水幕系统

水幕系统为喷头常开的灭火系统，喷头沿线状布置，发生火灾时主要起阻火、冷却、隔离作用，如图 8-12 所示。该系统适用于需防火隔离的开口部位，如舞台与观众之间的隔离水帘、消防防火卷帘的冷却等。

7. 水喷雾灭火系统

水喷雾灭火系统为喷头常开的灭火系统，利用水雾喷头把水粉碎成细小的水雾滴之后喷射到正在燃烧的物质表面，通过表面冷却、窒息以及乳化、稀释的同时作用实现灭火，如图 8-13 所示。由于水喷雾具有多种灭火机理，使其具有适用范围广的优点，可以提高扑灭固体火灾的灭火效率。同时水雾还具有不会造成液体飞溅、电气绝缘性好的特点。水喷雾系统可用于扑救固体火灾，闪点高于 60℃ 的液体火灾和电气火灾，并可用于可燃气体和甲、乙、丙类液体的生产、贮存装置和装卸设施的防护冷却，如飞机发动机试验台、各类电气设备、石油加工贮存场所等。但不得用于扑救遇水发生化学反应造成燃烧、爆炸的火灾，以及水雾对保护对象造成严重破坏的火灾。

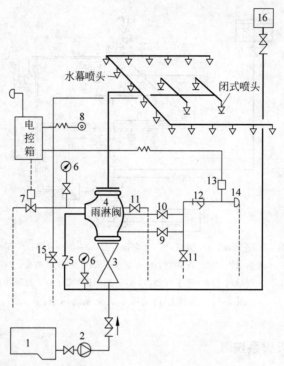

1—水池；2—水泵；3—供水闸阀；4—雨淋阀；5—止回阀；6—压力表；7—电磁阀；8—按钮；9—试警铃阀；10—警铃管阀；11—放水阀；12—滤网；13—压力开关；14—警铃；15—手动快开阀；16—水箱

图 8-12　水幕系统示意图

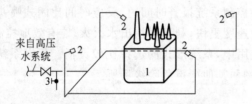

1—变压器；2—水雾喷头；3—排水阀。

图 8-13　变压器水喷雾灭火系统示意图

8.3.3　自动喷水灭火系统组件

1. 喷头

闭式喷头的喷口用热敏元件组成的释放机构封闭，当达到一定温度时能自动开启，如玻璃球爆炸、易熔合金脱离。其构造按溅水盘的形式和安装位置有直立型、下垂型、边墙型、普通型、吊顶型和干式下垂型洒水喷头之分，如图 8-14 所示。

开式喷头根据用途又分为开启式喷头、水幕喷头和喷雾喷头三种类型，其构造如图 8-15 所示。

闭式系统的洒水喷头，其公称动作温度宜高于环境最高温度 30℃。

湿式系统的洒水喷头选型应符合下列规定：

(1) 不做吊顶的场所，当配水支管布置在梁下时，应采用直立型洒水喷头。

第8章 建筑消防系统

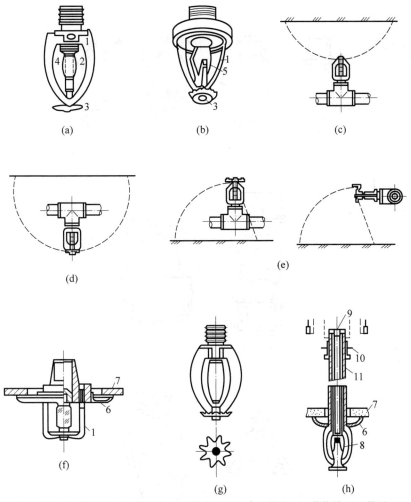

1—支架；2—玻璃球；3—溅水盘；4—喷水口；5—合金锁片；6—装饰罩；7—吊顶；
8—热敏元件；9—钢球；10—钢球密封圈；11—套筒。

图 8-14 闭式喷头构造示意图

(a) 玻璃球洒水喷头；(b) 易熔合金洒水喷头；(c) 直立型洒水喷头；(d) 下垂型洒水喷头；(e) 边墙型(立式，水平式)洒水喷头；(f) 吊顶型洒水喷头；(g) 普通型洒水喷头；(h) 干式下垂型洒水喷头

（2）吊顶下布置的洒水喷头，应采用下垂型洒水喷头或吊顶型洒水喷头。

（3）顶板为水平面的轻危险级、中危险级Ⅰ级住宅建筑、宿舍、旅馆建筑客房、医疗建筑病房和办公室，可采用边墙型洒水喷头。

（4）易受碰撞的部位，应采用带保护罩的洒水喷头或吊顶型洒水喷头。

（5）顶板为水平面，且无梁、通风管道等障碍物影响喷头洒水的场所，可采用扩大覆盖面积的洒水喷头。

（6）住宅建筑和宿舍、公寓等非住宅类居住建筑宜采用家用喷头。

（7）不宜选用隐蔽式洒水喷头；确需采用时，应仅适用于轻危险级和中危险级Ⅰ级场所。

干式系统、预作用系统应采用直立型洒水喷头或干式下垂型洒水喷头。

水幕系统的喷头选型应符合下列规定：

图 8-15 开式喷头构造示意图
(a) 开启式喷头；(b) 水幕喷头；(c) 喷雾喷头

(1) 防火分隔水幕应采用开启式喷头或水幕喷头;
(2) 防护冷却水幕应采用水幕喷头。

自动喷水防护冷却系统可采用边墙型洒水喷头。

下列场所宜采用快速响应洒水喷头:①公共娱乐场所、中庭环廊;②医院、疗养院的病房及治疗区域,老年人、少儿、残疾人的集体活动场所;③超出消防水泵接合器供水高度的楼层;④地下商业场所。当采用快速响应洒水喷头时,系统应为湿式系统。

同一隔间内应采用相同热敏性能的洒水喷头。

雨淋系统的防护区内应采用相同的洒水喷头。

自动喷水灭火系统应有备用洒水喷头,其数量不应少于总数的1%,且每种型号均不得少于10只。

2. 报警阀

报警阀的作用是开启和关闭管网的水流,传递控制信号至控制系统并启动水力警铃直接报警。有湿式、干式、干湿式和雨淋式4种类型,如图8-16所示。湿式报警阀用于湿式自动喷水灭火系统;干式报警阀用于干式自动喷水灭火系统;干湿式报警阀是由湿式、干式报警阀依次连接而成,在温暖季节用湿式装置,在寒冷季节则用干式装置;雨淋式报警阀用于雨淋、水幕、预作用、水喷雾自动喷水灭火系统。

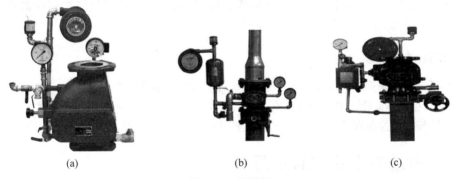

图 8-16 报警阀
(a) 干式报警阀;(b) 湿式报警阀;(c) 雨淋式报警阀

3. 水流报警装置

水流报警装置主要有水力警铃、水流指示器和压力开关,如图8-17所示。

图 8-17 水流报警装置
(a) 水力警铃;(b) 水流指示器;(c) 压力开关

水力警铃主要用于湿式喷水灭火系统,宜装在报警阀附近(其连接管不宜超过 6m)。当报警阀打开消防水源后,具有一定压力的水流冲动叶轮打铃报警。水力警铃不得由电动报警装置取代。

水流指示器用于湿式喷水灭火系统中,通常安装在各楼层配水干管或支管上,当喷头开启喷水时,水流指示器中桨片摆动接通电信号送至报警控制器报警,并指示火灾楼层。

压力开关垂直安装于延迟期和水力警铃之间的管道上。在水力警铃报警的同时,依靠警铃管内水压的升高自动接通电触点,完成电动警铃报警,向消防控制室传送电信号或启动消防水泵。

4. 延迟器

延迟器是一个罐式容器,安装于报警阀与水力警铃(或压力开关)之间。用来防止由水压波动引起报警阀开启而导致的误报。报警阀开启后,水流需经 30s 左右充满延迟器后方可冲打水力警铃。

5. 火灾探测器

火灾探测器是自动喷水灭火系统的配套组成部分。目前常用的有感烟探测器、感温探测器。感烟探测器是利用火灾发生地点的烟雾浓度进行探测;感温探测器是通过火灾引起的温升进行探测。火灾探测器布置在房间或过道的顶棚下面,其数量应根据探测器的保护面积和探测区面积计算而定。

6. 末端试验装置

末端试验装置是指在自动喷水灭火系统中,每个水流指示器的作用范围内供水最不利处,设置检验水压、检测水流指示器以及报警阀和自动喷水灭火系统的消防水泵联动装置、可靠性的检测装置。该装置由控制阀、压力表与排水管组成,排水管可单独设置,也可利用雨水管排水。

8.3.4 自动喷水系统的布置

1. 喷头布置

喷头的布置形式有正方形、长方形、菱形,如图 8-18 所示。具体采用何种形式应根据建筑平面和构造确定。

喷头的布置间距和位置原则上应满足房间的任何部位发生火灾时均能有一定强度的喷水保护。对喷头布置成正方形、长方形、菱形情况下的喷头布置间距,可根据喷头喷水强度、喷头的流量系数和工作压力确定。

为正方形布置时,

$$X = 2R\cos 45° \tag{8-3}$$

为长方形布置时,要求:

$$\sqrt{A^2 + B^2} \leqslant 2R \tag{8-4}$$

为菱形布置时,

$$A = 4R\cos 30°\sin 30° \tag{8-5}$$

$$B = 2R\cos 30°\cos 30° \tag{8-6}$$

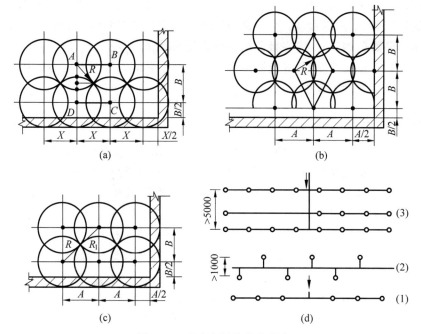

图 8-18 喷头布置的几种形式

(a)喷头正方形布置：X-喷头间距；R-喷头计算喷水半径；(b)喷头菱形布置；A-喷头间距；B-配水支管间距；(c)喷头长方形布置；A-长边喷头间距；B-短边喷头间距；(d)双排及水幕防火带平面布置；(1)单排；(2)双排；(3)防火带

水幕喷头布置根据成帘状的要求应成线状布置，根据隔离强度要求可布置成单排、双排和防火带形式。

喷头一般布置于屋内顶板下、吊顶下或斜屋顶下，安装时应考虑与屋内大梁、顶板、边墙有一定的合理距离。

2. 管网的布置

自动喷水灭火系统应根据建筑平面的具体情况布置成侧边式和中央式两种形式，如图 8-19 所示。相对于干管而言，支管上喷头应尽量对称布置。通常，配水管两侧每根配水支管控制的标准流量洒水喷头数量，轻危险级、中危险级场所不应超过 8 只，同时在吊顶上下设置喷头的配水支管，上下侧均不应超过 8 只，严重危险级及仓库危险级场所均不应超过 6 只。控制配水支管管径不要过大，支管不要过长，从而减少喷头出水量不均衡和系统中压力过高的现象。管道因锈蚀等因素会引起过流断面缩小，要求配水支管最小管径不小于 25mm。

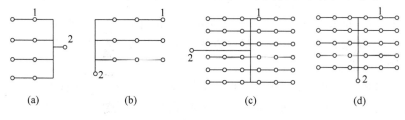

1—喷头；2—立管。

图 8-19 管网布置的形式

(a)侧边中心方式；(b)侧边末端方式；(c)中央中心方式；(d)中央末端方式

配水管道的工作压力不应大于1.2MPa,并不应设置其他用水设施。配水管道可采用内外壁热镀锌钢管、涂覆钢管、铜管、不锈钢管和氯化聚氯乙烯(PVC-C)管。当报警阀入口前管道采用不防腐的钢管时,应在报警阀前设置过滤器。

水平设置的管道宜有坡度,并应坡向泄水阀。充水管道的坡度不宜小于0.002,准工作状态不充水管道的坡度不宜小于0.004。

3. 报警阀的布置

自动喷水灭火系统应设报警阀组。保护室内钢屋架等建筑构件的闭式系统,应设独立的报警阀组。水幕系统应设独立的报警阀组或感温雨淋报警阀。串联接入湿式系统配水干管的其他自动喷水灭火系统,应分别设置独立的报警阀组,其控制的洒水喷头数计入湿式报警阀组控制的洒水喷头总数。

报警阀组宜设在安全及易于操作的地点,报警阀距地面的高度宜为1.2m。设置报警阀组的部位应有排水设施。每个报警阀组供水的最高与最低位置洒水喷头,其高程差不宜大于50m。

一个报警阀组控制的洒水喷头数应符合下列规定:
(1)湿式系统、预作用系统不宜超过800只,干式系统不宜超过500只;
(2)当配水支管同时设置保护吊顶下方和上方空间的洒水喷头时,应只将数量较多一侧的洒水喷头计入报警阀组控制的洒水喷头总数。

4. 水力警铃的布置

水力警铃应设在有人值班的地点附近或公共通道的外墙上,与报警阀连接的管道,其管径应为20mm,总长不宜大于20m。

5. 末端试水装置

每个报警阀组控制的最不利点洒水喷头处应设末端试水装置,其他防火分区、楼层均应设置直径为25mm的试水阀。末端试水装置的出水,应采取孔口出流的方式排入排水管道,排水立管宜设伸顶通气管,且管径不应小于75mm。末端试水装置和试水阀应有标识,距地面的高度宜为1.5m,并应采取不被他用的措施。

6. 水泵设置

采用临时高压给水系统的自动喷水灭火系统,宜设置独立的消防水泵,并应按一用一备或二用一备,以及最大一台消防水泵的工作性能设置备用泵。当与消火栓系统合用消防水泵时,系统管道应在报警阀前分开。按二级负荷供电的建筑,宜采用柴油机泵作备用泵。系统的消防水泵、稳压泵,应采取自灌式吸水方式。采用天然水源时,消防水泵的吸水口应采取防止杂物堵塞的措施。

每组消防水泵的吸水管不应少于2根。报警阀入口前设置环状管道的系统,每组消防泵的出水管不应少于2根。消防水泵的吸水管应设控制阀和压力表;出水管应设控制阀、止回阀和压力表,出水管上还应设置流量和压力检测装置或预留可供连接流量和压力检测装置的接口。必要时,应采取控制消防水泵出口压力的措施。

7. 水箱的设置

采用临时高压给水系统的自动喷水灭火系统,应设高位消防水箱。自动喷水灭火系统可与消火栓系统合用高位消防水箱,其设置应符合国家现行标准《消防给水及消火栓系统技术规范》(GB 50974—2014)的要求。高位消防水箱的设置高度不能满足系统最不利点处喷头的工作压力时,系统应设置增压稳压设施,增压稳压设施的设置应符合国家有关规定。

高位消防水箱的出水管应符合下列规定:应设止回阀,并应与报警阀入口前管道连接;出水管管径应经计算确定,且不应小于100mm。

8. 水泵接合器设置

系统应设消防水泵接合器,其数量应按系统的设计流量确定,每个消防水泵接合器的流量宜按 10~15L/s 计算。

8.4 其他灭火设施简介

因建筑物使用功能不同,其内的可燃物性质各异,因此,仅使用水作为消防手段不能达到扑救火灾的目的,甚至还会带来更大的损失。应根据可燃物的物理、化学性质,采用不同的灭火方法和手段,才能达到预期的目的。

1. 干粉灭火系统

以干粉作为灭火剂的灭火系统称为干粉灭火系统。干粉灭火剂是一种干燥的、易于流动的细微粉末,平时储存于干粉灭火器或干粉灭火设备中,灭火时靠加压气体(二氧化碳或氮气)的压力将干粉从喷嘴射出,形成一股携夹着加压气体的雾状粉流射向燃烧物,达到灭火的目的。

干粉灭火主要是对燃烧物质起到化学抑制、窒爆作用使燃烧熄灭。干粉灭火具有灭火历时短、效率高、绝缘好、灭火后损失小、不怕冻、不用水、可长期贮存等优点。

干粉灭火系统按其安装方式有固定式、半固定式之分。按其控制启动方法又有自动控制、手动控制之分。按其喷射干粉方式有全淹没和局部应用之分。

设置干粉灭火系统,其干粉灭火剂的贮存装置应靠近其防护区,但不能使干粉贮存器有形成着火的危险,干粉还应避免潮湿和高温。输送干粉管道宜短而直、光滑、无焊瘤、缝隙。管内应清洁,无残留液体和固体杂物,以便喷射干粉时提高效率。

2. 泡沫灭火系统

泡沫灭火工作原理是应用泡沫灭火剂,使其与水混溶后产生一种可漂浮、黏附在可燃、易燃液体、固体表面,或者充满某一着火物质的空间,达到隔绝、冷却,使燃烧物质熄灭。泡沫灭火剂包括化学泡沫灭火剂、蛋白质泡沫灭火剂和合成型泡沫灭火剂三种类型。具有安全可靠、灭火效率高等特点。它广泛应用于油田、炼油厂、油库、发电厂、汽车库、飞机库、矿井坑道等场所。

泡沫灭火系统按其使用方式有固定式、半固定式和移动式之分;按泡沫喷射方式有液上喷射、液下喷射和喷淋方式之分；按泡沫发泡倍数有低倍、中倍和高倍之分。

选用和应用泡沫灭火系统时，首先应根据可燃物性质选用泡沫液，如液下喷射时应选用氟蛋白泡沫或水成膜泡沫液。对水溶性某些液体储罐，应选用抗溶性泡沫液。对泡沫喷淋系统上为吸气泡沫喷头时，应用蛋白泡沫液或氟蛋白、水成膜、抗溶性泡沫液；如为非吸气性泡沫喷头时，则只能选用水成膜泡沫液；对于中倍及高倍泡沫灭火系统则应选用合成泡沫液。其次是泡沫罐的贮存应置于通风、干燥场所，温度应在 0～40℃ 内。此外，还应保证泡沫灭火系统所需足够的消防用水量、一定的水温和必需的水质，如氟蛋白、蛋白、抗溶氟蛋白可使用淡水和海水，凝胶型、金属皂型抗溶性泡沫混合液只能使用淡水等。

3. 二氧化碳灭火系统

二氧化碳是一种惰性气体，自身无色、无味、无毒，密度比空气的约大 50%，来源广泛且价格低廉。长期存放不变质，灭火后能很快散逸，不留痕迹，在被保护物表面不留残余物，也没有毒害，是一种较好的灭火剂。

二氧化碳灭火剂系统主要是通过窒息（隔离氧气）和冷却的作用达到灭火目的，其中窒息作用为主导作用。

由于二氧化碳灭火系统可用于扑救某些气体、固体表面、液体和电器火灾。一般可以使用卤代烷灭火系统灭火的场所均可以采用二氧化碳灭火系统，加之卤代烷灭火剂因氟氯施放会破坏地球的臭氧层，为了保护地球环境，二氧化碳灭火系统日益被重视，但这种灭火系统也有造价高，灭火时对人体有害的缺点。二氧化碳灭火系统不适用于扑灭含氧化剂的化学制品如硝酸纤维、赛璐珞、火药等物质燃烧，不适用于扑灭活泼金属如锂、钠、钾、镁、铝、钛、镉、铀、钚火灾，也不适用于金属氢化物类物质的火灾。

二氧化碳灭火系统按灭火方式分为全淹没系统、半固定系统、局部应用系统和移动式系统，按二氧化碳贮存压力分为高压和低压贮存系统。系统的选用要根据防护区和保护对象具体情况确定，例如全淹没灭火系统适用于无人居留或发生火灾能迅速（30s 以内）撤离的防护区；局部灭火系统适用于经常有人的较大防护区内，扑救个别易燃设备火灾或室外设备；半固定式常用于增援固定二氧化碳灭火系统。

4. 七氟丙烷灭火系统

七氟丙烷是以化学灭火方式为主的气体灭火剂，其商标名称为 FM200，化学名称为 HFC-227ea，化学式为 CF_3CHFCF_3，相对分子质量为 170。七氟丙烷是通过抑制燃烧反应而进行灭火的。七氟丙烷对大气臭氧层无破坏作用，不导电，灭火后无残留物。

七氟丙烷灭火系统适用于扑救以下物质引起的火灾：固体物质的表面火灾，如纸张、木材、织物、塑料、橡胶等引起的火灾；液体火灾或可熔固体引起火灾，如煤油、汽油、柴油以及醇、醚、苯类引起火灾；灭火前应能切断气源的气体火灾，如甲烷、乙烷、煤气、天然气等引起的火灾；带电设备与电气线路火灾，如变配电设备、发电机、电缆等引起的火灾。

七氟丙烷气体灭火系统可根据需要设计成无管网系统、单元独立系统和组合分配系统。

5. 蒸汽灭火系统

蒸汽灭火工作原理是在火场燃烧区内，向其施放一定量的蒸汽时，可产生阻止空气进入燃烧区效应而使燃烧窒息。这种灭火系统只有在经常具备充足蒸汽源的条件下才能设置。蒸汽灭火系统适用于石油化工、炼油、火力发电厂等厂房,也适用于燃油锅炉房、重油油品等库房或扑救高温设备。该系统具有设备简单、造价低、淹没性好等优点,但不适用于体积大、面积大的火灾区,不适用于扑灭电器设备、贵重仪表、文物档案等火灾。

蒸汽灭火系统也有固定式和半固定式两种类型。固定式蒸汽灭火系统为全淹没式灭火系统,保护空间的容积不大于 $500 m^3$ 时效果好。半固定式蒸汽灭火系统多用于扑救局部火灾。

6. 烟雾灭火系统

烟雾灭火系统的发烟剂是以硝酸钾、三聚氰胺、木炭、碳酸氢钾、硫黄等原料混合而成。发烟剂装于烟雾灭火容器内,当使用时,使其产生燃烧反应后释放出烟雾气体,喷射到开式燃烧物质的罐装液面上的空间;形成又厚又浓的烟雾气体层,这样,该罐液面着火处会受到稀释、覆盖和抑制作用而使燃烧熄灭。

烟雾灭火系统主要用在各种油罐和醇、酯、酮类储罐等初期火灾。按其灭火器的安装位置可分为罐内、罐外两种。罐内式又有滑动式和三翼式之分。

烟雾灭火系统具有设备简单(不需水、电,不要人工操作)、扑灭初期火灾快、适用温度范围宽,很适用野外无水、电设施的独立油罐或冰冻期较长的地区。

7. 自动喷水-泡沫联用灭火系统

自动喷水-泡沫联用灭火系统是在自动喷水灭火系统中配置可供给泡沫混合液的设备,组成既可喷水又可喷泡沫的固定灭火设施。它的主要特点是利用泡沫灭火剂来强化灭火效果,前期喷水控火,后期喷泡沫强化灭火效果;或前期喷泡沫灭火,后期喷水冷却防止复燃。由于这种系统加入了泡沫灭火剂,因此灭火效果更好,而且可以节省灭火用水。

自动喷水-泡沫联用灭火系统是比自动喷水灭火系统更有效的系统,用于高层民用建筑的柴油发电机房和燃油锅炉房,也有用于地下停车库的,其灭火效果比普通自动喷水灭火系统好,又比固定式泡沫灭火系统简单、经济。根据系统喷头平时所处的状态可以分为闭式系统和开式系统,按喷水先后可以分为先喷泡沫后喷水系统和先喷水后喷泡沫系统。

思考题

1. 简述火灾发生的原因和过程。
2. 哪些建筑或场所应设置室内消火栓?
3. 室内消火栓或灭火系统由哪儿部分组成?
4. 简述水消防灭火系统的主要机理。
5. 哪些地方应设置自动喷水灭火系统?自动喷水灭火系统有哪些类型?它们各自的适用场所是什么?
6. 自动喷水灭火系统的管道布置有何要求?

7. 水喷雾灭火系统有何特点？适用条件是什么？
8. 二氧化碳灭火系统有何特点？适用条件是什么？
9. 干粉灭火系统的特点是什么？
10. 泡沫灭火系统的灭火机理是什么？
11. 七氟丙烷灭火系统有何特点？适用条件是什么？

第9章

建筑给排水施工图识读

9.1 常用给排水图例

9.1.1 图线

给排水图线的宽度 b 一般取 0.7mm 或 1.0mm,详见表 9-1 规定。

表 9-1 建筑给排水工程制图常用线型

名 称	线 型	线 宽	用 途
粗实线	——————	b	新设计的各种排水和其他重力流管线
粗虚线	— — — — —	b	新设计的各种排水和其他重力流管线的不可见轮廓线
中粗实线	——————	$0.75b$	新设计的各种给水和其他压力流管线;原有的各种排水和其他重力流管线
中粗虚线	— — — — —	$0.75b$	新设计的各种给水和其他压力流管线;原有各种排水和其他重力流的不可见轮廓线
中实线	——————	$0.50b$	给排水设备、零附件及总图中新建的建筑物和构筑物的可见轮廓线;原有的各种给水和其他压力流管线
中虚线	— — — — —	$0.50b$	给排水设备、零附件的不可见轮廓线;总图中新建的建筑物和构筑物的不可见轮廓线;原有的各种给水和其他压力流管线的不可见轮廓线
细实线	——————	$0.25b$	建筑的可见轮廓线;总图中原有的建筑物和构筑物的可见轮廓线;制图中的各种标注线
细虚线	— — — — —	$0.25b$	建筑的不可见轮廓线,总图中原有的建筑物和构筑物的不可见轮廓线
单点长画线	—·—·—·—	$0.25b$	中心线、定位轴线
折断线	—/\—	$0.25b$	断开界线
波浪线	∼∼∼∼	$0.25b$	平面图中水面线;局部构造层次范围线;保温范围示意线等

9.1.2 常用图例

建筑给排水施工图中,除详图外,平面图、系统图上各种管路用图线表示,而各种管件、阀门、附件、器具一般都用图例标识。所以，对于给排水设计，施工人员必须了解和掌握工程施工图中常用的图例和符号。表 9-2 给出了一些常用的给排水图例。

表 9-2　建筑给排水常用图例

序号	名称	图例	序号	名称	图例
1	生活给水管	—— J ——	15	排水明沟	坡向 →
2	热水给水管	—— RJ ——	16	套筒伸缩器	
3	热水回水管	—— RH ——	17	方形伸缩器	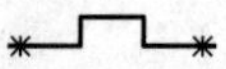
4	中水给水管	—— ZJ ——	18	管道固定支架	
5	循环给水管	—— XJ ——	19	管道立管	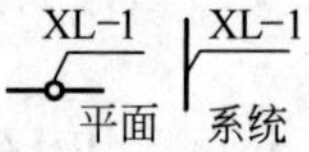 XL-1 平面　XL-1 系统　L:立管 1:编号
6	热媒给水管	—— RM ——	20	通气帽	成品　铝丝球
7	蒸汽管	—— Z ——	21	雨水斗	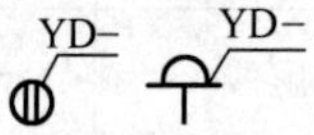 YD-　YD- 平面　系统
8	废水管	—— F ——	22	圆形地漏	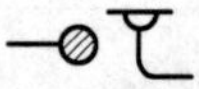 如为无水封应加存水弯
9	通气管	—— T ——	23	浴盆排水件	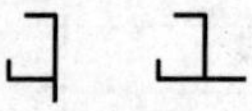
10	污水管	—— W ——	24	存水弯	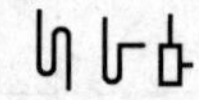
11	雨水管	—— Y ——	25	管道交叉	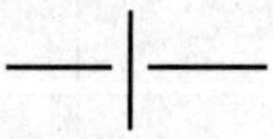 下方和后面管道应断开
12	多孔管		26	减压阀	 左侧为高压端
13	防护套管	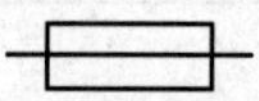	27	角阀	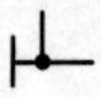
14	立管检查口	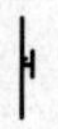	28	截止阀	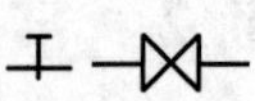

续表

序号	名称	图例	序号	名称	图例
29	球阀		39	手提灭火器	
30	闸阀		40	淋浴喷头	
31	止回阀		41	水表井	
32	蝶阀		42	水表	
33	弹簧安全阀	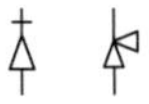 左为通用	43	立式洗脸盆	
34	自动排气阀	 平面　系统	44	台式洗脸盆	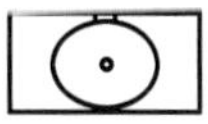
35	室内消火栓(单口)	 平面　系统 (白色为开启面)	45	浴盆	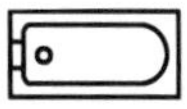
36	室内消火栓(双口)	平面　系统 	46	盥洗槽	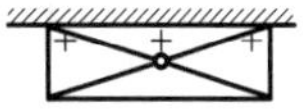
37	水泵接合器	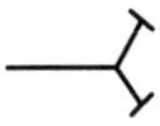	47	污水池	
38	自动喷洒头(开式)	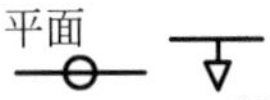 平面　系统	48	坐便器	

9.1.3 标高、管径及编号

1. 标高

室内工程应标注相对标高,室外工程应标注绝对标高,当无绝对标高资料时,可标注相对标高,但应与总图专业一致。

下列部位应标注标高:沟渠和重力流管道的起讫点、转角点、连接点、变尺寸(管径)点及交叉点;压力流管道中的标高控制点;管道穿外墙、剪力墙和构筑物的壁及底板等处;不同水位线处;构筑物和土建部分的相关标高。

压力管道应标注管中心标高,沟渠和重力流管道宜标注沟(管)内底标高。

标高的标注方法应符合下列规定:

(1) 平面图中,管道标高应按图9-1所示的方式标注。

(2) 平面图中,沟渠标高应按图 9-2 所示的方式标注。

(3) 剖面图中,管道及水位的标高应按图 9-3 所示的方式标注。

(4) 轴测图中,管道标高应按图 9-4 所示的方式标注。

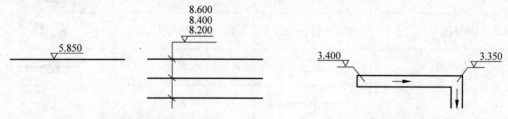

图 9-1　平面图中管道标高标注法　　　　图 9-2　平面图中沟渠标高标注法

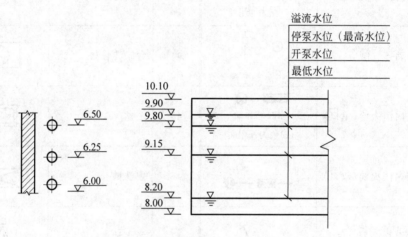

图 9-3　剖面图中管道及水位标高标注法

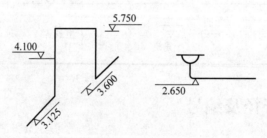

图 9-4　轴测图中管道标高标注法

在建筑工程中,管道也可标注相对本层建筑地面的标高,标准方法为 $h+X.XXX$,h 表示本层建筑地面标高(如 $h+0.250$)。

2. 管径

管径应以 mm 为单位。水煤气输送钢管(镀锌或非镀锌)、铸铁管等管材,管径宜以公称直径 DN 表示(如 $DN15$、$DN50$);无缝钢管、焊接钢管(直缝或螺旋缝)、铜管、不锈钢管等管材,管径宜以外径 $D×$壁厚表示(如 $D108×4$,$D159×4.5$ 等);钢筋混凝土(或混凝土)管、陶土管、耐酸陶瓷管等管材,管径宜以内径 d 表示(如 $d230$、$d380$ 等);塑料管材,管径宜按产品标准的方法表示。当设计均用公称直径 DN 表示管径时,应用公称直径 DN 与相应产品规格对照表。

管径的标注方法应符合下列规定:
(1)单根管道时,管径应按图 9-5 所示的方式标注。
(2)多根管道时,管径应按图 9-6 所示的方式标注。

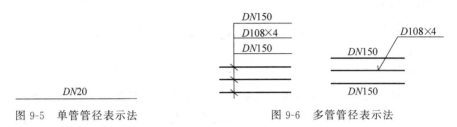

图 9-5　单管管径表示法　　　　图 9-6　多管管径表示法

3. 编号

(1)当建筑物的给水引入管或排水排出管的数量超过 1 根时,宜进行编号,编号宜按图 9-7 所示的方法表示。

(2)建筑物穿越楼层的立管,其数量超过 1 根时宜进行编号,编号宜按图 9-8 所示的方法表示。

(3)在总平面图中,当给排水附属构筑物的数量超过 1 个时,宜进行编号。编号方法为:构筑物代号-编号;给水构筑物的编号顺序宜为:从水源到干管,再从干管到支管,最后到用户;排水构筑物的编号顺序宜为:从上游到下游,先干管后支管。

(4)当给排水机电设备的数量超过 1 台时,宜进行编号,并应有设备编号与设备名称对照表。

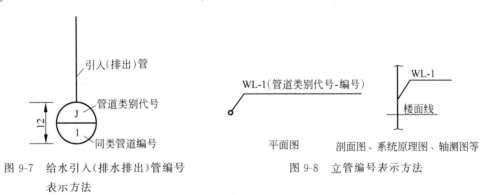

图 9-7　给水引入(排水排出)管编号　　　图 9-8　立管编号表示方法
　　　　表示方法

9.2　建筑给排水施工图的基本内容

建筑给排水施工图一般由图纸目录、主要设备材料表、设计说明、图例、平面图、系统图(轴测图)、施工详图等组成。室外小区给排水工程,根据工程内容还应包括管道断面图、给排水节点图等。

1. 图纸目录

图纸目录应作为施工图的首页,在图纸目录中列出本专业所绘制的所有施工图及使用的标准图,图纸列表应包括序号、图号、图纸名称、规格、数量、备注等。

2. 主要设备材料表

主要设备材料表应列出所使用的主要设备材料名称、规格型号、数量等。

3. 设计说明

凡在图上或所附表格上无法表达清楚而又必须让施工人员了解的技术数据、施工和验收要求等均须写在设计说明中。一般小型工程均将说明部分直接写在图纸上,内容很多时则要另用专页编写。设计说明编制一般包括工程概况、设计依据、系统介绍、单位及标高、管材及连接方式、管道防腐及保温做法、卫生器具及设备安装、施工注意事项、其他需说明的内容等。

4. 图例

施工图中应附有所使用的标准图例、自定义图例,一般通过表格的形式列出。对于系统形式比较简单的小型工程,如所使用的均为标准图例,施工图中也可不附图例表。

可以将上述主要设备材料表、设计说明和图例等绘制在同一张图上。

5. 平面图

给排水平面图是在建筑平面图的基础上,根据给排水工程图制图的规定绘制出的用于反映给排水设备、管线的平面位置关系的图样。给排水平面图的重点是反映有关给排水管道、设备等平面位置。因此,建筑的平面轮廓线用细实线绘出,而有关管线、设备则用较粗的图线绘出,以示突出;图中的设备、管道等均用图例的形式示意其平面位置;包括标准给排水设备、管道的规格、型号、代号等内容。建筑内部给排水以选用的给水方式来确定平面布置图的张数:底层及地下室必绘;顶层若有高位水箱等设备,也必须单独绘出;建筑中间各层,如卫生设备或用水设备的种类、数量和位置都相同,绘一张标准层平面布置图即可,否则,应逐层绘制。在各层平面布置图上,各种管道、立管应编号标明。

6. 系统图(轴测图)

系统图(轴测图)是采用轴测投影原理绘制的能够反映管道、设备三维空间关系的图样。图中用单线表示管道,用图例表示卫生设备,用轴测投影的方法(一般采用45°三等正面斜轴测)绘制出,能反映某一给水排水系统或整个给水排水系统的空间关系。一般按管道类别分别绘制。

系统图上应标明管道的管径、坡度,标出支管与立管的连接处;标出各种标高,包括建筑标高、给水排水管道的标高、卫生设备的标高、管件的标高、管径变化处的标高、管道的埋深等。系统图上各种立管的编号,应与平面布置图相一致。系统图中对用水设备及卫生器具的种类、数量和位置完全相同的支管、立管,可不重复完全绘出,但应用文字标明。当系统图立管、支管在轴测方向重复交叉影响识图时,可断开移到图面空白处绘制。

系统图上应表达管道及设备与建筑的关系,如管道穿墙、穿地下水、穿水箱、穿基础的位置,卫生设备与管道接口的位置等;应表达平面图无法示意的重要管件的位置,如给水管道中的阀门、污水管道中的检查口、通气帽等;应表达与管道相关的给水、排水设施的空间位置,如屋顶水箱、室外储水池、水泵、室外阀门井、水表井等与给水相关的设施的空间位置,以及室外排水检查井、管道等与排水相关的设施的空间位置等内容。

7. 施工详图

给排水施工详图是将给排水平面图或给排水系统图中的某一位置放大或剖切再放大而得到的图样。凡平面布置图、系统图中局部构造因受图面比例限制难以表示清楚时,必须绘出施工详图。给排水施工图上的详图有两类:一类是由设计人员在图纸上绘出的;另一类是引自有关安装图集,更多的是引用标准图集上的有关做法。通用施工详图系列,如卫生器具安装、排水检查井、雨水检查井、阀门井、水表井、局部污水处理构筑物等,均有各种施工标准图。施工详图应首先采用标准图。对于无标准设计图可供选择的设备、器具安装图及非标准设备制造图,宜绘制详图。

9.3 建筑给排水施工图识读案例

9.3.1 建筑给排水施工图的识读方法

建筑给排水施工图识读时应将给水图和排水图分开识读。

识读给水图时,按水源→管道→用水设备的顺序,首先从平面图入手,然后看系统(轴测)图,粗看储水池、水箱及水泵等设备的位置,对系统先有一个全面认识,分清该系统属于何种给水系统,再综合对照各图细看,弄清管道的走向、管径、坡度和坡向、设备位置、设备的型号和规格、设备的支架、基础形式等内容。

识读排水图时,按卫生器具→排水支管→排水横管→排水立管→排出管的顺序,先从平面图入手,然后看排水系统(轴测)图。分清该系统的类型,将平面图上的排水系统编号与系统图上的编号相对应,然后识读每个排水系统里的各个管段的管径、坡度和坡向等参数。

1. 建筑给排水平面图的识读

建筑内部给排水平面图主要表明建筑内部给排水支管横管(立管)管道、卫生器具及用水设备等的平面布置,识读内容如下:

(1) 识读卫生器具、用水设备和升压设备(如洗涤盆、大便器、小便器、地漏、拖布池、淋浴器以及水箱等)的类型、数量、安装位置及定位尺寸等。

(2) 识读引入管和污水排出管的平面布置、走向、定位尺寸、系统编号以及与室外管网的布置位置、连接形式、管径和坡度等。

(3) 识读给排水立管、水平干管和支管的管径、在平面图上的位置,立管编号以及管道安装方式等。

(4) 识读管道配(附)件(如阀门、清扫口、水表、消火栓和清通设备等)的型号、口径大小、平面位置、安装形式及设置情况等。

2. 建筑给排水系统图的识读

识读建筑给水系统图时，可以按照循序渐进的方法，从室外水源引入处着手，顺着管路的走向依次识读各管路及所连接的用水设备。也可以逆向进行，即从任意一用水点开始（最好从最高点用水点开始），顺着管路逐个弄清管道和所连接的设备的位置、管径的变化以及所用管件附件等内容。

识读建筑排水系统图时，可以按照卫生器具或排水设备的存水弯→器具排水管→排水横支管→排水立管→排出管的顺序进行识读，依次弄清存水弯形式、排水管道的走向、管路分支情况、管径尺寸、各管道标高、各横管坡度、通气系统形式以及清通设备位置等其他内容。

给水管道系统图中的管道一般都是采用单线图绘制，管道中的重要管件（如阀门）用图例表示，而更多的管件（如补心、活接头、三通及弯头等）在图中并未做特别标注。这就要求要熟练掌握有关图例、符号和代号的含义，并对管路构造及施工程序有足够的了解。

3. 建筑给排水工程施工详图（大样图）的识读

常用的建筑给排水工程的详图有淋浴器、盥洗池、浴盆、水表节点、管道节点、排水设备、室内消火栓以及管道保温等的安装图。各种详图中注有详细的构造尺寸及材料的名称和数量。需先识读并了解大样图的图例与说明，再根据图纸说明识读整个施工样图（大样图）。

9.3.2 室内建筑给排水施工图识读举例

这里以图 9-9～图 9-12 所示的给排水施工图中西单元西住户为例介绍其识读过程。

1. 施工说明

本工程施工说明如下：

（1）图中尺寸标高以 m 计，其余均以 mm 计。本住宅楼日用水量为 13.4t。

（2）给水管采用 PPR 管材与管件连接；排水管采用 UPVC 塑料管，承插粘接。出屋顶的排水管采用铸铁管，并刷防锈漆、银粉各两道。给水管 $De16$ 及 $De20$ 管壁厚为 2.0mm，$De25$ 管壁厚为 2.5mm。

（3）水源来自城市自来水，西单元由洞 1 分别引入 6 根给水管，管径为 $De25$，各用户单立管供水。

（4）生活污（废）水合流，厨房排水由立管收集后排出管经洞 2 引出。排出管管径为 $De110$。每户两个卫生间卫 1 和卫 2 污（废）水由立管收集后由洞 3 排出，排出管管径 $De160$。污（废）水立管设伸顶通气管。

（5）地漏采用高水封地漏，坐便器、洗脸盆、住宅洗涤盆、浴盆、拖布池安装见图集 09S304。

（6）排水立管在每层标高 250mm 处设伸缩节。

（7）排水横管坡度采用 0.026。

（8）凡是外露与非采暖房间给排水管道均采用 40mm 厚聚氨酯保温。

第9章 建筑给排水施工图识读

给排水干管穿基础预留洞

洞口	洞口尺寸 宽(mm)×高(mm)	洞底标高(m)
洞1	240×240	-1.88
洞2	240×370	-1.90
洞3	370×370	-1.93

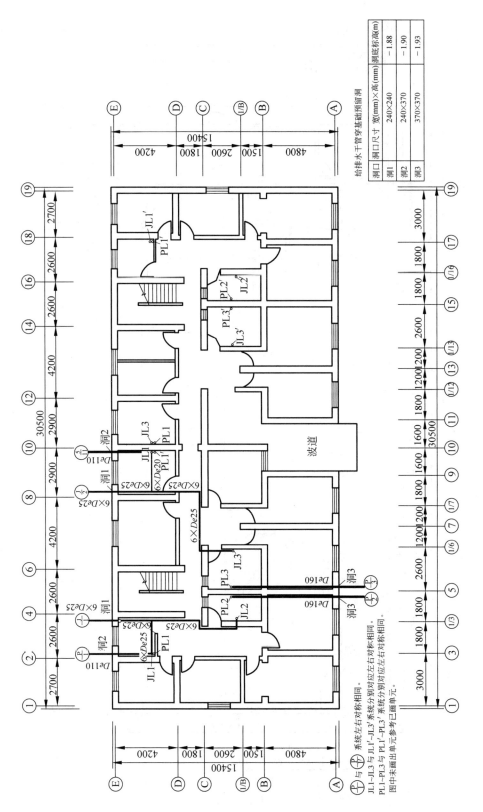

图 9-9 给排水水平干管平面图

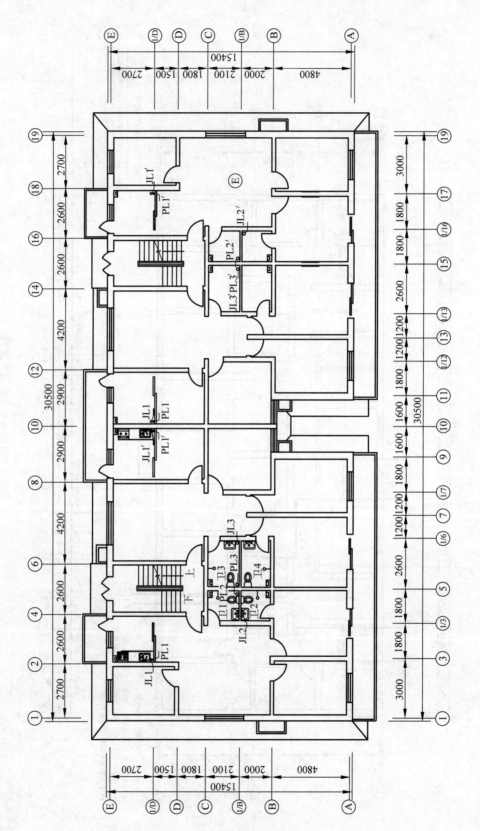

图 9-10 一至六层给排水立管平面图

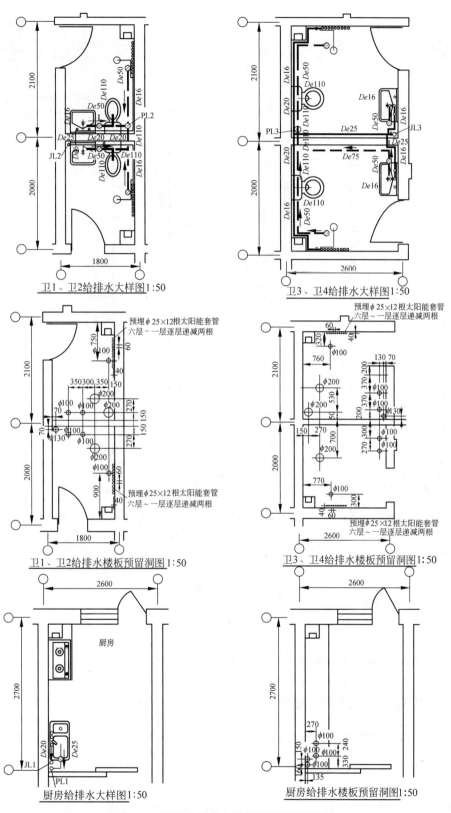

图 9-11 厨卫给排水大样及楼板预留洞图

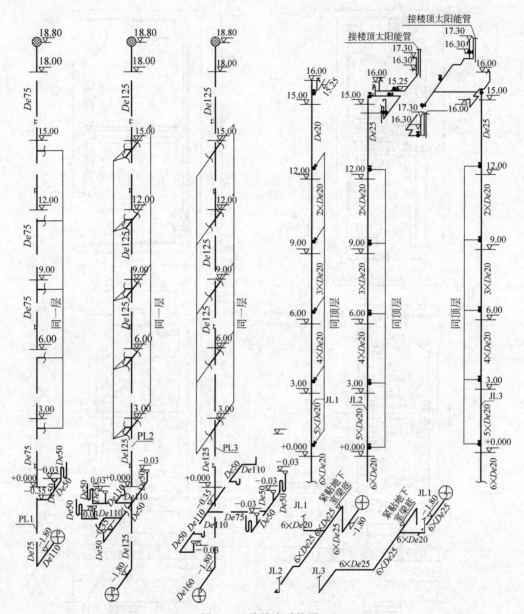

图 9-12 给排水系统图

(9) 卫生器具采用优质陶瓷产品,其规格型号由甲方定。
(10) 安装完毕进行水压试验,试验工作严格按现行规范要求进行。
(11) 说明未详尽之处均严格按现行规范和规定施工及验收。

2. 给水排水平面图识读

给水排水平面图的识读一般从底层开始,逐层阅读。
1) 给水系统
整个建筑东西两单元 JL1~JL3 与 JL1'~JL3' 系统分别对应左右对称相同。在图 9-9

中可以看出,在西单元西户,给水干管1从洞1自北面穿墙而进向南,向西引出一条支管将水送往厨房卫生器具,同时给水干管继续向南并折向经过客厅再折回东向卫1和卫2两个卫生间的卫生器具供水。西单元东户,给水干管2则经过对应的洞1穿墙而进分别对其相应的厨房和两个卫生间供水。西单元东西两户厨房分别布置一根给水立管JL1和JL1′,各自的两个卫生间分别布置一根给水立管JL2和JL3,并在到达6楼后继续向上接楼顶太阳能管。

2) 排水系统

每户有两个排水系统,分别排出厨房及卫生间污(废)水。由图9-9和图9-10可以得知,整个建筑东西两单元PL1~PL3与JL1′~JL3′系统左右对称相同。排水系统1接厨房排水PL1并通过洞2向北穿墙出户PL1与各层厨房排水器具排出口相连,将废水沿排水系统1排出;排水系统2接每户两个卫生间的污(废)水并通过洞3向南穿墙出户。PL2与各层每户两个卫生间的各个排水器具排水口相连,将污(废)水沿排水系统2排出。

3. 给排水系统图识读

1) 给水系统

一般从各系统的引入管开始,依次看水平干管、立管、支管、放水龙头和卫生设备。由图9-11可以看出,给水系统立管JL1的引入管穿墙入户后,折向每户的厨房供水,JL2和JL3则穿过各层楼板向每户卫生间供水,同时各到达楼顶接楼顶太阳能管。各楼层供水立管管径及标高情况如图9-11所示。

2) 排水系统

依次按接卫生设备连接管、横支管、立管、排出管的顺序进行识读。由图9-12可以看出,排水系统1立管管径为$De75$,排出管管径为$De110$。排水系统2立管管径为$De125$,排出管管径为$De160$。各排水系统的立管顶部穿过6楼向上延伸,形成伸顶通气管进行通气。各楼层排水管及标高如图9-12所示。

思考题

1. 建筑给排水施工图由哪几部分组成?
2. 建筑给水图识读遵循什么顺序?
3. 建筑排水图识读遵循什么顺序?
4. 建筑给排水平面图识读应了解哪些内容?
5. 建筑给排水系统图识读应了解哪些内容?

第3篇

供暖、燃气、通风与空气调节

第10章

建筑供暖与燃气供应

供暖就是用人工方法向室内供给热量,保持一定的室内温度,以创造适宜的生活或工作条件。供暖系统是由热源、输送管网和散热设备组成。经常也把制热换热设备、室外输热管网、大型用热设备等称为供热系统,将专门保持室内温度的系统称为室内供暖系统(也称为采暖系统)。

10.1 建筑设计热负荷

供暖系统的热负荷是指在某一室外温度下,为了达到要求的室内温度,保持房间的热平衡,供暖系统在单位时间内向建筑物供给的热量。它随着建筑物房间的得失热量的变化而变化。供暖系统的热负荷是设计供暖系统的基本依据。

为了正确地计算出建筑物的供暖热负荷,必须了解建筑物的热量得失情况。

建筑物冬季供暖通风设计的热负荷在《民用建筑供暖通风与空气调节设计规范》(GB 50736—2012)(简称《规范》)中规定应根据建筑物散失和获得的热量确定。对于民用建筑,冬季热负荷包括两项:围护结构的耗热量和由门窗缝隙渗入室内的冷空气耗热量。对于生产车间还应包括由外面运入的冷物料及运输工具的耗热量,水分蒸发耗热量,并应考虑因车间内设备散热、热物料散热等获得的热量。

10.1.1 围护结构的耗热量

《规范》中所规定的"围护结构的耗热量"实质上是围护结构的温差传热量、加热由于外门短时间开启而浸入的冷空气的耗热量以及一部分太阳辐射热量的代数和。为了简化计算,《规范》规定,围护结构的耗热量包括基本耗热量和附加耗热量两部分。

1. 围护结构的基本耗热量

围护结构的基本耗热量按式(10-1)计算:

$$Q_j = K_j A_j (t_n - t_w) a \tag{10-1}$$

式中:Q_j——j 部分维护结构的基本耗热量,W;

K_j——j 部分维护结构的传热系数,W/(m²·℃);

A_j——j 部分围护结构的表面积,m²;

t_n——冬季室内计算温度,℃;

t_w——供暖室外计算温度,℃;

a——围护结构的温差修正系数(见表 10-1;但是,在已知冷侧温度或用热平衡法能计算出冷侧温度时,可直接用冷侧温度代入,不再进行 a 值修正)。

对于供暖的房间来说,房间基本耗热量应为其各围护结构(墙、门、窗、楼板、屋顶、地面等)传热量的总和。

围护结构的温差修正系数,如表 10-1 所示。

表 10-1 围护结构的温差修正系数

围护结构特征	a
外墙、屋顶、地面以及与室外相通的楼板	1.00
闷顶和与室外空气相通的非供暖地下室上面的楼板等	0.90
与有外门窗的不供暖楼梯间相邻的隔墙(1~6)层建筑	0.60
与有外门窗的不供暖楼梯间相邻的隔墙(7~30)层建筑	0.50
非供暖地下室上面的楼板,外墙上有窗时	0.75
非供暖地下室上面的楼板,外墙上无窗且位于室外地坪以上时	0.60
非供暖地下室上面的楼板,外墙上无窗且位于室外地坪以下时	0.40
与有外门窗的非供暖房间相邻的隔墙	0.70
与无外门窗的非供暖房间相邻的隔墙	0.40
伸缩缝墙、沉降缝墙	0.30
防震缝墙	0.70

室内计算温度一般是指距地面 2m 以内,人们活动空间的空气温度。通常,供暖室内设计温度应符合下列规定:严寒和寒冷地区主要房间应采用 18~24℃;夏热冬冷地区主要房间宜采用 16~22℃;设置值班供暖房间不应低于 5℃。

通常,供暖室外计算温度应采用历年平均不保证 5 天的日平均温度。

2. 围护结构的附加耗热量

围护结构的附加耗热量应按其占基本耗热量的百分率确定。各项附加百分率宜按下列规定的数值选用:

1) 朝向修正率

不同朝向的维护结构,受到的太阳辐射量是不同的;同时,不同的朝向,风的速度和频率也不同。因此,《规范》规定对不同的垂直外围护结构按下列修正率进行修正:北、东北、西北朝向按 0~10%;东、西朝向按 −5%;东南、西南朝向按 −10%~−15%;南向按 −15%~−30%。

选用修正率时应考虑冬季日照率及辐射强度的大小。冬季日照率小于 35% 的地区,东南、西南和南向的修正率宜采用 −10%~0,其他朝向可不修正。修正率为"−"时,表示该朝向由于获得太阳辐射热而使耗热量减小。

2) 风力附加率

在《规范》中规定,在不避风的高地、河边、海岸、旷野上的建筑物以及城镇、厂区内特别高的建筑物,垂直的外围护结构热负荷附加 5%~10%。

3) 外门附加率

为加热开启外门时浸入的冷空气,对于短时间开启无热风幕的外门,外门附加率可按下列原则选定:公共建筑的主要出入口按 500%;当建筑物的楼层数为 n 时,一道门按 65%n,两道门(有门斗)按 80%n,三道门(有两个门斗)按 60%n。

4) 高度附加率

室内温度梯度的影响,往往使房间上部的传热量加大。因此规定:当民用建筑和工业企业辅助建筑的房间净高超过 4m 时,每增加 1m,附加率增加 2%,但最大附加率不超过 15%。注意,高度附加率应加在基本耗热量和其他耗热量(进行风力、朝向、外门修正之后的耗热量)的总和上。

10.1.2 门窗缝隙渗入冷空气的耗热量

由于缝隙宽度不一,风向、风速和频率不一,所以由门窗缝隙渗入的冷空气量很难准确计算。通常,对于多层和高层民用建筑,可按式(10-2)计算门窗缝隙渗入冷空气的耗热量:

$$Q = 0.278 V \rho_w c (t_n - t_w) \quad (10-2)$$

式中:Q——加热门窗缝隙渗入的冷空气耗热量,W;

V——经门窗缝隙进入室内的空气量,m³/h;

ρ_w——室外供暖计算温度下的空气密度,kg/m³;

c——空气的比热容,kJ/(kg·℃);

t_n, t_w——冬季室内、室外供暖计算温度,℃。

当无确切数据时,多层建筑可按表 10-2 推荐计算渗透冷风量,表中换气次数是风量(m³/h)与房间体积(m³)之比,单位为 h^{-1}(次/h)。因此,房间渗入冷风量等于表 10-2 中推荐值乘以房间体积。

表 10-2 换气次数

房间类型	一面有外窗的房间	两面有外窗的房间	三面有外窗的房间	门 厅
换气次数/h^{-1}	0.25~0.67	0.5~1.0	1.0~1.5	2.0

对于工业建筑,加热由门窗缝隙渗入房间的冷空气的耗热量应根据建筑物的内部隔断、门窗构造、门窗朝向、室内外计算温度和室外风速等因素按《工业建筑供暖通风与空气调节设计规范》(GB 50019—2015)推荐的总耗热量百分率进行估算,见表 10-3。

表 10-3 渗透耗热量占围护结构总耗热量的百分比   %

建筑物高度/m		<4.5	4.5~10.0	>10.0
玻璃窗层数	单层	25	35	40
	单、双层均有	20	30	35
	双层	15	25	30

有空调的房间内通常保持正压,因而在一般情况下,不计算门窗缝隙渗入室内的冷空气的耗热量。对于有封窗习惯的地区,也可以不计算门窗缝隙的冷风渗入。

10.1.3 间歇供暖系统和辐射供暖系统的供暖负荷

间歇供暖系统是指建筑物只要求在使用时间保证室内温度,而其他时间可以自然降温的供暖系统。例如:夜间基本不使用的办公楼、教学楼等建筑的供暖系统;不经常使用的体育馆、展览馆等建筑的供暖系统。对于这类供暖系统的供暖负荷应对维护结构耗热量进行间歇附加。其间歇附加率可按下列数值选取:仅白天使用的建筑物取 20%;不经常使用的建筑物取 30%。

辐射供暖系统是指主要依靠供暖部件与维护结构内表面之间的辐射换热向房间供热的供暖系统。辐射供暖与对流供暖相比,在相同的热舒适条件下,辐射供暖的室内温度可低 2~3℃。故《规范》规定:辐射供暖室内设计温度宜降低 2℃。全面辐射供暖系统的热负荷可按此室内计算温度计算。而局部辐射供暖系统的热负荷等于全面辐射供暖的热负荷乘以表 10-4 的计算系数。

表 10-4 局部辐射供暖热负荷计算系数

供热面积与房间总面积的比值	≥0.75	0.55	0.40	0.25	≤0.20
计算系数	1	0.72	0.54	0.38	0.30

10.2 供暖系统的组成、分类与形式

10.2.1 供暖系统的组成

供暖系统一般由热源、供热管网和散热设备 3 个基本部分组成,如图 10-1 所示。

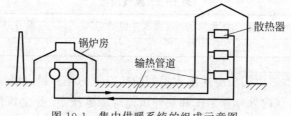

图 10-1 集中供暖系统的组成示意图

1. 热源

热源是指提供热能的设备,泛指锅炉、热电厂的供热机组等。煤、天然气、重油、轻油等燃料燃烧,化学能转化为热能,将水加热为热水或高温蒸汽。热能也可由工业余热、太阳能、地热能转化。

2. 供热管网

供热管网是指连接热源和室外散热设备的所有管道网络的统称。热源产生的热量被热媒带走,经供热管网输送分配到各散热设备,散热冷却后的热媒再返回至热源重新加热。

3．散热设备

散热设备是向供热房间放热的设备。

10.2.2　供暖系统的分类

供暖系统的形式是多种多样的，可根据热媒种类、作用范围等方式进行大致分类。

（1）按供暖系统使用热媒不同可分为热水供暖系统和蒸汽供暖系统。以热水作为热媒的供暖系统，称为热水供暖系统，主要用于民用建筑，在工业建筑中也有使用，是常见的供暖系统。集中供暖的供回水温度推荐为85℃/60℃；以蒸汽作为热媒的供暖系统，称为蒸汽供暖系统。其供热温度较高，主要用于工业建筑。

（2）按供暖系统中使用的散热设备不同，可分为散热器供暖系统和热风供暖系统。以各种对流散热器或辐射对流散热器作为室内散热设备的热水或蒸汽供暖系统，称为散热器供暖系统。对流散热器是指全部或主要靠对流传热方式而使周围空气受热的散热器；辐射对流散热器若是以对流传热为主散热给室内的供暖系统，也称为对流供暖系统。民用建筑散热器供暖系统应采用热水作为热媒，宜按照75℃/50℃连续供暖设计，供水温度不宜大于85℃，回水温度不宜小于20℃。热风供暖系统是以热空气作为传热媒介的对流供暖系统，主要用于产生有害污染物较少的大型工业车间。

（3）按供暖系统中散热方式不同分为对流供暖系统和辐射供暖系统。利用对流换热或以对流换热为主散热给室内的供暖系统，称为对流供暖系统。以辐射传热为主散热给室内的供暖系统，称为辐射供暖系统。利用建筑物内部顶棚、地板、墙壁或其他表面（如金属辐射板）作为辐射散热面而进行的供暖是典型的辐射供暖系统。

（4）根据作用范围的不同分为局部供暖系统、集中供暖系统和区域供暖系统。局部供暖系统是热源和散热设备都布置在一起的供暖系统；集中供暖系统是热源和散热设备分别设置，热源设于独立的锅炉房或换热站内，通过供热管道向多个房间或多个建筑物供热；区域供暖系统是热源和散热设备分别设置，热源通过热力管网向一个行政区域或城镇内的许多建筑物供热。

10.2.3　供暖系统的形式

1．重力（自然）循环热水供暖系统

重力循环热水供暖系统是利用供水与回水因温度差造成的密度差为循环动力的供暖系统。这种水循环系统不需要外界推动力，可在密度差的作用下自发进行，故也可称为自然循环系统。

图10-2所示为重力循环热水供暖系统的工作原理图，系统热源为热水锅炉，散热设备为散热器，用供水管和回水管将两者相连，形成一个循环系统。系统的最高处连接一个膨胀水箱，其主要作用是容纳水系统因受热膨胀而增加的体积、向系统补水、稳定供热管网内的水压。

在系统工作之前，先将系统中充满冷水。当水在锅炉内被加热后，密度减小，同时受着从散热器流回来密度较大的回水的驱动，使热水沿供水干管流回锅炉。图10-2中箭头所示

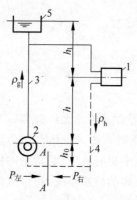

1—散热器；2—热水锅炉；3—供水管路；4—回水管路；5—膨胀水箱。

图 10-2　重力循环热水供暖系统的工作原理图

的方向即为水系统循环流动方向。

假设循环环路最低点的断面 $A—A$ 处有一设想阀门，若将阀门关闭，则在 $A—A$ 断面两侧受到不同的水柱压力。设 $P_右$ 和 $P_左$ 分别表示 $A—A$ 断面右侧和左侧的水柱压力，则

$$P_右 = g(h_0 \rho_h + h \rho_h + h_1 \rho_g) \tag{10-3}$$

$$P_左 = g(h_0 \rho_h + h \rho_g + h_1 \rho_g) \tag{10-4}$$

断面 $A—A$ 两侧之压差值，即系统的循环作用压力为

$$\Delta P = P_右 - P_左 = \rho g(\rho_h - \rho_g) \tag{10-5}$$

式中：ΔP——重力循环系统的作用压力，Pa；

g——重力加速度，m/s²；

h——冷却中心至加热中心的垂直距离，m；

ρ_g、ρ_h——分别为供水、回水密度，kg/m³。

由式(10-5)可见，重力循环热水供暖系统的循环作用压力的大小，取决于水温（水的密度）在循环环路的变化状况，即起循环作用的只有散热器中心和锅炉中心之间的这段高度内的水柱密度差。如供水温度为95℃，回水温度为70℃，则每米高差可产生的作用压力为：$gh(\rho_h - \rho_g) = 9.81 \times 1 \times (977.81 - 961.92)Pa=156$Pa，不同水温下水的密度，见有关资料。

以上分析计算，均基于循环环路内水温只在锅炉和散热器两处发生变化的假设，忽略了热水在管路流动过程中的散热。实际上，即使管道外包裹了保温材料，管道的散热还是不可避免的，水的温度和密度沿着管路不断变化，从而影响了系统的循环作用压力。在工程计算中，常增加一个附加作用压力来考虑，其大小与系统供水管路布置情况、散热器中心与锅炉中心高度、散热器与锅炉水平距离等因素有关。

重力循环热水供暖系统主要分为双管和单管两种形式，图10-3(a)所示为双管上供下回式系统；其特点是热水由锅炉加热后，在总立管中向上流动，热水经供水干管自上而下进入各层散热器，水经回水立管、回水干管流回锅炉。在这种系统中，由于各层散热器与锅炉的高差不同，虽然流入和流出各层散热器的供、回水温度相同（不考虑管道沿途冷却的影响），但仍将形成上层作用压力大、下层作用压力小的现象。即使选用不同的管径，也不能使各层压力损失达到平衡，由于流量分配不均，必然会出现上热下冷的现象，通常称为系统垂直失调。而且层数越多，上下层的作用压力差值越大，垂直失调就会越严重。

图10-3(b)所示为单管上供下回系统。其特点是热水由锅炉加热后，在总立管中向上流动，热水经供水干管从上向下顺序流过各层散热器，各层散热器串联在立管上，散热器进水水温逐层降低。该系统在立管方向上从上到下水温逐渐降低所产生的压力可以叠加作用，形成一个总的作用压力，水力稳定性好，不存在垂直水力失调的问题。但由于各层散热器串联，从上到下各层散热器进水温度不同，且各层散热器的热水流量不可独立调节。

热水供暖系统在初次充水和运行时，常有气泡产生，气泡在管内聚集后将影响水流通过，造成"气堵"。由于重力循环热水供暖系统循环作用力较小，管内流速较慢，一般水平干管流速小于0.2m/s，而在立管中空气气泡浮升速度约为0.25m/s。因此，立管内的气泡可以逆水流方向浮升至供水干管。为使系统内的气泡顺利排出，供水干管必须有向膨胀水箱方向的向上坡度，回水干管应有锅炉方向的向下坡度，坡度为0.005~0.01。

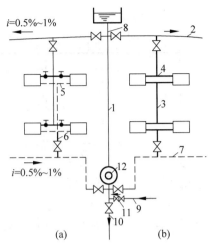

1—总立管；2—供水干管；3—供水立管；4—散热器供水支管；5—散热器回水支管；6—回水立管；7—回水干管；8—膨胀水箱连接管；9—充水管（接上水管）；10—泄水管（接下水管）；11—止回阀；12—热水锅炉。

图 10-3 重力循环供暖系统
（a）双管上供下回式；（b）单管顺流式

重力循环热水供暖系统具有装置简单、无水泵耗电、无噪声、运行成本低、造价低等优点。但由于其循环作用压力小、作用范围受限、管径大等缺点，目前已较少应用。通常只适用于作用半径不超过 50m 的单栋多层建筑。

2．机械循环热水供暖系统

机械循环热水供暖系统与重力循环系统的主要区别在于增设了循环水泵，水泵提供动力使水在系统中强制循环。由于水泵的存在，增加了系统运行费用和维护费用。但系统循环作用压力大，管径小，供暖范围广，是目前应用最多的供暖系统。

在机械循环系统中，循环水泵一般安装在回水干管上，膨胀水箱位于系统最高点并接至水泵吸入端。由管路水力分析可知，水泵吸入端为系统压力最低点。因此膨胀水箱可保证整个供暖系统在稳定的正压下运行，避免了管内热水因压力低于大气压而汽化，产生气堵现象。

机械循环系统管内流速一般大于气泡在立管中的浮升速度，供水干管应按水力方向设上升坡度，坡度不小于 0.003，并在水平干管最高处设置排气装置以排除系统中的空气。回水干管的坡向与重力系统相同。

机械循环热水供暖系统有下列几种形式：

1) 双管热水供暖系统

双管热水供暖系统是用两根立管或连根水平支干管（一根管供水，一根管回水）将多组散热器相互并联起来的系统。双管系统用于要求供暖质量较高、可单个调节散热器散热量的建筑。按供水干管的位置不同，又可分为上供下回式、中供式、下供上回式和下供下回式四种形式。

（1）双管上供下回式：如图 10-4 所示，供水干管布置在顶层散热器之上，热水沿主力管上升，分流入供水水平干管，再由立管向下分配，经支管进入散热器。散热后的回水经支管

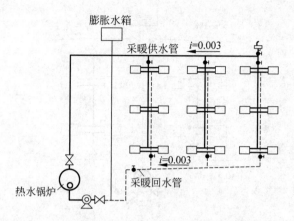

图 10-4 机械循环双管上供下回式热水供暖系统

流入立管,汇入回水水平干管。系统膨胀水箱(开口式)的膨胀管接到循环水泵吸入口,在供水干管末端最高处设集气排气设备(集气罐)。该系统布置简单、排气顺畅、散热器流量可调,是最常见的一种布置形式。但流过上层散热器的水流量多于实际需要量,流过下层散热器的水流量少于实际需要量,从而造成上层房间温度偏高,下层房间温度偏低的"垂直失调"现象。楼层层数越多,垂直失调现象越严重。机械循环双管上供下回式一般适用于多层建筑。

(2) 双管中供式:如图 10-5 所示,供水干管在中间某一层的地板上或顶棚下。该系统在供水干管末端最高点设集气罐。该系统可减轻上供下回式楼层过多易出现垂直失调的现象,但计算和调节较为复杂。适用于原有建筑物加建楼层或上部建筑面积少于下部建筑面积的场合。

(3) 双管下供上回式:如图 10-6 所示,供水干管设于地下室或一层地沟内,向室内散热,无效热损失小,回水干管设在最上层。相比于上供下回式系统,该系统供水方向由下而上,与管内空气浮升方向一致,有利于排气。底层供水温度高,散热器面积可减少,有利于布置,适用于底层房间热损失大的建筑。

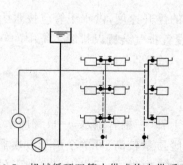

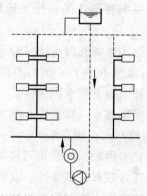

图 10-5 机械循环双管中供式热水供暖系统　　图 10-6 机械循环双管下供上回式热水供暖系统

(4) 双管下供下回式:如图 10-7 所示,供水干管和回水干管均设于地沟或地下室内,由于自然循环的作用压力,正好被管道的沿程阻力所消耗,因此可以减小双管系统的垂直失调,建筑顶棚下没有干管,比较美观,可以分层施工,分期投入使用。但系统排气较困难,一般通过顶层散热器自带的放气旋塞手动排气,或通过专设的空气管手动或自动集中排气。一般适用于建筑设有地下室或室内吊顶难以布置供水管的场合。

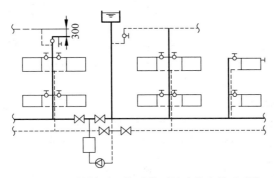

图 10-7　机械循环双管下供下回式热水供暖系统

2) 单管热水供暖系统

单管系统是用一根立管或一根水平支干管(既是供水管,又兼回水管)将多组散热器依次串联起来的系统,图 10-8 所示为垂直式单管系统的基本形式。可在立管单侧或双侧连接散热器,图中仅以单侧散热器为例。单管系统比双管系统节省管材,造价低,施工进度快,单管系统立管中的热水依次流进各层散热器,各层散热器的进出水温度完全不等。散热器进出水温度按供水到达各组散热器先后顺序依次递减,而散热器面积递增。

图 10-8(a)所示为顺流式,立管 1 中的全部热水依次流过各层散热器,各层散热器流量相等,结构简单,无跨越管、节省管道;比跨越式单管系统减少散热器用量;散热器支管无调节阀,减少阀门费用。因此造价低、施工简便。但不能单个调节散热器的散热量,不利于节能和提高供暖质量。顺流式可用于公共建筑的厅堂、馆所和工业建筑的车间等建筑面积大、不需对单个散热器的散热量进行调节的场所。

图 10-8(b)所示为跨越管式,在散热器 2 的供水支管 3 上安装两通调节阀 5,立管中的热水依次流到各层后部分流进跨越管 7,部分流入散热器。与顺流式相比散热器的散热量可调,因而可以节能和提高供暖质量。但要增加跨越管、散热器和两通调节阀的费用,增加系统的阻力损失,安装稍麻烦。跨越管式可用于要求单个调节散热器散热量的各类建筑中。

图 10-8(c)所示为分流管式,设有分流管 8 和三通调节阀 6。当三通调节阀完全关闭分流管时,通过分流管的流量为零(因此将该管段称为"分流管",而不是跨越管),立管中的热水全部流进各层散热器 2,系统相当于顺流式;当三通调节阀部分关闭散热器分流管时,立管中的热水部分流进散热器 2,部分进入分流管 8,系统相当于跨越管式。该系统兼有顺流式系统可减少散热器用量和跨越管式系统可调节室温、节能的优点。与顺流式相比该系统要增加三通调节阀门的费用,增加系统的阻力损失。但它是单管系统中最有利于实现单个散热器调节的系统。该系统取分流管的流量为零的工况为设计工况。

3) 水平式系统

供暖系统中,如供水管所连接的散热器位于不同的楼层,则系统管道布置形成立管供水,即垂直式系统;如供水管所连接的散热器位于同一楼层,则系统管道布置形成水平管供水,即水平式系统。水平式系统便于分层或分户控制和调节,大直径的干管少、水平支干管

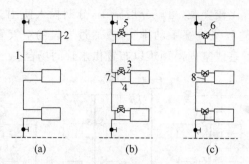

1—立管；2—散热器；3—供水支管；4—回水支管；5—两通调节阀（或温控阀）；6—三通调节阀；7—跨越管；8—分流管。

图 10-8 单管系统的基本形式

(a) 顺流式；(b) 跨越管式；(c) 分流管式

多、穿楼板的立管少，有利于加快施工进度，除了供回水总立管外，无穿过各层楼板的立管，因此无须在楼板上打洞。有可能利用最高层的辅助空间架设膨胀水箱，不必在顶棚上专设安装膨胀水箱的房间。室内无立管比较美观，但靠近地面处布置管道，有碍清扫。水平式系统以往用于有大面积的厅、堂等公用建筑中，近年来用于居住建筑分户热计量系统。水平式系统按供水管与散热器的连接方式又可分为顺流式和跨越式，如图 10-9 所示。

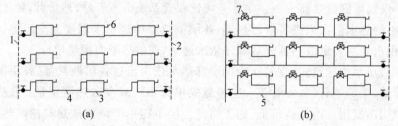

1—供水立管；2—回水立管；3—散热器；4—水平支干管；5—跨越管；6—放气阀；7—两通调节阀。

图 10-9 水平式供暖系统

(a) 顺流式；(b) 跨越管式

顺流式系统节约管材，但各散热器不能独立调节热水流量，只适用于对室温控制要求不高或水平层各散热器均在同一房间的场合。

跨越式系统是在散热器的供回水管之间增加了一根跨越管，这样的管道布置方式可以实现各散热器的独立调节。

图 10-10 所示为水平式系统的排气及热补偿措施。排气有两种方式：在各散热器上设置放气阀 3（图中上层散热器）排气和将多组散热器上部对丝口用空气管 4 串联起来集中（图中下层散热器）排气。当水平支管较长时，由于热胀冷缩可能引起管道变形和接口漏水，可每隔几组散热器加方形补偿器 2，利用补偿器的变形来补偿管段的热胀冷缩，以防止管道变形和接口渗漏。图 10-10 中下层散热器供水管有多个弯头，管道的热胀冷缩可得到自然补偿，不需再设方形补偿器。

4）同程式系统与异程式系统

按各并联环路水的流程长度的异同，供暖系统可分为同程式系统与异程式系统，如图 10-11 所示。热媒通过各个立管的流程基本相等的系统称为同程式系统，如图 10-11（a）所示。系统立管①离供水总干管 1 最近，离回水总干管 2 最远；立管④离供水总干管 1 最

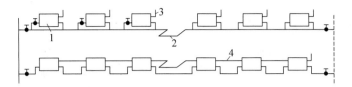

1—散热器；2—方形补偿器；3—放气阀；4—空气管。

图 10-10　水平式系统的排气及热补偿措施

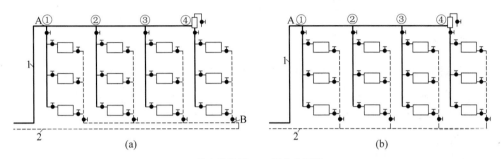

1—供水总干管；2—回水总干管。

图 10-11　同程式系统与异程式系统

(a) 同程式系统；(b) 异程式系统

远，离回水总干管 2 最近。从 A 点到 B 点通过①～④各立管环路的长度基本相同。热媒沿各个立管的流程长度不同的系统称为异程式系统，如图 10-11(b)所示。图中从 A 点到 B 点热媒通过立管①～④的流程长度都不同，通过立管①的流程最短；通过立管④的流程最长。

同程式系统设计水力计算时各环路易于平衡。一般情况下要多耗费些管材，其增量决定于系统的具体条件和布管的技巧，布置管道得当时增加不多。异程式系统节省管材，可降低投资，作用半径较大的热水供暖系统应采用同程式系统。

3. 蒸汽供暖系统

蒸汽供暖系统是以水蒸气作为热媒的供暖系统。水在锅炉中被加热成具有一定压力和温度的蒸汽，蒸汽靠自身压力作用通过管道流入散热器内，在散热器内放出热量后，蒸汽变成凝结水，凝结水靠重力经疏水器(阻汽疏水)后沿凝结水管道返回凝结水箱内，再由凝结水泵送入锅炉重新被加热变成蒸汽。系统原理示意图如图 10-12 所示。

蒸汽作为热媒，其携带的热量由两部分组成：一部分是常温水沸腾所吸收的热量；另一部分是从沸腾的水变为饱和蒸汽所吸收的汽化潜热。汽化潜热所具有的热量大，蒸汽供暖系统中所利用的就是蒸汽的汽化潜热，故提供相同热量时，蒸汽流量比热水供暖系统所需的热水流量要少得多，可采用较小管径的管道。另外，蒸汽供暖系统散热器内的热媒温度一般≥100℃，高于热水供暖系统中的散热器温度，且蒸汽系统的传热系数也比热水系统的传热系数高。因此，蒸汽供暖系统所用的散热器面积小于热水采暖系统。

蒸汽系统投资低，但运行费用高、管理复杂，能耗较高，经济性较差。要根据热源条件和热用户的用热要求，并从节能减排、投资和运行费用等方面进行技术经济比较，来决定是否选择蒸汽作为热媒。某些工业企业为了保证工艺生产及其设备对用热热媒种类及参数的要求，只能采用压力和温度较高的蒸汽作为热媒。

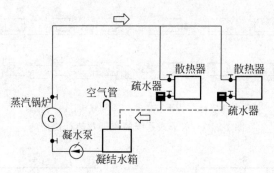

图 10-12 蒸汽供暖系统原理示意图

蒸汽供暖系统按回水动力不同,可分为重力回水和机械回水两类,按照供气压力的大小,可以分为三类:供气压力小于等于 70kPa 时,称为低压蒸汽供暖;供气压力大于 70kPa 时,称为高压蒸汽供暖;供气压力低于大气压力时,称为真空蒸汽供暖。下面重点介绍前两类。

1) 低压蒸汽供暖系统

(1) 重力回水低压蒸汽供暖系统

图 10-13 所示是重力回水低压蒸汽供暖系统示意图。锅炉加热后产生的蒸汽,在自身压力作用下,克服流动阻力,沿供汽管道输进散热器内,并将积聚在供汽管道和散热器内的空气驱入凝水管,最后经连接在凝水管末端的排气管排出。蒸汽在散热器内冷凝放热,凝水靠重力作用返回锅炉,重新加热变成蒸汽。

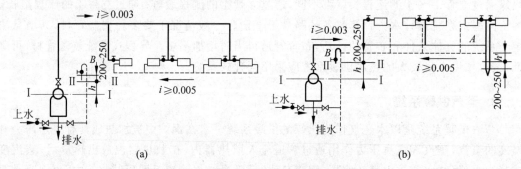

图 10-13 重力回水低压蒸汽供暖系统示意图
(a) 上供式;(b) 下供式

重力回水低压蒸汽供暖系统形式简单,无须设置凝结水箱和凝结水泵;供气压力低,运行时不消耗电能。一般重力回水低压蒸汽供暖系统的锅炉位于一层地面以下,当供暖系统作用半径较大时,需要采用较高的蒸汽压力才能将蒸汽送入最远的散热器,因此重力回水低压蒸汽供暖系统只适用于小型蒸汽供暖系统。

(2) 机械回水低压蒸汽供暖系统

图 10-14 所示是双管上供下回式系统,该系统是低压蒸汽供暖系统常用的一种形式。从锅炉产生的低压蒸汽经分汽缸分配到管道系统,蒸汽在自身压力的作用下,克服流动阻力经室外蒸汽管道、室内蒸汽主管、蒸汽干管、立管和散热器支管进入散热器。蒸汽在散热器内放出汽化潜热变成凝结水,凝结水从散热器流出后,经凝结水支管、立管、干管进入室外凝

结水管网流回锅炉房内凝结水箱,再经凝结水泵注入锅炉,重新被加热变成蒸汽后送入供暖系统。

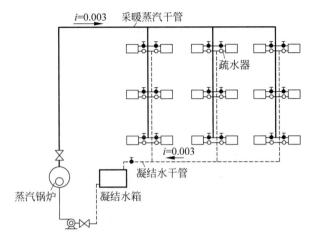

图 10-14 机械回水双管上供下回低压蒸汽供暖系统示意图

供暖系统作用半径较大时,为保证系统正常工作,应采用机械回水系统。机械回水系统最主要的优点就是扩大了供热范围,因而应用最为普遍。

2) 高压蒸汽供暖系统

图 10-15 所示是一个用户入口和室内高压蒸汽供暖系统示意图。高压蒸汽通过室外蒸汽管路进入用户入口的高压分汽缸。根据各种热用户的使用情况和要求的压力不同,季节性的室内蒸汽供暖管道系统宜与其他热用户的管道系统分开,即从不同的分汽缸中引出蒸汽分送不同的用户。当蒸汽入口压力或生产工艺用热的使用压力高于供暖系统的工作压力时,应在分汽缸之间设置减压装置。

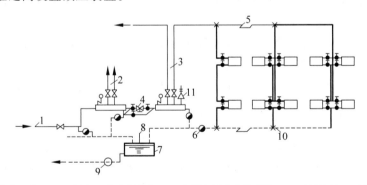

1—室外蒸汽管;2—室外高压蒸汽供热管;3—室外高压蒸汽供暖管;4—减压装置;5—补偿器;
6—疏水器;7—开式凝水箱;8—空气管;9—凝水泵;10—固定支点;11—安全阀。

图 10-15 室内高压蒸汽供暖系统示意图

与低压蒸汽供暖相比,高压蒸汽供暖有下述技术特点:

(1) 高压蒸汽供气压力高,流速大,系统作用半径大,但沿程热损失也大。对同样热负荷所需管径小,但沿途凝水排泄不畅时会水击严重。

(2) 散热器内蒸汽压力高,因而散热器表面温度高。对同样热负荷所需散热面积较小;

但易烫伤人,烧焦落在散热器上面的有机灰尘发出难闻的气味,安全条件与卫生条件较差。

(3) 凝水温度高,易产生二次蒸汽。

高压蒸汽供暖多用在有高压蒸汽热源的工厂里。室内的高压蒸汽供暖系统可直接与室外蒸汽管网相连。在外网蒸汽压力较高时可在用户入口处设减压装置。供暖系统所需要的蒸汽压力主要取决于散热设备和其他附件的承压能力。

4. 热风供暖系统

热风供暖系统是以空气为热媒,将室外或室内空气或部分室内与室外的混合空气加热后通过风机直接送入室内,与室内空气进行混合换热,维持室内空气温度达到供暖设计温度。加热空气的热源可采用热水、蒸汽、电加热设备或高温烟气。

热风供暖具有热惰性小、升温快,室内温度分布均匀、温度梯度小、设备简单和投资省等优点,因而适用于耗热量大的高大空间建筑和间歇供暖的建筑。当由于防火防爆和卫生要求,必须采用全新风时,或能与机械送风合并时,或利用循环空气供暖技术经济合理时,均应采用热风供暖。

根据送风的方式不同,热风供暖有集中送风、风道送风及暖风机送风等几种基本形式。按被加热空气的来源不同,热风供暖还可分为直流式(空气全部来自室外)、再循环式(空气全部来自室内)及混合式(部分室外空气和部分室内空气混合)等系统。

集中送风系统是以大风量、高风速、采用大型孔口为特点的送风方式,它以高速喷出的热射流带动室内空气按一定的气流组织强烈混合流动,因而温度场均匀,可以大大降低室内的温度梯度,减少房屋上部的无效热损,并且节省风道和风口等设备。这种供暖形式一般适用于室内空气允许再循环的车间或作为大量局部排风车间的补入新风与供暖。对于散发大量有害气体或粉尘的车间,一般不宜采用集中送风方式供暖。

风道式机械循环或自然循环热风供暖系统可用于小型民用建筑。对于工业厂房,风道式送风供暖应与机械送风系统合并使用。

暖风机送暖是由空气加热器、通风机和电动机组成,暖风机可加热并输送空气。当空气中不含粉尘和易燃易爆气体时,暖风机可用于加热室内循环空气。暖风机相比于散热器,具有作用范围大、散热效果好等优点,但风机需消耗较多电能,运行维护成本高。

5. 辐射供暖系统

辐射供暖是一种对室内吊顶、地面、墙面或其他表面进行加热供暖的系统。辐射供暖系统因具有卫生条件好、热舒适度高、不影响室内美观等优点,目前已得到广泛应用。

辐射供暖系统性的散热设备通过辐射和自然对流换热的形式向室内散热,其中辐射散热量占总散热量的 50% 以上。辐射供暖的房间中,人体同时受到热辐射强度和室内空气温度的双重作用供热。因此,通常以实感温度作为衡量供暖效果的标准。实感温度也称为有效温度,是指综合考虑了不同空气温度、辐射强度等因素后的等量温度值。在辐射供暖下,人体感受到的实感温度可比室内实际环境温度高 2~4℃,即在具有相同舒适性时,辐射供暖的房间设计温度可以比热风供暖时降低 2~4℃,可以降低供暖热负荷,节约能源。

按照辐射体表面温度不同,辐射供暖可分为低温辐射供暖(辐射表面温度小于 80℃)、中温辐射供暖(辐射供暖温度为 80~200℃)、高温辐射供暖(辐射体表面温度高于 500℃);

根据所用热媒的不同,辐射供暖可分为低温热水式(热媒水温度低于100℃,民用建筑的供水温度不大于60℃)、高温热水式(热媒水温度等于或高于100℃)、蒸汽式(热媒为高压或低压蒸汽)、热风式(以烟气或加热后的空气作为热媒)、电热式(以电热元件加热特定表面或直接发热)、燃气式(通过燃烧可燃气体或液体经特制的辐射器发射红外线)。目前,应用最广的是低温热水辐射供暖。

1) 低温热水地板辐射供暖

目前常用的低温热水地板辐射供暖是以低温热水(≤60℃)为热媒,采用塑料管预埋在地面混凝土垫层内的形式,如图10-16所示。低温热水地板辐射采暖系统具有下列特点:由于辐射强度及温度的双重作用,人体所受冷辐射减少,户内地表温度均匀,室温从下而上逐渐减低,给人以脚暖头凉的良好感觉,具有很好的舒适感;同时,还具有节能、热稳定性好、便于实施分户热计量等优点。但是,低温热水地板辐射采暖系统初投资较大,对施工要求高,增加了楼板厚度、减小了室内净高,楼面的结构荷载也加大了;尽管低温热水地板辐射采暖使用寿命长,但一旦损坏进行维修几乎不可能。

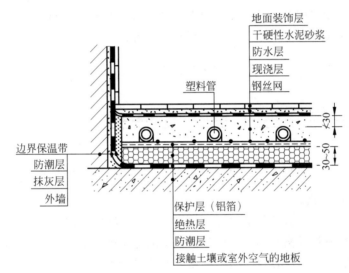

图 10-16 低温热水地板辐射供暖地面做法示意图

地面结构一般由结构层(楼板或土壤)、绝热层(上部敷设按一定管间距固定的加热管)、填充层、防水层、防潮层和地面层(如大理石、瓷砖、木地板等)组成。

绝热层主要用来控制热量传递方向,填充层用来埋置保护加热管并使地面温度均匀,地面层指完成的建筑地面。当楼板基面比较平整时,可省略找平层,在结构层上直接铺设绝热层。当工程允许地面按双向散热进行设计时,可不设绝热层。但对住宅建筑而言,由于涉及分户热量计量,不应取消绝热层,并且户内每个房间均应设分支管、视房间面积大小单独布置成一个或多个环路。直接与室外空气或不供暖房间接触的楼板、外墙内侧周边,也必须设绝热层。与土壤相邻的地面,必须设绝热层,并且绝热层下部应设防潮层。对于潮湿房间如卫生间、厨房和游泳池等,在填充层上应设置防水层。为增强绝热板材的整体强度,并便于安装和固定加热管,有时在绝热层上还敷设玻璃布基铝箔保护层和固定加热管的低碳钢丝网。

加热管的布置也有多种形式,不同的管道布置形式会导致地面温度分布不同。布管时,应本着保证地面温度均匀的原则进行,将高温管段优先布置于外窗、外侧墙,使室内温度分布尽可能均匀。换热管常用的几种布置如图10-17所示。

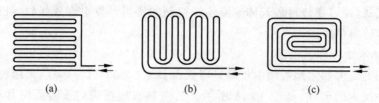

图10-17 地面辐射板的换热管
(a)平行排管式;(b)蛇形排管式;(c)螺旋形盘管式

2)低温辐射电热膜供暖

低温辐射电热膜供暖方式是以电热膜为发热体,大部分热量以辐射方式散入供暖区域。它是一种通电后能发热的半透明聚酯薄膜,由可导电的特制油墨、金属载流条经印刷、热压在两层绝缘聚酯薄膜之间制成的。电热膜工作时表面温度为40~60℃,通常布置在顶棚上(图10-18)、地板下或墙裙、墙壁内,同时配以独立的温控装置。

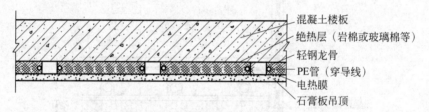

图10-18 低温辐射电热膜采暖顶板安装示意图

3)低温发热电缆供暖

发热电缆是一种通电后发热的电缆,它由实心电阻线(发热体)、绝缘层、接地导线、金属屏蔽层及保护套构成。低温发热电缆供暖系统是由可加热电缆和感应器、恒温器等组成,也属于低温辐射供暖,通常采用地板式,将发热电缆埋设于混凝土中,有直接供热及存储供热等系统形式,如图10-19所示。加热电缆的使用范围非常广泛,除可用作民用建筑的辐射供暖外,还可用作蔬菜水果仓库的恒温,农业大棚、花房内的土壤加温,草坪加热,机场跑道,路面除冰,管道伴热,厂房等工业建筑供暖。

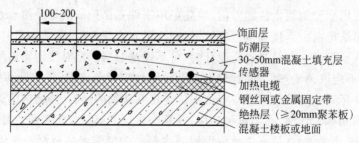

图10-19 低温发热电缆供暖安装示意图

10.3 供暖系统的散热设备

供暖系统的热媒(蒸汽或热水),通过散热设备的壁面,主要以对流传热方式(对流传热量大于辐射传热量)向房间传热。这种散热设备通称为散热器。

散热器是供暖系统的重要设备和基本组成部分,散热器的性能直接影响到房间的供暖效果。合格的散热器应具有传热系数大、承压能力强、制造工艺简单、表面光滑、不积灰尘、易清扫、占地面积小、安装方便、耐腐蚀、外形美观等特点。

10.3.1 散热器分类及其特性

散热器按其制造材质可分为金属材料散热器和非金属材料散热器。

金属材质散热器又可分为铸铁、钢、铝、钢(铜)铝复合散热器及全铜水道散热器等;非金属材质散热器有塑料散热器、陶瓷散热器等,但后者散热效果并不理想。按结构形式,有柱型、翼型、管型、平板型等。

1. 铸铁散热器

它具有结构简单,防腐性好,使用寿命长以及热稳定性好的优点;但它的金属耗量大,金属热强度低,运输、组装工作量大,承压能力低,不宜用于高层,而是在多层建筑热水及低压蒸汽供暖工程中广泛应用。常用的铸铁散热器有:四柱型、M-132 型、长翼型、单面定向对流型等,如图 10-20 所示。

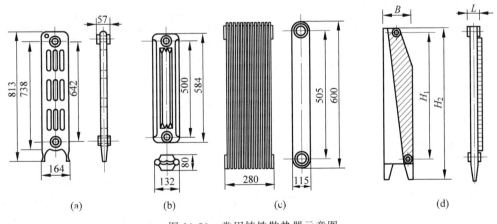

图 10-20 常用铸铁散热器示意图
(a) 四柱型散热器;(b) M-132 型散热器;(c) 长翼型散热器;(d) 单面定向对流型散热器

2. 钢制散热器

钢制散热器存在易被腐蚀、使用寿命短等缺点,它的应用范围受到一定限制。但它具有制造工艺简单,外形美观,金属耗量小,质量小,运输、组装工作量少,承压能力高等特点,可应用于高层建筑供暖。钢制散热器的金属热强度较铸铁散热器的高,除钢制柱型散热器外,钢制散热器的水容量较少,热稳定性差些。耐腐蚀性差,对供暖热媒水质要求高,非供暖期仍应充满水,而且不适于蒸汽供暖系统。常用的钢制散热器有柱式、板式、扁管型、串片式、光排管式等,如图 10-21 所示。

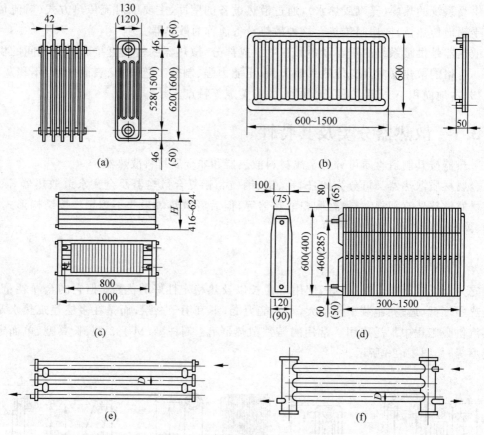

图 10-21　常用钢制散热器示意图

(a) 钢制柱式散热器;(b) 钢制板式散热器;(c) 钢板扁管型散热器;(d) 钢串片式散热器;
(e) 用于热水采暖系统的光排管式;(f) 用于蒸汽采暖系统的光排管式

3. 铝制及钢(铜)铝复合散热器

铝制散热器采用铝及铝合金型材挤压成形,有柱翼型、管翼型、板翼型等形式,管柱与上下水道连接采用焊接或钢拉杆连接。铝制的辐射系数比铸铁和钢的小,为补偿其辐射放热的减小,外形上应采取措施以提高其对流散热量,铝制散热器结构紧凑、质量小、造型美观、装饰性强、热工性能好、承压高。铝氧化后形成一层氧化铝薄膜,能避免进一步氧化,故可用于开式系统以及卫生间、浴室等潮湿场所。铝制散热器的热媒应为热水,不能采用蒸汽。

以钢管、不锈钢管、铜管等为内芯,以铝合金翼片为散热元件的钢铝、铜铝复合散热器,结合了钢管、铜管高承压、耐腐蚀和铝合金外表美观、散热效果好的优点,是住宅建筑理想的散热器替代产品。复合类散热器采用热水为热媒,工作压力 1.0MPa。

4. 全铜水道散热器

全铜水道散热器是指过水部件全为金属铜的散热器，耐腐蚀、适用任何水质热媒，导热性好、高效节能，强度好、承压高，不污染水质，加工容易，易做成各种美观的形式。全铜水道散热器有铜管铝串片对流散热器、铜管L形绕铝翅片对流散热器、铜铝复合柱翼形散热器、全铜散热器等形式。全铜水道散热器采用热水为热媒，工作压力1.0MPa。

5. 塑料散热器

塑料散热器质量小，节省金属，防腐性好，是有发展前途的一种散热器。塑料散热器的基本构造有竖式（水道竖直设置）和横式两大类。其单位散热面积的散热量约比同类型钢制散热器低20%左右。

6. 卫生间专用散热器

市场上的卫生间专用散热器，种类繁多，除散热外，兼顾装饰及烘干毛巾等功能。材质有塑料管、钢管、不锈钢管、铝合金管等。

10.3.2 散热器的选择

散热器的选择应根据供暖系统热媒技术参数，建筑物使用要求，从热工性能、经济、机械性能（机械强度、承压能力等）、卫生、美观、使用寿命等方面综合比较而选择。

（1）散热器的工作压力，应满足系统的工作压力，并符合现行国家标准和行业标准的各项规定。

（2）民用建筑宜采用外形美观，易于清扫的散热器；具有腐蚀性气体的工业建筑和相对湿度较大的房间（如卫生间、洗衣房、厨房等）应采用耐腐蚀的散热器；放散粉尘或防尘要求高的工业建筑，应采用易于清扫的散热器（如光排管散器）。

（3）热水供暖系统采用钢制散热器时，应采用闭式系统，并满足产品对水质的要求，在非供暖季节供暖系统应充水保养；汽供暖系统不应采用钢制柱型、板型和扁管等散热器。

（4）采用铝制散热器时，应选用内防腐型铝制散热器，并满足产品对水质的要求。

（5）安装热量表和恒温阀的热水供暖系统宜选用清除铸砂的铸铁散热器。

（6）高大空间供暖不宜单独采用对流型散热器。

10.3.3 散热器的布置

散热器的布置应注意以下几点：

（1）散热器宜安装在外墙的窗台下，从散热器上升的热气流能阻止从玻璃窗下降的冷气流，使流经生活区和工作区的空气比较暖和舒适。也可放在内门附近人流频繁之外，对流散热好的地方。当安装和布置管道困难时，散热器也可靠内墙布置。

（2）双层门的外室及门斗不应设置散热器，以免冻裂影响整个供暖系统运行。在楼梯间或其他有冻结危险的场所，其散热器应由单独的立、支管供热，且不得装设调节阀或关断阀。

(3) 楼梯、扶梯、跑马廊等贯通的空间，形成了烟囱效应，散热器应尽量布置在底层；当散热器过多，底层无法布置时，可按比例分布在下部各层。

(4) 散热器应尽量明装。但对内部装修要求高的房间和幼儿园的散热器必须暗装或加防护罩。暗装时装饰罩应有合理的气流通道，足够的流通面积，并方便维修。

(5) 散热器的布置应确保室内温度分布均匀，并应尽可能缩短户内管道的长度。当布置在内墙时，应与室内设施和家具的布置协调。

10.4 室内供暖系统的管路布置与主要设备及附件

10.4.1 室内热水供暖系统的管路布置与主要设备及附件

1. 室内热水供暖系统的管路布置

室内热水供暖系统管路布置合理与否，直接影响到系统造价的高低和使用效果的好坏。因此，系统管道走向布置应合理，以节省管材，便于调节和排除空气，且各并联环路的阻力损失易于平衡。

供暖系统的引入口宜设置在建筑物热负荷对称分配的位置，一般宜在建筑物中部。系统应合理设若干支路，而且尽量使各支路的阻力易于平衡。

室内供暖管道的安装方式分为明装和暗装两种。一般对装饰要求不高的场合，尽量采用明装，以便检修；有特殊要求时采用暗装。为有效排除管内空气，系统水平供水干管应有不小于0.002的坡度（坡向根据自然循环或机械循环而定）。如因条件限制，机械循环系统的热水管道也可无坡度敷设，但管中水流速度不应小于0.25m/s。

供暖管道较长直管段应合理设置固定支架，并在两个固定支架间设置自然补偿或伸缩补偿器，以避免管道热胀冷缩造成的弯曲变形。立管穿越楼板和隔墙时，应设套管，套管内径应大于管道保温后的外径，并保证管道能自由伸缩而不会损坏楼板和隔墙。

室内供暖系统的安装顺序一般为先装水平干管，后装立管，再装散热器，最后安装连接散热器的支管。也可先装散热器，后装干管，再装立管，最后安装连接散热器的支管。具体应根据供暖系统形式和工程特点确定。供暖系统的安装应与土建、给排水、电气等专业密切配合协调，以降低施工返工率。

2. 室内热水供暖系统的主要设备及附件

1) 膨胀水箱

膨胀水箱的作用是用来贮存热水供暖系统加热的膨胀水量。在自然循环上供下回式系统中，它还起着排气作用。在机械循环系统中膨胀水箱的另一作用是恒定供暖系统的压力，膨胀水箱在系统中的安装位置如图10-22所示。

膨胀水箱一般用钢板制成，通常是圆形或矩形。箱上连有膨胀管、溢流管、信号管、排水管及循环管等管路。方形膨胀水箱细节如图10-23所示。

第10章 建筑供暖与燃气供应

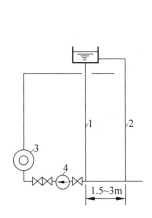
1—膨胀管；2—循环管；3—热水锅炉；4—循环水泵。
图 10-22 膨胀水箱与机械循环系统的连接方式

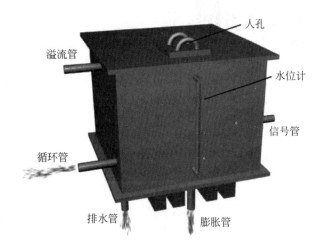
图 10-23 方形膨胀水箱

(1) 膨胀管：膨胀水箱设在系统最高处，系统的膨胀水通过膨胀管进入膨胀水箱。自然循环系统膨胀管接在供水总立管的上部；机械循环系统膨胀管接在回水干管循环水泵入口前。膨胀管不允许设置阀门，以免偶然关断使系统内压力增高，发生事故。

(2) 循环管：为了防止水箱内的水冻结，膨胀水箱需设置循环管。在机械循环系统中，连接点与定压点应保持 1.5~3.0m 的距离，以使热水能缓慢地在循环管、膨胀管和水箱之间流动，循环管上也不应设置阀门，以免水箱内的水冻结。

(3) 溢流管：用于控制系统的最高水位，当水的膨胀体积超过溢流管口时，水溢出就近排入排水设施中。溢流管上也不允许设置阀门，以免偶然关闭，水从人孔处溢出。

(4) 信号管：用于检查膨胀水箱水位，决定系统是否需要补水。信号管控制系统的最低水位，应接至锅炉房内或人们容易观察的地方，信号管末端应设置阀门。

(5) 排水管：用于清洗、检修时放空水箱用，可与溢流管一起就近接入排水设施，其上应安装阀门。

2) 热水供暖系统排气设备

系统的水被加热时，会分离出空气。在系统运行时，通过不严密处也会渗入空气，充水后，也会有些空气残留在系统内。系统中如果积存空气，就会形成气塞，影响水的正常循环。因此，系统中必须设置排除空气的设备。目前常见的排气设备，主要有集气罐、自动排气阀和冷风阀等。

(1) 集气罐

集气罐用直径 $\phi100\sim250\mathrm{mm}$ 的钢管制成，它有立式和卧式两种，如图 10-24 所示，立式集气罐容纳的空气比卧式多，一般情况下采用立式。当安装空间受限时，选用卧式。集气罐顶部连接直径 $\phi15$ 的放气管。放气管应引至附近的排水设施处，放气管另一端装有阀门，排气阀应设在便于操作处。

集气罐一般设于系统供水干管末端的最高处，供水干管应向集气罐方向设上升坡度以使管中水流方向与空气气泡的浮升方向一致，有利于空气聚集到集气罐上部，定期排除。当系统充水时，应打开排气阀，直至有水从管中流出，方可关闭排气阀。系统运行期间，应定期打开排气阀排除空气。

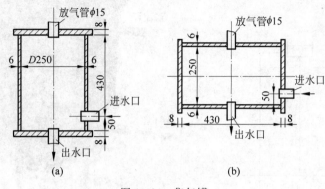

图 10-24 集气罐
(a) 立式；(b) 卧式

(2) 自动排气阀

自动排气阀的工作原理,很多都是依靠水对浮体的浮力,通过杠杆机构传动力,使排气孔自动启闭,实现自动阻水排气的功能。自动排气阀与系统连接处应设阀门,以便检修自动排气阀时使用。

(3) 冷风阀

冷风阀是一种手动排气阀,又称放弃旋塞。它的作用是以手动方式排出散热器中的空气。多用于水平式或下供下回式系统中,一般设于散热器的上部,以手动方式拧开旋塞排气。

3) 除污器

除污器可以通过过滤、沉淀等方式截留管路中的杂质和污物,保证系统内水质洁净,减少阻力,防止堵塞调压板及管路。除污器一般设置于供暖系统入口调压装置前,或锅炉房循环水泵的吸入口前和热交换设备入口前。另外在一些小孔口的阀门前(如自动排气阀)应设置除污器或过滤器。除污器的接管直径可取与所接管道的直径相同。除污器前后应装设阀门,并设旁通管供定期排污和检修使用,除污器有安装方向要求,不应反装。除污器的形式有立式直通、卧式直通和卧式角通三种。

4) 散热器温控阀

散热器温控阀是一种自动控制散热器散热量的设备,它由两部分组成:一部分为阀体部分;另一部分为感温元件控制部分。当室内温度高于给定的温度值时,感温元件受热,其顶杆就压缩阀杆,将阀口关小,进入散热器的水流量减小,散热器散热量减小,室温下降。当室内温度下降到低于设定值时,感温元件开始收缩,其阀杆靠弹簧的作用,将阀杆抬起,阀孔开大,水流量增大,散热器散热量增加,室内温度开始升高,从而保证室温处在设定的温度值上,温控阀控温范围在 13～28℃ 之间,控制精度为 ±1℃。

5) 热计量装置

供暖热计量装置由计量(含累计)热量的仪表(热量表)和热量分摊装置(热量分配表)组成。

热量表是通过测量水流量及供、回水温度并经运算和累计得出某一系统使用的热能量的一种仪器。热量表包括流量传感器及流量计、供回水温度传感器、积分仪几部分。根据所计量介质的温度可分为热量表和冷热计量表,通常情况下,统称为热量表;根据流量测量元件不同,可分为机械式、超声波式、电磁式等;根据热能表各部分的组合方式,可分为流量传感器和积分仪分开安装的分体式和组合安装的紧凑式以及积分仪、流量传感器、供回水温度传感器均组合在一起的一体式。

热量分配表有蒸发式和电子式两种。热量分配表不是直接测量用户的实际用热量,而是测量每个住户的用热比例,由设于楼栋入口的热量总表测算总热量,供暖季结束后,由专业人员读表,通过计算得出每户的实际用热量。

10.4.2　室内蒸汽供暖系统的管路布置与主要设备及附件

1. 室内蒸汽供暖系统的管路布置

室内蒸汽供暖系统管路布置大多采用上供下回式。当地面不便布置凝水管时,也可采用上供上回式。上供上回式布置方式必须在每个散热设备的凝水排出管上安装疏水器和止回阀。

在蒸汽供暖系统中,水平敷设的供汽管路,尽可能保持汽、水同向流动,坡度 i 不得小于 0.002。供汽干管向上拐弯处,必须设置疏水装置,定期排出沿途流出来的凝水。

为使空气能顺利排除,当干凝水管路(无论低压或高压蒸汽系统)通过过门地沟时,必须设空气绕行管。当室内高压蒸汽供暖系统的某个散热器需要停止供汽时,为防止蒸汽通过凝水管窜入散热器,每个散热器的凝水支管上都应增设阀门,供关断用。

2. 室内蒸汽供暖系统的主要设备及附件

1) 疏水器

疏水器是蒸汽供热系统中重要的设备。它的作用是自动阻止蒸汽逸漏而且迅速地排出用热设备及管道中的凝水,同时能排除系统中积留的空气和其他不凝性气体。通常设置在散热器回水支管或系统凝结水管上,对系统运行的可靠性和经济性影响极大。

根据作用原理的不同,疏水器可大致分为机械型疏水器、热动力型疏水器、热静力型(恒温型)疏水器。

(1) 机械型疏水器主要有浮筒式、钟形浮子式和倒吊筒式,这种类型的疏水器是利用蒸汽和凝结水的密度差,以及利用凝结水的液位变化来控制疏水器排水孔自动启闭工作的。图 10-25 所示为浮筒式疏水器,这种疏水器漏气量小、适用于压力较高的蒸汽供暖系统,但体积大、排水量小、活动部件多、维修复杂。

(2) 热动力型疏水器主要有脉冲式、圆盘式和孔板式等。这种类型的疏水器是利用相变原理靠蒸汽和凝结水热动力学特性的不同来工作的。图 10-26 所示为圆盘式疏水器。这种疏水器由于凝结水比热容几乎不变,所以凝结水流动通畅。阀门常开,可连续排水。

(3) 热静力型(恒温型)疏水器主要有双金属片式、波纹管式和液体膨胀式等,这种类型的疏水器是靠蒸汽和凝结水的温度差引起恒温元件膨胀或变形工作的。例如,应用在低压蒸汽采暖系统中的恒温型疏水器。这种疏水器体积小、质量小、结构简单易维修。但它易漏气,当凝结水量或疏水器前后压差过小时,会发生连续漏气;凝结水流量过小时,又排水困难。

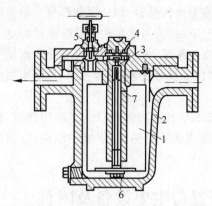 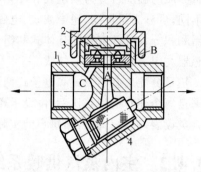

1—浮筒；2—外壳；3—顶针；4—阀孔；5—排气阀；
6—可换重块；7—排气孔。

图 10-25　浮筒式疏水器

1—阀体；2—阀片；3—阀盖；4—过滤器；
A—凝结水进水孔；B—环形槽；C—出水孔。

图 10-26　圆盘式疏水器

选择疏水器时，要求疏水器在单位压降凝结水排量大，漏气量小，并能顺利排除空气，对凝结水流量、压力和温度波动的适应性强，而且结构简单，活动部件少，便于维修，体积小，金属耗量少，使用寿命长。

疏水器前后应设置阀门，以便检修。疏水器前后还应设置冲洗管和检查管。冲洗管位于疏水器前阀门的前面，用来排气和冲洗管路，检查管位于疏水器与后阀门之间，用来检查疏水器工作情况。此外，供暖系统的凝结水箱常含有杂质、水垢，在疏水器入口端应有过滤装置。过滤器内的过滤材料应定期清洗、更换，以防堵塞。为防止用热设备在下次启动时产生蒸汽冲击，疏水器出口端还需设置止回阀。

2）管道补偿器

在供暖系统中，金属管道会因受热而伸长。每米钢管当它本身的温度每升高1℃时，便会伸长 0.012mm。当平直管道的两端都被固定不能自由伸长时，管道就会因伸长而弯曲。当伸长量很大时，管道中的管件就有可能因弯曲而破裂。因此需要在管道上补偿管道的热伸长。

管道补偿器主要有管道的自然补偿、方形补偿器、波纹补偿器、套筒补偿器和球形补偿器等几种形式。自然补偿是利用供热管道自身的弯曲管段来补偿管道的热伸长。根据弯曲管段的弯曲形状不同，又称为 L 形或 Z 形补偿器（图 10-27）。在考虑管道热补偿时，应尽量利用其自然弯曲的补偿能力。

方形补偿器是由 4 个 90°弯头构成 U 形的补偿器，如图 10-28 所示。靠其弯管的变形来补偿管段的热伸长。方形补偿器具有制造方便、不需专门维修、工作可靠等优点，在供热管道上应用普遍。

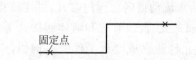 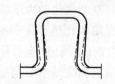

图 10-27　管道本身具有的弯曲和固定点　　图 10-28　方形补偿器

3) 减压阀

减压阀是通过调节阀孔大小对蒸汽进行节流达到减压的目的。其能自动地将阀后压力维持在一定范围内,工作时无震动,完全关闭后也不漏气。根据工作原理,减压阀可分为活塞式减压阀、波纹管式减压阀、薄膜式减压阀等。波纹管式减压阀(图10-29)阀门开启的大小靠通至波纹箱的阀后蒸汽压力和阀杆下的调节弹簧的弹力相互平衡来调节。这种阀门调节范围大,控制的压力波动范围小,特别适用于高压转为低压的低压蒸汽供暖系统。

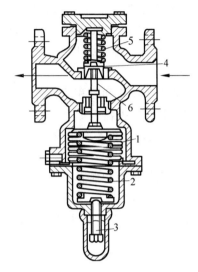

1—波纹箱;2—调节弹簧;3—调整螺栓;4—阀瓣;5—辅助弹簧;6—阀杆。
图 10-29 波纹管式减压阀

4) 凝结水箱

凝结水箱用以收集蒸汽放热后的凝结水,有开式(无压)和闭式(有压)两种。水箱容积一般应按各用户的 15～20min 最大小时凝水量设计。水箱一般只做一个,用 3～10mm 钢板制成。

5) 二次蒸发箱

二次蒸发箱的作用是将用户内各用汽设备排出的凝水在较低的压力下分离出一部分二次蒸汽,并靠箱内一定的蒸汽压力输送二次汽至低压用户使用。它构造简单,是一个圆形耐压罐。

10.5 供暖热源概述

10.5.1 分户式供暖热源

从热量计量与温控的角度,分户式热源供暖是一种较为理想的供暖方式。分户式热源供暖可根据户内系统要求单独设定供水温度,且系统工作压力低,水质易保证,可选散热器和管道及其附件的种类很多。根据其采用的热源或能源种类,有燃油或燃气热水炉供暖、电热供暖、热泵供暖及利用集中供热的家用换热机组供暖等不同方式。

1. 分户式燃气供暖

分户式燃气供暖除燃气热风炉、燃气红外线辐射供暖外,还有独立燃气供暖炉,即安装在一家一户内的燃气锅炉。这种分散式燃气供暖设备,在国外已经有几十年的应用历史。燃气热水供暖炉自控程度高,既可以作为单独的供暖热源,也可作为供暖和生活热水两用的热源;洁净、节能、调节灵活;变热计量为燃气计量,计量准确方便,配用 IC 卡燃气表,有利于解决供热收费问题,还可促进用户提高节能意识;由于供热效率高,且无热浪费现象,因此这种供暖方式的经济性较好。但存在烟气无组织、多点、低空排放,产生局部污染;部分燃气炉运行噪声大;有防火和安全隐患;附建公共用房的供暖热源和设置于住宅套外公共空间管道有防冻等问题。

按加热方式分,家用燃气炉分为快速式和容积式两种。快速式燃气炉也称为壁挂式燃气炉,是冷水流过带有翅片的蛇形管热交换器被烟气加热,得到所需温度的热水。容积式燃气炉内有一个 60~120L 的储水筒,筒内垂直装有烟管,燃气燃烧产生的热烟气经管壁传热加热筒内的冷水。

按排烟方式分,家用燃气炉有强制排烟和强制给气排烟两种。前者属于半密闭式燃具,燃烧需要的空气取自室内,燃烧产生的烟气排至室外;后者属于密闭式燃具,其烟道一般为套管结构,内管将产生的烟气排出室外,外管从室外吸入燃烧所需的新鲜空气。

2. 电热供暖

单纯的电热供暖方式是高品质能源的低位利用,不应推广。在环保有特殊要求的区域、远离集中热源的独立建筑、采用热泵的场所、能利用低谷电全蓄热的场所、可再生能源发电量能满足自身加热用电量需求的特殊场合时,采用电热供暖,可以充分发挥其方便、灵活等特点。

电热直接供暖设备包括:自然对流式电暖器,如踢脚板式电暖器;强制对流式电暖器,如各类电暖风机;辐射式电暖器,如石英管电暖器;对流辐射式电暖器,如电热油汀。

电热供暖系统均可根据需要调节室温达到节能的目的,可隐形安装,相应增加了使用面积、节水、节省锅炉房占地等问题,可减少住宅区环境污染;且有使用寿命长、计量方便、准确,管理简便等优点。

3. 家用换热机组

在分户计量系统中,每户设置一套独立的换热机组(图 10-30),户内系统与热网隔绝,可大大降低热网补水量;户内系统自备热媒水,水质自然容易保证;散热器承受的压力极低,可提高供暖系统安全性。换热器既可以是单独的供暖换热器,也可以与卫生热水换热器合成一体。供暖换热系统宜为开式无压系统,设管道循环泵供水。卫生热水换热器可为承压即热式,靠自来水供水,可不再设泵;也可做成无压容积式,根据换热器设置高度,可以设泵或不设泵。换热器还可以与热计量设备组合到一起,成为一个换热计量机组,便于用户选用。

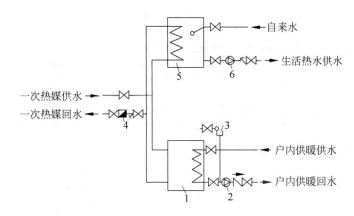

1—供暖换热器；2—循环水泵；3—膨胀水箱；4—计量表；5—水-水换热器；6—热水给水泵。

图 10-30　供热换热器与容积式生活热水器低位安装示意图

10.5.2　集中供暖热源

集中供热是指以热水或蒸汽作为热媒由热源集中向一个城市或较大区域供应热能的方式。它包括集中供暖、生活热水和蒸汽的供应。

1. 热力网供暖形式

1) 热水供暖形式

热水供暖主要采用闭式和开式两种形式。在闭式中热网的循环水仅作为热媒，供给热用户热量而不从热网中取出使用。在开式中热网的循环水部分地从热网中取出，直接用于生产或热水供应的热用户中。

图 10-31 所示为双管闭式热水供热系统示意图。热水沿热网供水管输送到各个热用户，在热用户系统的用热设备内放出热量后，沿热网回水管返回热源。双管闭式热水供热是我国目前应用最广泛的热水供热系统。

2) 蒸汽供热形式

蒸汽供热广泛地应用于工业厂房和工业区域，它主要承担向生产工艺热用户供热；同时也向热水供应、供暖和通风热用户供热。根据热用户的要求，蒸汽供热系统可用单管式（同一蒸汽压力参数）或多根管式（不同蒸汽压力参数）供热，同时凝结水也可采用回收或不回收方式。

2. 集中供热的热力站

集中供热的热力站是供热网路与热用户的连接场所。它的作用是根据热网工况和不同的条件，向热用户系统分配热量。

根据热源至热力站的热网（习惯称一次网）输送的热媒不同，可分为热水热力站和蒸汽热力站。热水热力站是指热源供给热力站的热媒为高温水的热力站，即一次网为热水热力网，热水热力站内的换热设备为水-水热交换器；蒸汽热力站是指热源供给热力站的热媒为蒸汽的热力站，即一次网为蒸汽热力网，换热设备为汽-水热交换器。二者外供热媒均为热

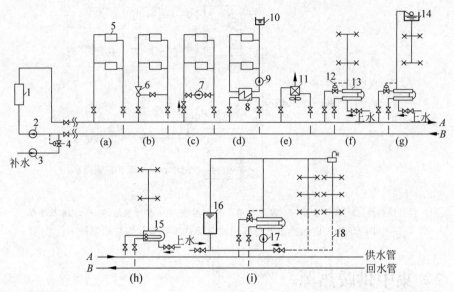

1—热源的加热装置;2—网路循环水泵;3—补水泵;4—补给水压力调节器;5—散热器;6—水喷射器;7—混合水泵;8—表面式水-水换热器;9—供暖热用户系统的循环水泵;10—膨胀水箱;11—空气加热器;12—温度调节器;13—水-水式换热器;14—储水箱;15—容积式换热器;16—下部储水器;17—热水供应系统的循环水泵;18—热水供应系统的循环管路

图 10-31 双管闭式热水供热系统示意图

(a) 无混合装置的直接连接;(b) 装水喷射器的直接连接;(c) 装混合水泵的直接连接;(d) 供暖热用户与热网的间接连接;(e) 通风热用户与热网的连接方式;(f) 无储水箱的连接方式;(g) 装设上部储水箱的连接方式;(h) 装置容积式换热器的连接方式;(i) 装设下部储水箱的连接方式

水,即二次网均为热水热力网。

热力站主要设备有换热器、软水器、除氧器、循环水泵、补水定压泵、电气设备和自控仪表等。换热器是站内核心设备。

热力站宜靠近热负荷中心。小型热力站一般为单体单层砖混或内框结构。建筑内布置有热交换间、水处理间、控制室、配电室、更衣室、化验室、值班室、卫生间和维修间等。大型热力站一般为二层全框架或底框结构,底层布置同小型热力站,二层设管理人员办公室、会议室、维修人员工作间等。如上层布置热力站设备时,应留置设备搬运和检修安装孔洞。现在城市中地价一般都比较高,为节省用地,热力站也可设在大楼的设备层或设在锅炉房的附属房间内,而不再建独立的建筑,但应尽量靠近制冷机房。

热力站建筑设计时应注意防止噪声对周围环境的干扰。当站内设备的噪声较高时,应加大与周围建筑物的距离,或采取降低噪声的措施,如果热力站距居民住宅较近时,内墙面应贴吸声材料,安装双层密闭门、窗,屋面上铺设水泥焦渣隔声层。

热力站设备间的门应向外开。当热力站的站房长度大于 12m 时应设两个出口。热力站净空高度和平面布置,应能满足设备安装、检修、操作、更换的要求和管道安装的要求,净空高度一般不宜小于 3m。热力站内宜设集中检修场地,其面积根据需检修设备的要求确定,并在周围留有宽度不小于 0.7m 的通道。安装孔或门的大小,应保证站内需检修更换的最大设备出入。两个出口应设在相对两侧,门向外开,辅助间和生活间门向机房开。配电室窗户应设钢板网、门应包镀锌铁皮。

热力站内地面宜有坡度或采取措施保证管道和设备排出的水引向排水系统。当站内排水不能直接排入室外管道时,应设集水坑和排水泵。热力站内应有必要的起重设施和良好的照明和通风。热力站墙体考虑设管道支架要求,宜采用实心砌块。

3. 供热锅炉

供热锅炉按其工作介质不同分为蒸汽锅炉和热水锅炉。按其压力大小又可分为低压锅炉和高压锅炉。在蒸汽锅炉中,蒸汽压力低于 0.7MPa 称为低压锅炉;蒸汽压力高于 0.7MPa 称为高压锅炉。在热水锅炉中,热水温度低于 100℃ 称为低压锅炉,热水温度高于 100℃ 称为高压锅炉。按所用燃料种类可分燃煤锅炉、燃油锅炉和燃气锅炉。

锅炉房中除锅炉本体外,还必须装置水泵、风机、水处理等辅助设备。锅炉本体和它的辅助设备总称为锅炉房设备。

1) 锅炉房的位置

锅炉房设计应根据城市(地区)或工厂(单位)的总体规划进行,做到远近结合,以近期为主,并宜留有扩建的余地。对扩建和改建的锅炉房,应合理利用原有建筑物、构筑物、设备和管线,并应与原有生产系统、设备布置、建筑物和构筑物相协调。建于风景区、繁华街段、新型经济开发区、住宅小区及高级公共建筑附近的锅炉房,应与周围环境协调。工厂(单位)所需热负荷不能由区域热电站、区域锅炉房或其他单位锅炉房供应,且不具备热电合产的条件时,宜自设锅炉房。

锅炉房的位置,在设计时应配合建筑总图专业在总体规划中合理安排,力求满足下列要求:

(1) 一般应尽量靠近热负荷比较集中地区,以节约管材,减少管道压力损失和管道散热损失。

(2) 位置应便于燃料贮运和灰渣排除,并宜使人流和燃料、灰渣流分开,还要考虑足够的煤场和灰渣场面积。

(3) 燃油锅炉房应考虑储油罐的位置,燃气锅炉房应考虑尽量靠近供气管网和燃气调压站。

(4) 尽量减少烟(粉)尘、有害气体及噪声对居民区和主要环境保护区的影响。全年运行的锅炉房宜位于居住区和主要环境保护区全年最小频率风向的上风侧。季节性运行的锅炉房宜位于该季节盛行风向的下风侧,并应符合环境影响报告。

(5) 锅炉房及锅炉房操作间的布置要避免西晒造成室内温度过高,一般应布置成南向或东向。

(6) 一般应设置在地上独立建筑内,并与其他建筑保持一定的防火间距。受条件限制,锅炉房需要和其他建筑物相连或设置在其内部时,应经当地消防、安全、环保等管理部门同意。

(7) 新建工业锅炉房应考虑有扩建的可能。

2) 锅炉房的布置

锅炉房平面布置首先应按锅炉工艺流程要求和规范要求合理安排,保证设备安装、运行、检修安全方便,锅炉房面积和体积应紧凑。

锅炉房应根据锅炉的容量、类型和燃烧、除灰方式确定采用单层建筑还是多层建筑。一般小容量的燃油燃气锅炉采用单层建筑,容量大的、设有机械化运煤出渣的燃煤锅炉,应采用多层建筑。

工业锅炉房的建筑形式和布局,应与所在企业的建筑风格相协调。锅炉房的主体建筑和附属建筑,宜采用整体布置。锅炉房区域内的建筑物主立面,宜面向主要道路,且整体布局应合理、美观。

锅炉房出入口不应少于2个,分别设在相对的两侧。对于独立锅炉房,当炉前走道总长度小于12m,且总建筑面积小于200m^2时,其出入口可设1个;对于非独立锅炉房,其人员出入口必须有1个直通室外。锅炉房为多层布置时,其各层的人员出入口不应少于2个。楼层上的人员出入口,应有直接通向地面的安全楼梯。

锅炉的水汽系统和燃气燃油系统可能存在爆炸危险,锅炉房的外墙、楼地面或屋面,应有相应的防爆措施,并应有相当于锅炉间占地面积10%的泄压面积,泄压方向不得朝向人员聚集的场所、房间和人行道,泄压处也不得与这些地方相邻。地下锅炉房采用竖井泄爆方式时,竖井的净横断面积,应满足泄压面积的要求。泄压面积可将玻璃窗、天窗、质量≤60kg/m^2的轻质屋顶和薄弱墙等包括在内。

锅炉房应预留能通过设备最大搬运件的安装洞,安装洞可与门窗洞或非承重墙结合考虑。

新建的单个燃煤锅炉房只可设置一根烟囱,烟囱高度应根据锅炉房装机总容量确定。燃油燃气锅炉房的烟囱不应低于8m。新建锅炉房的烟囱周围半径200m距离内有建筑物时,其烟囱高度应高出最高建筑物3m以上。

锅炉房的面积应根据锅炉的台数、型号、锅炉及附属设备的安装、检修空间而定。在初步设计时,可以根据经验值估算确定,锅炉房面积约为供暖建筑物面积的1%。锅炉房高度应根据锅炉设备高度、锅炉房内管道布置情况而定,当锅炉设备上部设有检修口需人员操作和通行时,锅炉上方应有不小于2m的净空高度,当锅炉上方不需要人员操作和通行时,其净空高度可取0.7m。

10.6 燃气供应

10.6.1 概述

燃气又称煤气,是一种气体燃料。气体燃料较之液体燃料和固体燃料具有更高的热能利用率,燃烧温度高,火力调节容易,使用方便,易于实现燃烧过程自动化,燃烧时没有灰渣,清洁卫生,而且可以利用管道和瓶装供应。燃气还具有易燃、易爆和带有部分有害物质等特性,因此,在生产、储存、输配和使用过程中,应当引起高度的重视,避免发生重大事故。

燃气一般有人工煤气、天然气及液化石油气三大类。

(1) 人工煤气包括以煤炭为原料的煤气及以石油为原料的油制气。其主要成分为氢气、一氧化碳及甲烷。煤制气的热值极低,均低于20 000kJ/m^3,热裂化油制气热值为38 000kJ/m^3。

(2) 天然气的主要成分为甲烷。其热值比人工煤气高，一般为 40 000～50 000kJ/m³。

(3) 液化石油气的主要成分为多种碳氢化合物，热值最高，一般在 110 000～120 000kJ/m³ 内。

燃气中的一氧化碳、碳氢化合物均为有毒气体。与空气混合达到一定程度后，遇到明火会发生爆炸。不同种类的燃气由于成分、热值及燃烧所需空气量的不同，使用的煤气炉具也是不同的。

10.6.2 城市燃气输配

燃气的输送主要靠管道，天然气或人工煤气经过净化后即可输入城镇燃气管网。为了克服管道阻力，压力越高，危险性就越大，燃气管与各种构筑物及建筑物的距离就要越远。城镇燃气管网按燃气设计压力分为 7 级，如表 10-5 所示。

表 10-5 城镇燃气设计压力（表压）分级

名 称		压力/MPa
高压燃气管道	A	$2.5 < p \leqslant 4.0$
	B	$1.6 < p \leqslant 2.5$
次高压燃气管道	A	$0.8 < p \leqslant 1.6$
	B	$0.4 < p \leqslant 0.8$
中压燃气管道	A	$0.2 < p \leqslant 0.4$
	B	$0.01 < p \leqslant 0.2$
低压燃气管道		$p < 0.01$

居民生活、公共建筑、庭院和室内煤气管道为低压煤气管道；输送焦炉煤气时，压力不大于 200kPa；输送天然气时，压力不大于 350kPa；输送气态液化石油气时，压力不大于 500kPa。

输送一定数量的燃气时，压力越高，所需管径越小。为节省管材，可以由中压分配管道向用户送气。但燃气炉具需用低压燃气，这时应在每个用户或每一栋楼设调压器，将燃气压力由中压调至炉具所需压力，其额定压力如表 10-6 所示。

表 10-6 民用低压用气设备的燃烧器的额定压力　　　　单位：MPa

	人工煤气	天然气			液化石油气
		矿井气	天然气、油田伴生气、液化石油气混空气		
低压	1.0	1.0	2.0		2.8 或 5.0
中压	10 或 30	10 或 30	20 或 50		30 或 100

10.6.3 建筑燃气供应

建筑燃气供应系统一般由用户引入管、水平干管、立管、用户支管、燃气计量表、用具连接管和燃气用具组成，布置如图 10-32 所示。中压进户和低压进户燃气通道系统相似，仅在用户支管上的用户阀门与燃气计量表间加装用户调压器。

引入管及室内燃气管示意图如图 10-33 所示。燃气引入管穿过建筑物基础、墙或管沟

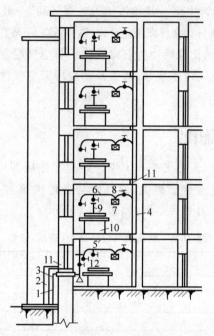

1—用户引入管；2—砖台；3—保温层；4—立管；5—水平干管；6—用户支管；7—燃气计量表；8—表前阀门；9—燃气灶具连接管；10—燃气灶；11—套管；12—燃气热水器接头。

图 10-32　燃气供应系统剖面图

时，均应设置在套管中，并应考虑沉降的影响，必要时应采取补偿措施。套管与基础、墙或管沟等之间的间隙应填实，其厚度应为被穿过结构的整个厚度。套管与燃气引入管之间的间隙应采用柔性防腐、防水材料密封。引入管穿墙前应设置金属柔性管或波纹补偿器。

室内燃气管道一般为明装敷设。当建筑物或工艺有特殊要求时，也可以采用暗装。但必须敷设在有人孔的闷顶或有活塞的墙槽内，以便安装和检修。燃气管穿越墙壁和地板的做法如图 10-34 所示。

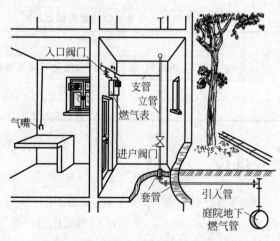

图 10-33　引入管及室内燃气管示意图

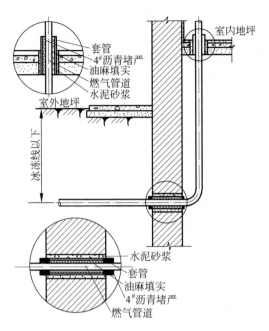

图 10-34　燃气管穿越墙壁和地板的做法

为了安全,室内燃气水平和立管不允许穿过易燃易爆品仓库、配电间、变电室、电缆沟、烟道、进风道、通风机房和电梯井等;燃气立管不得敷设在卧室或卫生间内;立管穿过通风不良的吊顶时应设在套管内。室内燃气支管宜明设,燃气支管不宜穿起居室(厅)。

敷设在起居室(厅)、走道内的燃气管道不宜有接头。当穿过卫生间、阁楼或壁柜时,燃气管道应采用焊接连接(金属软管不得有接头),并应设在钢套管内。立管上接出每层的横支管一般在楼层上部接出,然后折向燃气表,燃气表上伸出燃气支管,再接橡皮胶管通向燃气用具。燃气表后的支管一般不应绕气窗、窗台、门框和窗框敷设,当必须绕门窗时,应在管道绕行的最低处设置堵头以利于排泄凝结水或吹扫使用,水平支管应具有坡度且坡向堵头。

10.6.4　燃气用具

1. 居民生活用气

居民生活的各类用气设备应采用低压燃气,用气设备严禁安装在卧室内。

1)厨房燃气灶

常见的是双火眼燃气灶,由炉体、工作面及燃烧器组成。还有三眼、六眼等多种民用燃气灶。灶面采用不锈钢材料,燃烧器为铸铁件。各种燃气灶对应液化石油气、人工燃气及天然气的不同型号。

为提高燃气灶的安全性,避免发生中毒、火灾或爆炸事故,目前有些家用灶增设了熄火装置。它的作用是一旦灶的火焰熄灭,立即发出信号,将燃气通路切断,使燃气不会遗漏。

2)燃气热水器

这是一种局部热水的加热设备,根据排气方式分为直接排气式、烟道排气式和平衡式三类。直接排气式热水器严禁安装在浴室内;烟道排气式可安装在有效排烟的浴室内,浴室

体积应大于 $7.5m^3$；平衡式可安装在浴室内。装有直接排气式和烟道排气式热水器的房间，房间门或墙的下部应设有效截面面积不小于 $0.02m^2$ 的隔栅，或在门与地之间留有不小于 $0.03m$ 的间隙；房间净高应大于 $2.4m$，热水器与对面墙之间应有不小于 $1m$ 的通道。热水器的安装高度，一般以热水器的观火孔与人眼高度相齐为宜，一般距地面 $1.5m$。

3）燃气壁挂炉

燃气壁挂炉为面积较小的单元住宅或别墅单独供暖，可以同时实现采暖和生活热水双路供应。加装室内温控器后，可以任意调节不同居室的温度；家中无人时，只需调低温度，确保循环水不上冻；加装定时器，可预设启动时间；可以省掉锅炉房、热网等费用，减少环境污染，也可实现计量供热。同时，壁挂炉的燃烧技术已经把排烟温度降到烟气露点附近，尽量充分利用烟气的显热和水蒸气的潜热，大大提高热效率，降低排烟损失以及酸性气体的排放。因为其经济性、便利性和环保性等优势，燃气壁挂炉应用越来越广泛。

2. 商业用气

商业用气设备宜采用低压燃气设备；商业用气设备应安装在通风良好的专用房间内；商业用气设备不得安装在易燃易爆物品的堆存处，也不应设置在兼做卧室的警卫室、值班室、人防工程等处；商业用气设备设置在地下室、半地下室（液化石油气除外）或地上密闭房间内时，应有一定的泄压面积，并应符合现行国家标准《建筑设计防火规范》（GB 50016—2014）的规定。

商业用气设备的布置应符合下列要求：用气设备之间及用气设备与对面墙之间的净距应满足操作和检修的要求；用气设备与可燃或难燃的墙壁、地板和家具之间应采取有效的防火隔热措施。

3. 工业企业生产用气

工业企业生产用气设备的燃气用量，应根据设备铭牌标定的用气量或根据标定热负荷采用经当地燃气热值折算或根据热平衡计算确定；或参照同类型用气设备的用气量确定。用气设备的燃烧器选择，应根据加热工艺要求、用气设备类型、燃气供给压力及附属设施的条件等因素，经技术经济比较后确定。燃烧设备应安装在通风良好的专用房间内，其烟道和封闭式炉膛，均应设置泄爆装置，泄爆装置的泄压口应设在安全处。

10.6.5 燃烧烟气的排除

燃气在燃烧和发生不完全燃烧时，烟气中含有一氧化碳、二氧化碳、二氧化硫等有害气体。为保证人体健康，维持室内空气的清洁度，同时为了提高燃气的燃烧效果，对使用燃气用具的房间必须采取一定的通风措施，使各种有害成分的含量能控制在容许浓度之内，使燃气燃烧的更加充分。

目前常用的通风排气方式有机械通风和自然通风两种。机械通风方式是在使用燃气用具的房间安装诸如抽油烟机、排风扇等设备来通风换气；自然通风方式是利用室内外空气温度差所造成的热压来通风换气。

安装燃气用具的房间，当燃气燃烧时生成的烟气量较多，而房间内的通风情况又不佳时，应安装烟道。这样既可以排出燃气的燃烧产物，又可以在产生不完全燃烧和漏气情况下,排出可燃气体,防止中毒或爆炸,以提高燃气用具的安全性。

根据连接燃气用具的数量,烟道可分为单独烟道和共用烟道两种。

思考题

1. 什么是建筑供暖设计热负荷？包括哪些内容？
2. 采暖系统的任务是什么？
3. 供暖方式的选择与哪些因素有关？
4. 按散热方式的不同,供暖系统可以分为哪几类？
5. 试叙述低温辐射供暖的分类及特点。
6. 膨胀水箱、集气罐在供暖系统中的作用是什么？
7. 散热器有哪些种类？各有什么特点？
8. 城镇燃气是如何分类的？
9. 试叙述煤气的分类及主要组成成分。

第11章 建筑通风系统

11.1 建筑通风概述

11.1.1 建筑通风的任务

建筑通风就是把室内被污染的空气排到室外,同时把室外新鲜的空气输送到室内的换气技术。人类在室内生活和生产过程中都渴望其所在建筑物不但能挡风避雨,而且具有舒适、卫生的环境条件。

工业生产厂房中,工艺过程可能散发大量热、湿、各种工业粉尘,以及有害气体和蒸汽,必然会危害工作人员的身体健康。工业通风的任务就是控制生产过程中产生的粉尘、有害气体、高温、高湿,并尽可能对污染物回收,化害为宝,防止环境污染,创造良好的生产环境和大气环境。一般必须综合采取防止工业有害物的各种措施,才能达到卫生标准和排放标准的要求。

11.1.2 有害物的种类与来源

1. 工业建筑有害物的种类与来源

工业生产中有许多伴随产品的生产过程而向环境散发出不同形态、不同性质的有害物,它们均会不同程度地对人体造成危害。

1) 工业有害物的种类

粉尘(如灰尘、烟尘、雾、烟雾等)、有害气体(如一氧化碳、二氧化硫、氮氧化物等)、蒸气(如溶剂蒸气、汞蒸气、磷蒸气等)、余热(如对流热、辐射热等)和余湿(如水槽水蒸发、高温窑炉水蒸发、地面水蒸发等)。空气中有害物的种类不同,其治理措施也大有差别。

2) 工业有害物的来源

粉尘主要来源于固体物料的破碎和研磨,粉状物料的混合、包装和运输,可燃物的燃烧与爆炸,生产过程中物质加热产生的蒸气在空气中的氧化和凝结。有害气体和蒸气主要来源于化工、造纸、纺织物漂白、金属冶炼、浇铸、电镀、酸洗、喷漆等工业生产过程。多余的热和湿是伴随生产过程高温设备及有害物散发过程产生的。

2. 民用建筑室内空气污染物的种类与来源

1) 民用建筑室内空气污染物的种类

颗粒物、微生物、氡、二氧化碳、一氧化碳、臭氧、二氧化硫、氮氧化合物、烟草燃烧生成物、氨、甲醛、苯、可挥发性有机化合物(volatile organic compounds,VOCs)等。

2) 民用建筑室内空气污染物的来源

室外空气污染不可避免地对室内空气造成影响。如工业企业集中排放的污染物、饮食业排放的燃烧产物和油烟、建筑地基地层中的放射性气体氡、不合格的生活用水、人员进出带入室内的各种污染物都可能对室内空气造成影响。

室内空气污染源有：室内燃料燃烧及烹饪油烟、吸烟、宠物、建筑材料和装饰材料、家用化学品、家用电器、家具及办公设备、空调系统、室内人员及其他生物性污染。

11.1.3　通风系统的分类

根据换气方法不同可分为排风和送风。排风是在局部地点或整个房间把不符合卫生标准的污染空气直接或经过处理后排至室外；送风是把新鲜或经过处理的空气送入室内。为排风和送风设置的管道及设备等装置分别称为排风系统和送风系统，统称为通风系统。

（1）按照通风系统作用范围可分为全面通风和局部通风。全面通风是对整个房间进行通风换气，用送入室内的新鲜空气把房间里的有害气体浓度稀释到卫生标准的允许范围以下，同时把室内污染的空气直接或经过净化处理后排放到室外大气中去。局部通风是采取局部气流，使局部地点不受有害物的污染，从而营造良好的工作环境。

（2）按照通风系统的作用动力可分为自然通风和机械通风。自然通风是利用室外风力造成的风压及由室内外温度差产生的热压使空气流动的通风方式。机械通风是依靠风机的动力使室内外空气流动的方式。

在通风系统设计时，应先考虑局部通风，若达不到要求，再采用全面通风。另外还要考虑建筑设计和自然通风的配合。

11.2　自然通风

11.2.1　自然通风的原理

当建筑物外墙上的窗孔两侧存在压力差时，就会有空气流过该窗孔，设空气流过窗孔的阻力为 ΔP，根据伯努利方程可得

$$\Delta P = \xi \frac{\rho v^2}{2} \tag{11-1}$$

式中：ΔP——窗孔两侧的压差，Pa；

ξ——窗口的局部阻力系数；

ρ——空气密度，kg/m³；

v——空气通过窗孔时的流速，m/s。

通过窗口的空气量为

$$L = vA = A\sqrt{\frac{2\Delta P}{\xi\rho}} \tag{11-2}$$

式中：L——通过窗口的风量，m^3/s；
　　　A——窗孔的面积，m^2。

自然通风方式无须风机，不消耗能源，是一种经济的通风方式，但作用压力有限，由于风压和热压均受自然条件的影响，通风量不易控制，通风效果不稳定。在建筑通风设计中，自然通风是首要考虑的通风方式。

11.2.2　热压下的自然通风

热压是由于室内外空气温度不同而形成的重力压差，如图 11-1 所示。这种以室内外温度差引起的压力差为动力的自然通风，称为热压差作用下的自然通风。当室内空气温度高于室外空气温度时，室内热空气因其密度小而上升，造成建筑内上部空气压力大于当地大气压，空气从建筑物上部的孔洞（如天窗等）处逸出；下部空气压力低于当地大气压，室外较冷而密度较大的空气不断从建筑物下部的门、窗补充进来。热压作用产生的通风效应又称为"烟囱效应"。"烟囱效应"的强度与建筑高度和室内外温差有关。一般情况下，建筑物越高，室内外温差越大，"烟囱效应"越强烈。在室内外温差一定的情况下，提高热压作用动力的唯一途径是增大进风、排风窗孔之间的垂直高度。

在自然通风中，我们把室内外两侧的压差称为余压。余压为正，窗孔排风；余压为负，窗孔进风。在热压作用下窗孔两侧的余压与两窗孔间的高差呈线性关系，且从进风窗孔 a 的负值沿外墙逐渐变为排风窗孔 b 的正值，如图 11-2 所示。即在某一高度 0-0 平面处，外墙内外两侧的压差为零，这个平面称为中和面。位于中和面以下的窗孔是进风窗，中和面以上的窗孔是排风窗。

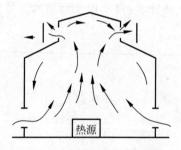
图 11-1　热压通风示意图

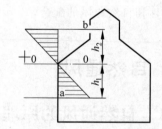
图 11-2　余压沿房间高度的变化

11.2.3　风压下的自然通风

室外空气在平行流动中与建筑物相遇时将发生绕流（非均匀流），经过一段距离后才能恢复原有的流动状态。建筑物四周的空气静压由于受到室外气流作用而有所变化，称为风压。在建筑物迎风面，气流受阻，部分动压转化为静压，静压值升高，风压为正，称为正压；在建筑物的侧面和背风面由于产生局部涡流，形成负压区，静压降低，风压为负，称为负压。

风压为负的区域称为空气动力阴影。对于风压所造成的气流运动来说,正压面的开口起进风作用,负压面的开口起排风作用,如图 11-3 所示。建筑物周围的风压分布与建筑物本身的几何形状和室外风向有关。

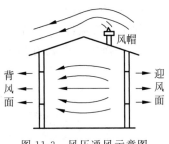

图 11-3　风压通风示意图

空气在风压作用下,将在正压侧进入建筑内,并从负压侧排出,这就是风压作用下的自然通风。通风强度与正压侧和负压侧的开口面积、风力大小有关。在图 11-3 中,当室外空气进入建筑物后,建筑物内的压力水平也将升高,而在背风侧室内压力大于室外,空气将从室内流向室外,这就是我们通常所说的"穿堂风"。

11.2.4　风压和热压同时作用下的自然通风

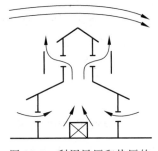

图 11-4　利用风压和热压的自然通风

当某一建筑物的自然通风是依靠风压和热压的共同作用来完成时,外围结构上各窗孔的内外空气压力值 ΔP 等于其所受到的风压和热压之和,如图 11-4 所示。

由于室外的风速及风向均是不定因素,且无法人为地加以控制。所以,在进行自然通风的设计计算时,按设计规范规定,对于风压的作用仅定性地考虑其对通风的影响,不予计算;对于热压的作用必须定量计算。

11.2.5　进风窗、避风天窗与风帽

1. 进风窗的布置与选择

(1) 对于单跨厂房进风窗应设在外墙上,在集中供暖地区最好设上、下两排。

(2) 自然通风进风窗的标高应根据其使用的季节来确定。夏季,使用房间下部的进风窗,其下缘距室内地坪的高度一般为 0.3～1.2m,可使室外新鲜空气直接进入工作区;冬季,使用车间上部的进风窗,其下缘距地面不宜小于 4m,以防止冷风直接吹向工作区。

(3) 夏季车间余热量大,因此下部进风窗面积应开设大一些,宜用门、洞、平开窗或垂直转动窗板等;冬季使用的上部进风窗面积应小一些,宜采用下悬窗扇向室内开启。

2. 避风天窗

在工业车间的自然通风中,往往依靠天窗(车间上部的排风窗)排除室内的余热及烟尘等污染物。天窗应具有排风性能好、结构简单、造价低、维修方便等特点。在风力作用下普通天窗的迎风面会发生倒灌现象,不能稳定排风。在天窗外加设挡风板,或采取其他措施来保持挡风板与天窗的空间内,在任何风向情况下均处于负压状态,这种天窗称为避风天窗。常见的避风天窗有矩形天窗、下沉式天窗、曲(折)线形天窗等。

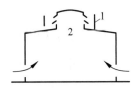

1—挡风板;2—喉口。
图 11-5　矩形天窗

(1) 矩形天窗如图 11-5 所示,挡风板常用钢板、木板或木

棉板等材料制成,两端应封闭。挡风板上缘一般应与天窗屋檐高度相同。矩形天窗采光面积大,便于热气流排出,但结构复杂、造价高。

(2) 下沉式天窗如图 11-6 所示,其部分屋面下凹,利用屋架本身的高差形成低凹的避风区。这种天窗无须专设挡风板和天窗架,造价低于矩形天窗,但不易清扫。

图 11-6 下沉式天窗

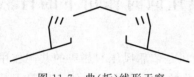

图 11-7 曲(折)线形天窗

(3) 曲(折)线形天窗如图 11-7 所示,是一种新型的轻型天窗。其挡风板的形状为折线。与矩形天窗相比,它排风能力强、阻力小、造价低、质量轻。

3. 避风风帽

避风风帽是在普通风帽的外围增设一周挡风圈,其作用在于使排风口处和风道内产生负压,防止室外风倒灌和雨水或污物进入风道或室内。风帽多用于局部自然通风和设有排风天窗的全面自然通风系统中,一般安装在局部自然排风罩风道出口的末端(图 11-8)和全面自然通风的建筑物屋顶上(图 11-9)。

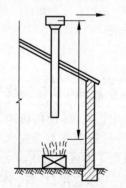

图 11-8 利用风帽的自然通风

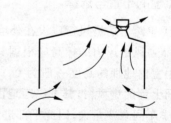

图 11-9 全面自然通风中的避风风帽

11.3 机械通风

11.3.1 全面通风

在房间内全面地进行通风换气,利用机械送风系统将室外新鲜空气经过风道、风口不断送入整个房间,来稀释空气中污染物的浓度,称为全面通风。全面通风适用于有害物产生位置不固定的地方,面积较大或局部通风装置影响操作的地方,还有有害物扩散不受限制的房间或一定的区段内。

全面通风是机械通风常用的一种形式,包括全面送风和全面排风。两者可同时使用,也可单独使用。单独使用时需与自然进风、自然排风方式相结合。

机械通风作用压力可根据设计计算结果而确定,通风效果不会因此受到影响;可根据需要对进风和排风进行各种处理,满足通风房间对进风的要求,也可对排风进行净化处理满足环保部门的有关规定和要求;送风和排风均可以通过管道输送,还可以利用风管上的调节装置来改变通风量大小,使其符合环保部门的有关规定和要求。但机械通风需设置各种空气处理设备、动力设备(通风机)、各类风道、控制附件和器材,故而初次投资和日常运行维护管理费用远大于自然通风系统;另外各种设备需要占用建筑空间和面积,并需要专门人员管理,通风机还会产生噪声。

1. 全面送风系统

全面送风系统是利用机械送风系统向整个房间全面均匀送风,其排风可利用设于外墙的窗户或百叶风口自然排风,如图 11-10 所示。一般由进风口、风道、空气处理设备、风机和送风口等组成。此外,在机械通风系统中还应设置必要的调节通风量和启闭系统运行的各种控制部件,即各式阀门。当室内对送风有所要求或邻室有污染源不宜直接自然进风时,可采用这种机械送风系统。

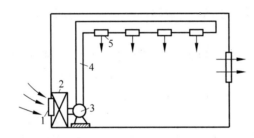

1—进风口;2—空气处理设备;3—风机;4—风道;5—送风口。

图 11-10 全面机械送风(自然排风)

室外新鲜空气经空气处理装置预处理,达到室内卫生标准和工艺要求后,由送风机、送风道、送风口送入室内。此时室内处于正压状态,室内空气可从建筑外围护结构上的门窗或排风口排出。因系统运行时室内呈正压状态,邻室有污染的空气不会经房间门窗渗透进入室内,所以适用于洁净度要求较高、邻室有污染源的场合。

2. 全面排风系统

全面排风系统是利用机械排风系统将室内有害气体排出室外,其进风常为自然进风,如图 11-11 所示。一般由有害污染物收集设施、净化设备、排风道、风机、排风口及风帽等组成。(全面)机械排风系统进风来自房间门、窗的孔洞和缝隙,排风机的抽吸作用使房间形成负压,可防止有害气体窜出室外。若有害气体浓度超过排放大气规定的容许浓度应处理后再排放。对于污染严重的房间可以采用这种全面机械排风系统。最简单的机械排风是

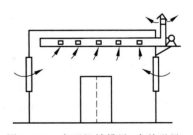

图 11-11 全面机械排风(自然送风)

在排风口处安装风机即可。

3. 全面送排风系统

全面排风和全面送风相结合即为全面送排风系统。一个房间常常可采用全面送风和全面排风相结合的送排风系统,这样可较好地排除有害物。对门窗密闭、自行排风或进风比较困难的场所,通过调整送风量和排风量的大小,可使房间保持一定的正压或负压。

11.3.2　全面通风的气流组织

全面通风的使用效果不仅与全面通风量有关,还与通风房间的气流组织形式有关。合理的气流组织应该是正确选择送、排风口形式、数量及位置,使送风和排风均能以最短的流程进入工作区或排至大气。

通风房间气流组织的常用形式有上送下排、下送上排、中间送上下排等,选用时应考虑房间功能、污染物类型、有害源位置、有害物分布情况、工作地点的位置等。

在全面通风系统中室内送风口的布置应靠近工作地点,使新鲜空气以最短距离到达作业地带,避免途中受到污染;应尽可能使气流分布均匀,减少涡流,避免有害物在局部空间积聚;送风口处最好设置流量和流向调节装置,使之能按室内要求改变送风量和送风方向;尽量使送风口外形美观、少占空间;对清洁度有要求的房间送风应考虑过滤净化。

室内排风口的布置原则:

(1) 尽量使排风口靠近有害物产生地点或浓度高的区域,以便迅速排污;当房间有害气体温度高于周围环境气温或是车间内存在上升的热气流时,无论有害气体的密度如何,均应将排风口布置在房间的上部(此时送风口应在下部)。

(2) 如果室内气温接近环境温度,散发的有害气体不受热气流的影响,这时的气流组织形式必须考虑有害气体密度大小。当有害气体密度小于空气密度时,排风口应布置在房间上部(送风口应在下部),形成下送上排的气流状态;当有害气体密度大于空气密度时,排风口应同时在房间上、下部布置,采用中间送风,上、下排风的气流组织形式。

11.3.3　局部通风

利用局部的送排风控制室内局部地区污染物的传播或控制局部地区污染物浓度达到卫生标准要求的通风叫作局部通风。局部通风又分为局部送风、局部排风、局部送排风。

1. 局部送风系统

局部送风是将符合室内要求的空气输送并分配给局部工作区,如图11-12所示。一般设置在产生有毒有害物质的厂房。在一些大型的车间中,尤其是有大量余热的高温车间,采用全面通风已经无法保证室内所有地方都达到适宜的程度。在这种情况下,可以向局部工作地点送风,形成对工作人员温度、湿度、清洁度合适的局部空气环境。这种方式可直接将新鲜空气送至工作地点,这样既可以改善工作区的环境条件,也有利于节能。

2. 局部排风系统

局部排风是对室内某一局部区域有害物质在未与工作人员接触之间前捕集、排除,以防止有害物质扩散到整个房间,如图 11-13 所示。与全面通风相比,局部排风既能有效防止有害物质对人体的危害,又能大大减少通风量。

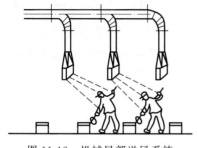

图 11-12 机械局部送风系统

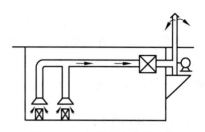

图 11-13 机械局部排风系统

凡是在散发有害物的场合,以及作业地带有害物浓度超过最高容许值的情况下,必须结合生产工艺设置局部排风系统;可能突然散发大量有害气体或有爆炸危险气体的生产厂房,应设置事故排风系统。事故排风宜由经常使用的排风系统和事故排风系统共同保证,必须在发生事故时提供足够的排风量;在散发有害物的场所也可以同时设置局部送风和局部排风,在工作空间形成一层"风幕",严格地控制有害气体的扩散。

局部排风系统由局部排风罩、风管、空气净化设备和排风机等所组成。

（1）排风罩是排除有害物质的起始设备,它的性能对局部排风系统的技术经济效果有直接影响。设计合理的排风罩应能以最小的局部排风量将工作区域产生的空气污染物和热量有效排走。常用的局部排风罩有密闭式、柜式（通风柜）、外部吸气式、吹吸式、接受式等形式。

（2）风管是空气输送的管道,根据污染物的性质,其加工材料可以是钢板、玻璃钢、聚氯乙烯板、混凝土、砖砌体等。

（3）空气净化设备又叫除尘器,用于对排风进行净化处理,防止对大气造成污染,当排风中污染物浓度超过规范允许的排放浓度时,必须进行净化处理。常用的有电除尘器、旋风除尘器、湿式除尘器、过滤式除尘器等。

（4）排风机即排风的出口,有风帽和百叶窗两种。

3. 局部送排风系统

局部送排风系统是对局部工作区域送入新鲜空气改善工作环境,又使有害物质通过排风系统排出的系统。在商业厨房中,烹饪中产生的高热、高湿及油烟等有害物质会危及操作人员的身体健康,高温环境下人体出汗也影响食品卫生。在此类场合,采用全面通风需要很大风量,还容易造成热菜降温过快,此时采用局部送排风系统则更加合理。一般的做法是在厨房灶台上方设置排气罩收集灶台产生的高温热气和油烟,利用局部排风系统经净化后及时排出室外。同时,对工作岗位人员上方设置局部送风系统,通过送风口将新鲜的冷空气送至人员上方,在灶台工作区域形成气幕,这样既能有效控制油烟扩散,又能保证工作区域的良好工作环境。

11.4 通风系统的设备与构件

自然通风的设备装置比较简单,只需要进、排风窗以及附属的开关装置即可。一般的机械排风系统,则是由有害物收集和净化除尘设备、风管、风机、排风口或风帽组成。机械送风系统由进气室、风管、风机、进气口组成。在机械通风系统中,为便于调节通风量和启闭通风系统,还应设置各类阀门。

11.4.1 通风机

通风机是通风系统中为空气的流动提供动力以克服输送过程中的阻力损失的机械设备。在通风工程中,风机材质可采用钢制、塑料、玻璃钢等。钢制风机适合输送空气等无腐蚀性的气体,塑料和玻璃钢风机适合输送具有腐蚀性的各类废气。在特殊场所使用的还有高温通风机、防爆通风机、防腐通风机和耐磨通风机等。

1. 通风机类型

1)离心式风机

离心式风机是由叶轮、风机轴、机壳、吸风口、电动机等部分组成,如图 11-14 所示。叶轮上有一定数量的叶片,风机轴由电动机带动旋转,空气由吸风口吸入,空气在离心力的作用下被抛出叶轮甩向机壳,获得了动能与压能,由排风口排出。当叶轮中的空气被压出后,叶轮中心处形成负压,此时室外空气在大气压力作用下由吸风口吸入叶轮,再次获得能量后被压出,形成连续的空气流动。

如按风机产生的压力高低来划分,离心风机种类有高压通风机(压力 $p \geqslant 3000\text{Pa}$,一般用于气力输送系统)、中压通风机($1000\text{Pa} < p < 3000\text{Pa}$,一般用于除尘排风系统)和低压通风机($p \leqslant 1000\text{Pa}$,多用于通风及空气调节系统)。

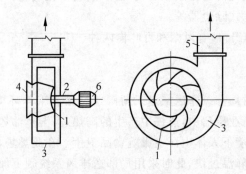

1—叶轮;2—风机轴;3—机壳;4—吸风口;5—排风口;6—电动机。

图 11-14 离心式风机构造示意图

2)轴流式风机

轴流式风机主要由叶轮、机壳、风机轴、电动机等部分组成,如图 11-15 所示。叶轮安装在圆筒形外壳中,当叶轮由电动机带动旋转时,空气从吸风口进入,在风机中沿轴向流动经过叶轮的扩压器时压头增大,从出风口排出。通常电动机就安装在机壳内部。轴流式风机产生的风压低于离心风机,以 500Pa 为界分为低压轴流式风机和高压轴流式风机。

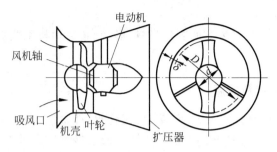

图 11-15 轴流式风机的构造示意图

与离心式风机相比,轴流式风机具有产生风压较小,单级轴流式风机的风压一般低于 300Pa;风机自身体积小、占地少;可以在低压下输送大流量空气;噪声大;允许调节范围很小等特点。轴流式风机一般多用于无须设置管道以及风道阻力较小的通风系统。

2. 通风机的主要性能参数

(1) 风量(L):是指风机在单位时间内输送的空气量,m^3/s 或 m^3/h;
(2) 全压(或风压 P):是指每立方米空气通过风机所获得的动压和静压之和,Pa/m^3;
(3) 轴功率(N):是指电动机施加在风机轴上的功率,kW;
(4) 有效功率(N_x):是指空气通过风机后实际获得的功率,kW;
(5) 效率(η):为风机的有效功率在轴功率中的占比,$\eta = N_x/N \times 100\%$;
(6) 转数(n):风机叶轮每分钟的旋转数,r/min。

3. 通风机的选择

通风机的选择可按下列步骤进行:

(1) 根据被输送气体(空气)的成分和性质以及阻力损失大小,首先选择不同用途和类型的风机。例如:用于输送含有爆炸、腐蚀性气体的空气时,需选用防爆防腐型风机;用于输送含有强酸或强碱类气体的空气时,可选用塑料通风机;对于一般工厂、仓库和公共民用建筑的通风换气,可选用离心风机;对于通风量大而所需压力小的通风系统以及用于车间内防暑散热的通风系统,多选用轴流风机。

(2) 根据通风系统的通风量和风道系统的阻力损失,按照风机产品样本确定风机型号。一般情况下,应对通风系统计算所得的风量和风压附加安全系数,风量的安全系数取为 1.05~1.10,风压的安全系数取为 1.10~1.15。

4. 通风机的安装

输送气体的中、大型离心风机一般应安装在混凝土基础上,轴流式风机通常安装在风道中间或墙洞上。在风管中间安装时,可将风机装在用角钢制成的支架上,再将支架固定在墙上、柱上或混凝土楼板的下面。对隔震有特殊要求的情况,应将风机安装在减震台座上。

11.4.2 风道

风道的作用是输送空气。风道的制作材料、形状、布置均与工艺流程、设备和建筑结构等有关。

1. 风道的材料、形状及保温

(1) 制作风道的常用材料有薄钢板、塑料、胶合板、纤维板、混凝土、钢筋混凝土、砖、石棉水泥、矿渣石膏板等。风道选材是由系统所输送的空气性质以及按就地取材的原则来确定的。

(2) 风道的断面形状为矩形或圆形。圆形风道的强度大、阻力小、耗材少,但占用空间大、不易与建筑配合,对于高流速、小管径的除尘和高速空调系统,或是需要暗装时可选用圆形风道;矩形风道容易布置,便于加工,对于低流速、大断面的风道多采用矩形,矩形风道适宜的宽高比在 4.0 以下。

(3) 风道在输送空气过程中,如果要求管道内空气温度维持恒定,或是避免低温风道穿越房间时外表面结露,或是为了防止风道对某空间的空气参数产生影响等情况,均应考虑风道的保温处理问题。保温材料主要有泡沫塑料、玻璃纤维板等。保温厚度应根据保温要求进行计算,保温层结构可参阅有关国家标准。

2. 风道的布置

风道的布置应在进风口、送风口、排风口、空气处理设备、风机的位置确定之后进行。

风道布置原则应该服从整个通风系统的总体布局,并与土建、生产工艺和给排水、电气等各专业互相协调、配合;应使风道少占建筑空间并不得妨碍生产操作;风道布置还应尽量缩短管线、减少分支、避免复杂的局部管件;便于安装、调节和维修;风道之间或风道与其他设备、管件之间合理连接以减少阻力和噪声;风道布置应尽量避免穿越沉降缝、伸缩缝和防火墙等;对于埋地风道应避免与建筑物基础或生产设备底座交叉,并应与其他管线综合考虑;风道在穿越火灾危险性较大房间的防火墙、楼板处,以及垂直和水平风道的交接处,均应符合防火设计规范的规定。

11.4.3 室内进、排风口

1. 室内进风口

室内进风口是送风系统中的风管末端装置,其任务是将各进风口所要求的风量,按一定的方向、一定的流速均匀地送入室内。室内进、排风口的位置和形式决定了室内的气流组织形式。室内进风口最简单的形式就是在风道上开设孔口,孔口可开在侧部或底部,用于侧向和下向送风,图 11-16(a)所示的风管侧进风口没有任何调节装置,不能调节送风流量和方向;图 11-16(b)所示为插板式进、吸风口,插板可用于调节孔口面积的大小,这种风口虽可调节送风量,但不能控制气流的方向。常用的还有百叶式进风口,对于布置在墙内或暗装的风道可采用,将其安装在风道末端或墙壁上,还可以调节送风速度。

在工业车间中往往需要大量的空气从较高的上部风道向工作区送风,而且为了避免工

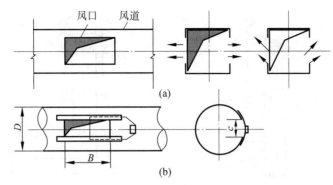

图 11-16 两种最简单的进风口
(a) 风管侧进风口；(b) 插板式进、吸风口

作地点有"吹风"的感觉，要求进风口附近的风速迅速降低。在这种情况下常用的室内进风口形式是空气分布器，如图 11-17 所示。

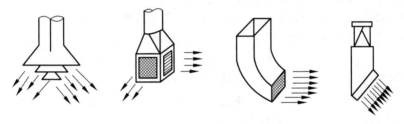

图 11-17 空气分布器

2. 室内排风口

室内排风口一般没有特殊要求，通常多采用单层百叶式送风口，有时也采用水平排风道上开孔的孔口排风形式。室内被污染的空气经由排风口进入排风管。

11.4.4 室外进、排风口

1. 室外进风口

室外进风口是通风和空调系统采集新鲜空气的入口。根据进风室的位置不同，室外进风口可采用竖直风道塔式进风口，也可以采用设在建筑物外围结构上的墙壁式或屋顶式进风口。图 11-18(a) 中的进风口是贴附在建筑物的外墙上；图 11-18(b) 中的进风口是做成离开建筑物而独立的建筑物。

室外进风口的位置应满足以下要求：

（1）设置在室外空气较为洁净的地点，在水平和垂直方向上都应远离污染源。

（2）室外进、排风口下缘距室外地坪的高度不宜小于 2m，当进风口设在绿化地带时，不宜小于 1m。并须装设百叶窗，以免吸入地面上的粉尘和污物，同时可避免雨、雪的侵入。

（3）用于降温的通风系统，其室外进风口宜设在背阴的外墙侧。

（4）室外进风口的标高应低于周围的排风口，且宜设在排风口的上风侧，以防吸入排风

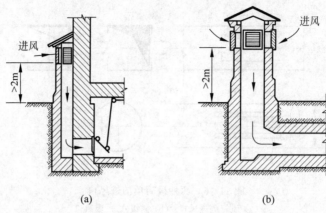

图 11-18 塔式室外进风装置

口排出的污浊空气。

（5）事故排风的排风口与机械进风系统的进风口的水平距离不应小于 20m，当进风、排风口水平距离不足 20m 时，排风口必须高出进风口，并不得小于 6m。

（6）屋顶式进风口应高出屋面 0.5～1.0m，以免吸进屋面上的积灰或被积雪埋没。

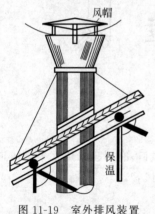

图 11-19 室外排风装置

（7）直接排入大气的有害物，应符合有关环保、卫生防疫等部门的排放要求和标准，不符合时应进行净化处理。

（8）进风、排风口的噪声应符合环保部门的要求，否则应采取消声措施。

2. 室外排风口

室外排风口的任务是将室内被污染的空气直接排到大气中去。管道式自然排风系统和机械排风系统的室外排风口通常是由屋面排出，如图 11-19 所示。也有由侧墙排出的，但排风口应高出屋面。室外排风口应设在屋面以上 1m 的位置，出口处应设置风帽或百叶风口。

11.4.5 风阀

通风系统中的阀门主要是用来启闭风道和风口、调节风量、平衡系统阻力、防止系统火灾蔓延。阀门安装于风机出口的风道上、主干风道上、分支风道上或空气分布器之前等位置，而防火阀一般设于风管穿越防火隔墙处。风阀根据功能可分为调节阀、止回阀和防火阀等。

1. 调节阀

调节阀是用来对风量进行调节的阀门。常用的调节阀有多叶调节阀、蝶阀、定风量阀、三通调节阀、余压阀等。用于调节通风系统风量的阀门中使用最多的是多叶调节阀，该阀门安装简单、操作方便、调节性能好、阻力特性优。

2. 止回阀

止回阀的作用是当风机停止运转时,阻止风管中的气流倒流。阀板常用铝板制成,因为铝板质量小、启闭灵活、能防止火花及爆炸。止回阀适宜安装在风速大于 8m/s 的风管内。

3. 防火阀

防火阀的作用是当发生火灾时,能自动关闭管道,切断气流,防止火势通过通风系统蔓延。防火阀是建筑通风空调系统中不可缺少的部件,根据动作温度可分为 70℃ 防火阀和 280℃ 排烟防火阀。70℃ 防火阀即气流温度达到 70℃ 时阀门自动关闭,常用于通风空调系统上,以防止烟气扩散。280℃ 排烟防火阀即气流温度达到 280℃ 时自动关闭,该阀用于排烟系统上,以防止烟气夹带的火星扩散。还有一种控制温度为 150℃ 的防火阀,适用于厨房通风系统中。

11.5 民用建筑通风

民用建筑物通风也应优先采用自然通风,可散发大量余热、余湿、烟味、臭味以及有害气体等;无自然通风条件或自然通风不能满足卫生要求,人员停留时间较长且房间无可开启的外窗的房间应设置机械通风。机械通风应优先采用局部排风,当不能满足卫生要求时,应采用全面排风。当机械通风不能满足室内温度要求时,应采取相应的降温或加热措施。

当民用建筑物周围环境较差且房间空气有清洁度要求时,房间室内应保持一定的正压,排风量宜为送风量的 80%～90%；放散粉尘、有害气体或有爆炸危险物质的房间,应保持一定的负压,送风量宜为排风量的 80%～90%。

11.5.1 住宅通风

住宅通风换气应使气流从较清洁的房间通向污染较严重的房间,因此使室外新鲜空气首先进入起居室、卧室等人员主要活动、休息场所,然后从厨房、卫生间排出到室外,是较为理想的通风路径。

住宅建筑厨房及卫生间应采用机械排风系统,设置竖向排风道,建筑设计时应留机械排风系统开口,厨房和卫生间全面通风换气次数不低于 3 次/h。为保证有效的排气,应有足够的进风通道,当厨房和卫生间的外窗关闭或暗卫生间无外窗时,需通过门进风,应在下部设有效截面积不小于 $0.02m^2$ 的固定百叶,或距地面留出不小于 30mm 的缝隙。

住宅厨房、卫生间宜设竖向排风道,且竖向排风道应具有防火、防倒灌的功能。顶部应设置防止室外风倒灌装置。排风道设置位置和安装应符合国家有关规定。

11.5.2 汽车库通风

1. 汽车库通风方式的确定

(1) 地上单排车位 30 辆的汽车库,当可开启门窗的面积 $\geqslant 2m^2$/辆,且分布较均匀时,可采用自然通风方式；

（2）当汽车库可开启门窗的面积≥0.3m²/辆，且分布较均匀时，可采用机械排风、自然进风的通风方式；

（3）当汽车库不具备自然进风条件时，应设置机械送风、排风系统。

2. 汽车库排烟设计

面积超过 2000m² 的地下汽车库应设置机械排烟系统。机械排烟系统可与人防、卫生等排气、通风系统合用，但通风量、风机类型以及控制应同时满足不同使用的需要和不同功能的转换。

设有机械排烟系统的汽车库，其每个防烟分区的建筑面积不宜超过 2000m²，且防烟分区不应跨越防火分区。防烟分区可采用挡烟垂壁、隔墙或从顶棚下突出不小于 0.5m 的梁划分。每个防烟分区应设置排烟口，排烟口设在顶棚或靠近顶棚的墙面上；排烟口距该防烟分区内最远点的水平距离不应超过 30m。排烟风机的排烟量应按换气次数不小于 6 次/h 计算确定。

3. 对建筑结构专业的要求

设有通风系统的汽车库，其通风进、排风竖井宜独立设置。汽车库内无直接通向室外的汽车疏散出口的防火分区，当设置机械排烟系统时，同时设置进风系统，且送风量不宜小于排烟量的 50%。建筑专业应设置独立的排烟风机和补风机房，且机房应采用耐火极限不小于 2.00h 的隔墙和耐火极限不小于 1.50h 的楼板与其他部位隔开。

由于地下车库层高普遍较低，车库的通风排烟量又较大，特别是多层停车库，所以当风道布置在梁下时，往往会形成风道下底标高较低，人员和车辆无法通过的情况。因此，在建筑和结构设计时应充分考虑这一因素，尽量在预计设置风道的部位不要设置人行通道和车道，并设法降低梁的高度。

11.5.3 地下人防通风

1. 人防通风设计设置原则

（1）防空地下室的供暖通风与空气调节设计，必须确保战时防护要求，并应满足战时及平时的使用要求。

（2）防空地下室的通风与空气调节系统设计，战时应按防护单元设置独立的系统，平时宜结合防火分区设置系统。

（3）防空地下室的供暖通风与空气调节系统应分别与上部建筑的供暖通风和空气调节系统分开设置。

2. 人防通风的设置

人防通风包括清洁通风、滤毒通风和隔绝通风。清洁通风是室外空气未受毒剂等物污染时的通风；滤毒通风是室外空气受毒剂等物污染，需经特殊处理时的通风；隔绝通风是室内外停止空气交换，由通风机使室内空气实施内循环的通风。

3. 防空地下室进风、排风系统用房设置

为满足人防地下室防护通风的进风以及其与平时进风功能转化的要求，建筑设计时除进风口部的出入口通道、密闭通道外，还应为进风系统预留进风竖井、扩散室、除尘室（一般与滤毒室合用）、滤毒室、集气室和进风机房等房间。

为满足人防地下室防护通风的排风以及其与平时排风功能转化的要求，建筑设计时，除排风口部的染毒通道、防毒通道、简易洗消间或洗消间等外，还应为排风系统预留排风竖井、扩散室、集气室等。

4. 人防工程其他辅助房间的设置

人防地下室除上述送排风系统用房外，常见的其他辅助房间还有厕所、开水间、盥洗室、贮水间、防化通讯值班室、配电室和柴油发电机房及其贮油间等。

战时厕所分干厕或水冲厕所，干厕可在临战时构筑；每个防护单元的男女厕所应分别设置；厕所宜设在排风口附近。开水间、盥洗室、贮水间宜相对集中布置在排风口附近。设有滤毒通风的防空地下室，在其清洁区内的进风口附近应设置防化通讯值班室 $8 \sim 12 \mathrm{m}^2$。每个防护单元宜设一个配电室，配电室也可与防化通信值班室合并设置。柴油发电机房宜靠近负荷中心，远离安静房间，与主体连通，但宜独立布置；贮油间宜与发电机房分开布置，并设置向外开启的防火门，其地面应低于与其相连接的房间（或走道）地面 $150 \sim 200 \mathrm{mm}$ 或设门槛。

11.6 建筑防排烟

11.6.1 建筑火灾烟气的特性

1. 烟气的毒害性

烟气中的 CO、HCN、NH_3 等都是有毒性的气体；另外，大量的 CO_2 气体及燃烧后消耗了空气中大量氧气，会引起人体缺氧而窒息。烟粒子被吸入人体的肺部后，也会造成危害。空气中含氧量≤6%，或 CO_2 浓度≥20%，或 CO 浓度≥1.3%时，都会在短时间内致人死亡。有些气体有剧毒，少量即可致死，如聚氯乙烯塑料燃烧产生的光气 $COCl_2$ 在空气中浓度≥$220 \mathrm{mg/m}^3$ 时，在短时间内就能致人死亡。

2. 烟气的高温危害

火灾时物质燃烧产生大量热量，使烟气温度迅速升高。火灾初期（5～20min）烟气温度可达 250℃；随后由于空气不足，温度有所下降；当窗户爆裂，燃烧加剧，短时间内温度可达 500℃。燃烧的高温使火灾蔓延，使金属材料强度降低，导致结构倒塌，人员伤亡。高温还会使人昏厥、烧伤。

3. 烟气的遮光作用

当光线通过烟气时，光强度减弱，能见距离缩短，称之为烟气的遮光作用。能见距离是

指人肉眼看到光源的距离。能见距离缩短不利于人员的疏散,使人感到恐慌,造成局面混乱,自救能力降低;同时也影响消防人员的救援工作。实际测试表明,在火灾烟气中,对于一般发光型指示灯或窗户透入光的能见距离为 0.2~0.4m,对于反光型指示灯为 0.07~0.16m。如此短的能见距离,不熟悉建筑物内部环境的人就无法逃生。

火灾事实说明,烟气是造成建筑火灾人员伤亡的主要因素。

4. 烟气的恐慌性

火灾发生后,弥漫的烟气使被困人员产生恐慌心理,常常给疏散过程造成混乱,使有的人失去活动能力,甚至失去理智,惊慌失措下造成人员挤压或踩踏伤亡的严重后果。

火灾发生时应当及时对烟气进行控制,并在建筑物内创造无烟(或烟气含量极低)的水平和垂直的疏散通道或安全区,以保证建筑物内人员安全疏散或临时避难和消防人员及时到达火灾区扑救。

11.6.2 烟气的流动规律

建筑防排烟设计的主要目的就是要控制烟气流动,尽快排除火灾区域的烟气,同时阻止烟气进入逃生通道和未着火区域。要有效排除或阻止烟气扩散就必须掌握火灾烟气在建筑中的流动规律,引起烟气流动的因素主要有以下几点。

1. 烟囱效应引起的烟气流动

在民用建筑中,烟囱效应是指由室内外存在温差而引起室内外空气密度差,在密度差的作用下建筑内的空气沿着垂直通道内(楼梯间、电梯井)向上(或向下)流动,从而携带烟气向上(或向下)传播。

图 11-20 反映了火灾烟气在烟囱效应作用下的传播。如图 11-20(a)所示,室外温度 t_0 小于楼梯间内的温度 t_s,室外空气密度 ρ_0 大于楼梯间内的空气密度 ρ_s,当着火层在中和面以下时,火灾烟气将传播到中和面以上各层中去,而且随着温度较高的烟气进入垂直通道,烟囱效应和烟气的传播将增强。如果层与层之间没有缝隙渗漏烟气,中和面以下除了着火层以外的各层是无烟的。当着火层向外的窗户开启或爆裂时,烟气会逸出,并通过窗户进入上层房间。当着火层在中和面以上时,如无楼层间的渗透,除了火灾层外其他各层基本上是无烟的。图 11-20(b)所示是 $t_0 > t_s$, $\rho_0 < \rho_s$ 的情况,建筑物内产生逆向烟囱效应。当着火层在中和面以下时,如果不考虑层与层之间缝隙的传播,除了着火层外,其他各层都无烟。当着火层在中和面以上时,火灾开始阶段烟气温度较低,则烟气在逆向烟囱效应的作用下传播到中和面以下的各层中去;一旦烟气温度升高,密度减小,浮力的作用超过了逆向烟囱效应,烟气转而向上传播。建筑的层与层之间、楼板上总是有缝隙(如在管道通过处),则在上下层房间压力差的作用下,烟气也将渗透到其他各层中去。

2. 浮力引起的烟气流动

着火房间温度升高,空气和烟气的混合物密度则减小,与相邻的走廊、房间或室外的空气形成密度差,引起烟气流动,如图 11-21 所示。其实就是着火房间与走廊、邻室或室外形成的热压差,导致着火房间内的烟气与邻室或室外的空气相互流动,中和面的上部烟气向走廊、邻室或室外流动，而走廊、邻室或室外的空气从中和面以下进入。这是烟气在室内水平方向流动的原因之一。浮力作用还将通过楼板上的缝隙向上层渗透。

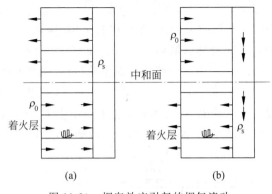

图 11-20　烟囱效应引起的烟气流动
(a) $t_0 < t_s$；(b) $t_0 > t_s$

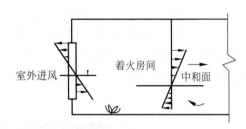

图 11-21　浮力引起的烟气流动

3. 热膨胀引起的烟气流动

在着火房间，随着烟气的流出，温度较低的外部空气流入，空气的体积因受热而急剧膨胀。火灾燃烧过程中，因膨胀产生大量体积烟气。对于门窗开启的房间，体积膨胀所产生的压力可以忽略不计；但对于门窗关闭的房间，将产生很大的压力，从而使烟气向非着火区流动。这也是烟气水平流动的原因之一。

4. 风力作用下的烟气流动

建筑物在风力作用下，迎风侧产生正风压，而在建筑侧部或背风侧，将产生负风压。当着火房间在正压侧时，将引导烟气向负压侧的房间流动。反之，当着火房间在负压侧时，风压将引导烟气向室外流动。

5. 通风空调系统引起的烟气流动

通风空调系统的管路是烟气流动的通道。当系统运行时，空气流动方向也是烟气可能流动的方向，烟气可能从回风口、新风口等处进入系统。当系统不工作时，由于烟囱效应、浮力、热膨胀和风压的作用，各房间的压力不同，烟气可通过房间的风口、风道传播，也将使火势蔓延。

建筑物内火灾的烟气是在上述多种因素共同作用下流动、传播的。各种作用有时互相叠加，有时互相抵消，而且随着火势的发展，各种作用因素都可能变化。另外，火灾的燃烧过程也有差异，因此要确切地用数学模型描述烟气在建筑物内的流动是相当困难的。但是了解这些因素作用下的规律，有助于正确采取防烟、防火措施。

11.6.3　火灾烟气的控制原理

烟气控制的主要目的是及时排除房间、走道等空间的有害烟气，防止烟气进入楼梯间、前室等房间，保障建筑内人员的安全疏散和有利于消防救援的展开。主要方法有隔断或阻挡、加压防烟和排烟。

1. 隔断或阻挡

墙、楼板、门等都具有隔断烟气传播的作用。所谓防火分区,是指用防火墙、楼板、防火门或防火卷帘等分隔的区域,可以将火灾限制在一定局部区域内(在一定时间内),不使火势蔓延。所谓防烟分区,是指在设置排烟措施的过道、房间中用隔墙或其他措施(可以阻挡和限制烟气的流动)分隔的区域。防烟分区在防火分区中分隔。防火分区、防烟分区的大小及划分原则参见《建筑设计防火规范》。防烟分区分隔的方法除隔墙外,还有顶棚下凸不小于500mm的梁、挡烟垂壁和吹吸式空气幕。图11-22所示为用梁或挡烟垂壁阻挡烟气流动示意图。

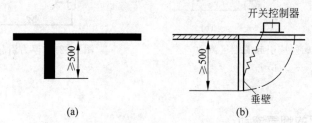

图11-22 用梁和挡烟垂壁阻挡烟气流动示意图
(a) 下凸≥500mm 的梁; (b) 挡烟垂壁

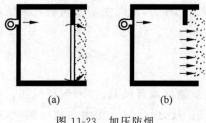

图11-23 加压防烟
(a) 门关闭时; (b) 门开启时

2. 加压防烟

加压防烟是用风机把一定量的室外空气送入房间或通道内,使室内保持一定压力或门洞处有一定流速,以避免烟气侵入。图11-23是加压防烟的两种情况,其中(a)是当门关闭时,房间内保持一定正压值,空气从门缝或其他缝隙处流出,防止了烟气的侵入;图(b)是当门开启时,送入加压区的空气以一定风速从门洞流出,阻止烟气流入。当流速较低时,烟气可能从上部流入室内。由上述两种情况分析可以看出,为了阻止烟气流入被加压的房间,必须达到:①门开启时,门洞有一定向外的风速;②门关闭时,房间内有一定正压值,这也是设计加压送风系统的两条原则。加压送风是有效的防烟措施。

3. 排烟

排烟是利用自然或机械作用力将烟气排出室外,可分为自然排烟和机械排烟。

11.6.4 建筑防排烟系统

根据《建筑设计防火规范》(GB 50016—2014)要求,民用建筑的下列场所或部位应设置排烟设施:

(1) 设置在一、二、三层且房间建筑面积大于100m² 的歌舞娱乐放映游艺场所,设置在四层及以上楼层、地下或半地下的歌舞娱乐放映游艺场所;

(2) 中庭;

(3) 公共建筑内建筑面积大于 $100m^2$ 且经常有人停留的地上房间;

(4) 公共建筑内建筑面积大于 $300m^2$ 且可燃物较多的地上房间;

(5) 建筑内长度大于 20m 的疏散走道。

(6) 地下或半地下建筑(室)、地上建筑内的无窗房间,当总建筑面积大于 $200m^2$ 或一个房间建筑面积大于 $50m^2$,且经常有人停留或可燃物较多时,应设置排烟设施。

1. 自然排烟

自然排烟是利用热烟气产生的浮力、热压或其他自然作用力使烟气排出室外。这种排烟方式设施简单,投资少,日常维护工作少,操作容易;但排烟效果受室外很多因素的影响与干扰,并不稳定,因此自然排烟的应用场所部位有一定的限制。虽然如此,在符合条件时应优先采用。自然排烟有两种方式,一种是利用外窗或专设的排烟口排烟,另一种是利用竖井排烟,如图 11-24 所示。竖井排烟是利用"烟囱效应"的原理进行排烟,竖井的排出口设避风风帽,还可以利用风压的作用。但烟囱效应产生的热压很小,而排烟量又大,因此需要竖井的截面积和排烟风口的面积都很大,在实际工程中很难满足而较少采用。

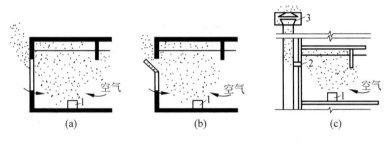

1—火源;2—排烟风口;3—避风风帽。

图 11-24 自然排烟

(a) 利用可开启外窗排烟;(b) 利用专设排烟口排烟;(c) 利用竖井排烟

关于自然排烟对外的开口有效面积,应根据需要的排烟量、可能有的自然压力来确定。但是燃烧产生的烟气量和烟气温度与可燃物质的性质、数量、燃烧条件、燃烧过程等有关,而对外洞口的内外压差又与整个建筑的烟囱效应大小、着火房间所处楼层、风向、风力、烟气温度、建筑内隔断的情况等因素有关。因此,设计中,各国都是根据实际经验及一定试验基础上得出的经验数据来确定自然排烟的对外有效开口面积。我国可参考《建筑设计防火规范》(GB 50016—2014)的规定。

2. 机械排烟

机械排烟是利用风机为动力的排烟,实质上是一个排风系统。机械排烟的优点是不受外界条件(如内外温差、风力、风向、建筑特点、着火区位置)的影响,而能保证有稳定的排烟量。机械排烟的设施费用高,需要经常维修保养,否则有可能在使用时因故障而无法启动。应设置排烟设施而又不具备自然排烟条件的场所和部位则应设置机械排烟设施。

布置机械排烟系统时,应注意:排烟气流应与机械加压送风的气流合理组织,应尽量考虑与疏散人流方向相反;机械排烟系统横向应按每个防火分区独立设置;建筑高度超过

100m 的高层建筑,排烟系统应竖向分段独立设置,且每段高度不应超过 100m;为防止风机超负荷运转,排烟系统竖直方向可分成数个系统,不过不能采用将上层烟气引向下层的风道布置方式;每个排烟系统设置排烟口的数量不宜过多,以减少漏风量对排烟效果的影响;独立设置的机械排烟系统可兼做平时通风排气用。

1) 系统组成

机械排烟系统大小与布置应考虑排烟效果、可靠性与经济性。系统服务的房间过多(即系统大),则排烟口多、管路长、漏风量大、最远点的排烟效果差,水平管路太多时,布置困难。优点是风机少、占用房间面积少。如系统小,则相反。下面介绍在高层建筑常见部位的机械排放系统划分方案。

(1) 内走道的机械排烟系统

内走道每层的位置相同,因此宜采用垂直布置的系统,如图 11-25 所示。当任何一层着火后,烟气将从排烟口吸入,经管道、风机、百叶窗口排至室外。系统中的排烟风口可以是常开型风口,如铝合金百叶风口,但在每层的支风管上都应安装排烟防火阀。它是一种常闭型阀门,火灾时可自动启动或手动启动,在 280℃ 时自动关闭,复位必须手动,它的作用是当烟温达到 280℃,人已基本疏散完毕,排烟已无实际意义,而烟气中此时已带火,阀门自动关闭,以避免火灾蔓延。

排烟风口的作用距离不得超过 30m,如走道太长,需设 2 个或 2 个以上排烟风口时,可以设 2 个或 2 个以上与图 11-25 相同的垂直系统,也可以只用一个系统,但每层应设水平支管,支管上设 2 个或 2 个以上排烟风口。

(2) 多个房间(或防烟分区)的机械排烟系统。

地下室或无自然排烟的地面房间设置机械排烟时,每层宜采用水平连接的管路系统,然后用竖风道将若干层的子系统合为一个系统,如图 11-26 所示。排烟风口布置的原则是,其作用距离不得超过 30m。当每层房间很多,水平排烟风管布置困难时,可以分设几个系统,每层的水平风管不得跨越防火分区。

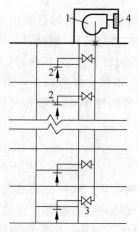

1—风机;2—排烟风口;3—排烟防火阀;
4—百叶风口。

图 11-25 内走道机械排烟系统

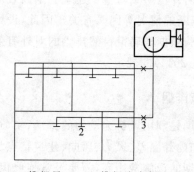

1—风机;2—排烟风口;3—排烟防火阀;4—金属百叶风口。

图 11-26 多个房间的机械排烟系统

2) 风道与排烟风机

(1) 风道

排烟风道的材料应采用有一定耐火绝热性能的不燃烧材料,竖风道经常采用混凝土或砖砌的土建风道,这类风道有较高的耐火性和一定的绝热性能,但表面粗糙,漏风量大。在顶棚内的水平风道,宜采用耐火板制作。耐火板的主要成分是硅酸钙,耐火极限可达 2~4h。也可以用钢板风道,但应该用不燃烧材料保温。

(2) 排烟风机

排烟风机应具有耐热性,可在 280℃高温下连续运行 30min。电机外置的离心式或轴流式风机都可作排烟风机。但电机处于气流中的风机,如外转子电机的离心式风机、一般的轴流式风机、一般的斜流式风机等不能用于排烟系统。但也有专用于排烟系统的电机内置的轴流式风机、斜流式风机或屋顶风机,它们的电机被包裹,并有冷却措施。

排烟风机宜设在顶层或屋顶层。除屋顶风机可直接装于屋顶外,一般应有专用的排烟风机房,机房须用不燃材料做围护结构。风机的排出管段不宜太长,因为这是正压段,如有烟气泄出,会造成危害。

3. 加压防烟

加压防烟是一种有效的防烟措施,但它的造价高,一般只在一些重要建筑和重要的部位采用这种加压防烟措施。目前主要用于建筑中的垂直疏散通道和避难层(间)。在建筑中一般火灾发生时,电源都被切断,除消防电梯外,电梯停运。因此,垂直通道主要是指防烟楼梯间和消防电梯,以及与之相连的前室和合用前室。所谓前室是指与楼梯间或电梯入口相连的小室;合用前室是指既是楼梯间又是电梯间的前室。

《建筑设计防火规范》(GB 50016—2014)中规定:

(1) 防烟楼梯间及其前室、消防电梯间前室或合用前室、避难层(间)、避难走道的前室应设置加压防烟系统。

(2) 对于建筑高度不大于 50m 的公共建筑和建筑高度不大于 100m 的住宅建筑,当防烟楼梯间的前室或合用前室是敞开的阳台、凹廊或有不同朝向的可开启外窗(其面积满足自然排烟要求)时,防烟楼梯间可不设加压防烟系统。这是因为这类前室或合用前室靠通风能及时排出漏入的烟气,并可防止烟气进入防烟楼梯间。

当防烟楼梯间设置加压防烟系统时,送入防烟楼梯间的室外空气经与之相邻的前室、走廊、门窗而排至室外,前室得到间接保护。因此,前室可不另设加压防烟系统,当防烟楼梯间与合用前室都需要设加压防烟系统时,考虑到电梯井的烟囱效应,只依靠从防烟楼梯间来的空气可能难以保持合用前室的正压,因此必须同时在防烟楼梯间和合用前室设置加压防烟系统。

思考题

1. 通风的方式有哪些?各方式有什么特点?分别适用于哪些场合?
2. 简述热压通风原理及其影响因素。
3. 送风系统的组成有哪些?

4. 排风系统的组成有哪些？
5. 引起烟气流动的因素有哪些？
6. 火灾烟气控制的主要方法有哪些？
7. 自然排烟的特点是什么？
8. 机械排烟系统有哪些规划方案？
9. 建筑中的哪些部位需要设置加压防烟系统？

第12章 空气调节系统

12.1 空调系统的任务、组成与分类

12.1.1 空气调节的任务和作用

空气调节(简称空调)是采用技术手段把某种特定空间内部的空气环境控制在一定状态下,使其满足人体舒适或生产工艺的要求。所控制的内容包括空气的温度、湿度、流速、压力、清洁度、成分、噪声等。

1. 空调系统的任务

采用一定技术手段创造并保持满足一定要求的空气环境,是空调的首要任务。

对室内环境参数产生干扰的来源主要有两个:一是室外气温变化、太阳辐射及外部空气中的有害物的干扰;二是内部空间的人员、设备与生产过程所产生的热、湿及其他有害物的干扰。所以需要采用人工的方法消除室内的余热、余湿,或补充不足的热量与湿量,清除室内的有害物,保证室内新鲜空气的含量。

2. 空调系统的作用

一般情况下,把为保证人体舒适的空调称为舒适性空调。而为生产或科学实验过程服务的空调称为工艺性空调,工艺性空调往往也需要满足人员的舒适性要求,因此二者又相互联系。

舒适性空调的作用是为人们的工作和生活提供一个舒适的环境。目前已普遍应用于公共与民用建筑中,如会议室、图书馆、办公楼、商业中心、酒店和部分民用住宅,交通工具如汽车、火车、轮船,空调的装备率也在逐步提高。

工艺性空调一般对新鲜空气量没有特殊要求,但对温湿度、洁净度的要求比舒适性空调高。在现代化工业生产中,为避免元器件由于温度变化产生胀缩及湿度过大引起表面锈蚀,一般严格规定了温湿度的偏差范围。在电子工业中,不仅要保证一定的温湿度,还要保证空气的洁净度。制药行业、食品行业及医院的病房、手术室则不仅要求一定的空气温湿度,还需要控制空气洁净度和含菌量。

12.1.2 空调系统的组成

一个完整的空调系统通常由空调区、空气处理设备、空气输配系统、冷热源四部分组成，如图12-1所示。

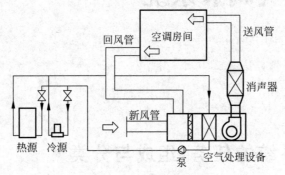

图12-1 空调系统的组成

1. 空调区

空调区也称工作区，是空调系统工作的服务对象。它可以是一个房间或多个房间组成，也可以是一个房间的一部分。

2. 空气处理设备

空气处理设备是由过滤器、表面式空气冷却器、空气加热器、空气加湿器、风机等空气热湿处理和净化设备组成，其作用是将室内空气和室外新鲜空气抽入设备中，根据设计要求对空气进行加热、冷却、加湿、除湿、净化等处理，使空气达到要求的温湿度、洁净度等空气状态参数后，再送入室内。它是空调系统的核心设备。

3. 空气输配系统

空气输配系统是由送风机、送风管道、送风口、回风口、回风管道等组成，分为送风系统和回风系统。送风系统是将经过空气处理设备处理后的空气送入空调区；回风系统是将室内空气抽回空气处理设备再处理。

4. 冷热源

冷热源是向空气处理设备提供冷量和热量，也是空调系统的核心设备。夏季降温用冷源一般为制冷机组，在有条件的地区也可以用深井水。空调加热或冬季加热用热源可以是蒸汽锅炉、热水锅炉、热泵、城市热力管网等。

12.1.3 空调系统的分类

空调系统类型多种多样，一般可按下列不同的方法进行分类。

1. 按承担室内负荷所用的介质来分类

1) 全空气系统

全空气系统是指空调房间的热湿负荷全部由空气来承担,经过空气处理设备处理后的空气由风管送入空调区,用于消除室内余热、余湿,如图12-2(a)所示。由于空气的比热容较小,单位流量能携带的热量(或冷量)有限,需要较多的空气量才能消除室内余热、余湿,因此这种空调系统需要送、回风管尺寸一般比较大,会占据较多的吊顶空间。

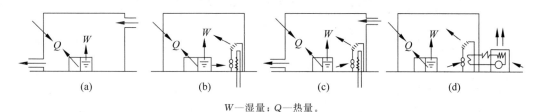

W—湿量;Q—热量。

图 12-2 按承担室内负荷的介质分类的空调系统
(a) 全空气系统;(b) 全水系统;(c) 空气-水系统;(d) 制冷剂系统

2) 全水系统

全水系统是指空调房间的热湿负荷全部由水来承担,如图12-2(b)所示。由于水的比热容较大,相同负荷下所需水量远小于空气量,水管尺寸小,占用的吊顶空间也少。但没有通风换气功能,室内空气质量不高,不宜用于对室内空气质量要求较高的场合。

3) 空气-水系统

空气-水系统是指空调房间的热湿负荷由水和空气共同来承担,如图12-2(c)所示。它是全空气系统与全水系统的综合应用,既解决了全空气系统因风量大导致风管断面尺寸大而占据较多有效建筑空间的矛盾,也解决了全水系统空调房间的新鲜空气供应问题,因此这种空调系统特别适合大型建筑和高层建筑。

4) 制冷剂系统

制冷剂系统是指以制冷剂为介质,通过制冷剂的蒸发或冷凝对室内空气进行冷却、除湿或加热,如图12-2(d)所示。实质上,这种系统是用带制冷机的空调器(空调机)来处理室内的负荷,所以这种系统又称机组式系统,如多联机、窗式空调器、分体式空调器。这种系统把制冷系统的蒸发器直接放在室内来吸收室内的余热、余湿,通常用于分散式安装的局部空调,由于制冷剂不宜长距离输送,因此不宜作为集中式空调系统来使用。

2. 按空气处理设备的位置来分类

1) 集中式空调系统

集中式空调系统是指空气处理设备集中放置在空调机房内,空气经过处理后,经风道输送和分配到各个空调房间的系统。图12-3所示的一次回风式空调系统就属于典型的集中式空调系统,也属于全空气系统。本系统是由室外新风与室内回风进行混合,混合后的空气经过处理后,经风道输送到空调房间。一次回风是指回风和新风在空气处理设备中只混合一次。

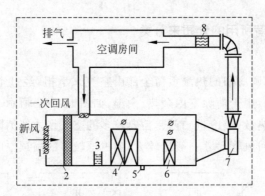

1—新风口；2—过滤网；3—电极加湿器；4—表面冷却器；5—排水口；6—二次加热器；7—送风机；8—精加热器。

图12-3 一次回风式空调系统结构示意图

这种系统控制管理较为方便、室内噪声小，但机房占地面积大、风管常占据较多吊顶空间、风管系统布置复杂。该系统适用于室内空气设计参数较为一致的大空间公共建筑的场合，如体育馆、影剧院、超市、商场、生产车间等场所。

2）半集中式空调系统

半集中式空调系统是指空调机房集中处理部分或全部风量，然后送往各房间，由分散在各空调房间的二次设备（又称室内末端装置）再进行处理的系统。图12-4所示的风机盘管加新风空调系统就是半集中式空调系统，也属于空气-水系统。它由风机盘管机组和新风系统两部分组成。风机盘管设置在空调系统内作为系统的末端装置，将流过机组盘管的室内循环空气冷却或加热后送入室内；新风系统是为了保证人体健康的卫生要求，给房间补充一定的新鲜空气。通常室外新风经过处理后，进入空调房间。

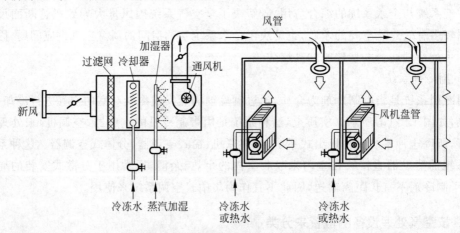

图12-4 风机盘管加新风空调系统

这种系统可根据各空调房间负荷情况自行调节，只需要新风机房，机房面积少；当末端装置和新风机组联合使用时，新风风量较小，风管较小，占用吊顶空间少，利于空间布置。但对室内温湿度要求严格时，难以满足。水系统较复杂，易漏水，管理维护不方便。因此，该系统适用于吊顶空间有限，需要独立控制室内温湿度的场合，如办公楼、宾馆饭店等。

3) 分散式空调系统

分散式空调系统又称为局部空调系统,是指将空调系统所有部件(冷热源、空气处理设备、风机)组成一个整体的空调机组,直接放置在空调房间内或空调房间附近,控制一个或几个房间的空调系统。这种系统布置灵活、安装方便、几乎不占用吊顶空间和空调机房,各空调房间可独立控制调节。但常常无新鲜空气的引入措施,室内空气质量较差。常用的有窗式空调器、立柜式空调器、壁挂式空调器等,是家用空调的常见形式。

12.2 空调系统的负荷

12.2.1 室内冷湿负荷组成

1. 冷负荷

消除室内负荷而需要提供的冷量称为冷负荷,室内冷负荷由下列几部分组成:
(1) 通过围护结构传热形成的冷负荷;
(2) 通过外窗日射传热形成的冷负荷;
(3) 由外门窗进入的渗透空气带入室内的热量形成的冷负荷;
(4) 室内设备、照明等室内热源散热形成的冷负荷;
(5) 人体散热形成的冷负荷。

2. 湿负荷

湿负荷是指空调房间(区)的湿源向室内的散湿量,也就是为维持室内含湿量恒定需从房间除去的湿量。主要包括以下几个方面:
(1) 人体散湿量;
(2) 设备散湿量;
(3) 各种潮湿表面、液面散湿量;
(4) 由室外进入的渗透空气带入室内的散湿量。

一般来说,空调房间的室内散热、散湿量在一天中不是恒定不变的。因此,实际负荷计算也不能简单地认为是几项之和,在空调系统设计中,可以利用设计概算指标进行设备容量概算。

12.2.2 空调设备容量概算方法

空调负荷设计概算指标是根据不同类型和用途的建筑物、不同使用空间,计算单位建筑面积或单位空调面积负荷量的统计值,在可行性研究或初步设计阶段用来进行设备容量概算的指标数。表 12-1 是国内外部分建筑的单位空调面积冷负荷设计指标的概算值。

表 12-1　国内外部分建筑的单位空调面积冷负荷设计指标的概算值　单位：W/m²

序号	建筑类型及房屋名称	冷负荷指标	序号	建筑类型及房屋名称	冷负荷指标
1	旅馆、宾馆标准客房	80～110	18	医院高级病房	80～110
2	酒吧、咖啡厅	100～180	19	一般手术室	100～150
3	西餐厅	160～200	20	洁净手术室	300～450
4	中餐厅、宴会厅	180～350	21	X线、B超、CT室	120～150
5	商店、小卖部	100～160	22	影剧院观众席	180～350
6	中厅、接待厅	90～120			
7	小会议室（允许少量抽烟）	200～300	23	休息厅（允许吸烟）	300～350
8	大会议室（不允许抽烟）	180～280	24	化妆室	90～120
9	理发室、美容室	120～180	25	体育馆比赛馆	120～300
10	健身房、保龄球馆	100～200			
11	弹子室	90～120	26	观众席休息厅（允许吸烟）	300～350
12	室内游泳池	200～350	27	展览厅、陈列厅	130～200
13	交谊舞舞厅	200～250	28	会堂、报告厅	150～200
14	迪斯科舞厅	250～350	29	图书阅览室	70～150
15	办公楼	90～120	30	公寓、住宅	80～90
16	商场、百货大楼	200～300	31	餐馆	200～350
17	超级市场	150～200			

12.3　空调冷源及制冷机房

12.3.1　空调冷源及制冷原理

制冷就是用人工的方法将物体中的热量取出来，使物体降到低于环境温度并维持这一低温状态的过程。为实现制冷的目的，就应不断将物体的热量转移到环境中去。将热量从低温转移到高温处采用的设备称为制冷机组，使用的工作介质通常称为制冷剂。

1. 空调冷源

空调系统中冷量的来源（冷源）分为天然冷源和人工冷源两种。

（1）天然冷源是指可能提供低于正常环境温度的天然物质，主要是地下水（深井水）、地道风和山涧水等。天然冷源的特点是节能、造价低，但受时间、地区、气候条件的限制，不可能总满足空调工程的使用要求。

（2）人工冷源是指利用制冷设备和制冷剂制取冷量。其优点是不受条件的限制，可满足所需要的任何空气环境；其缺点是初投资大，运行费用高。人工制冷的设备叫制冷机，目前常用的制冷机有压缩式、吸收式和蒸汽喷射式三种，其中压缩式制冷机应用最为广泛。

2. 制冷原理

1) 压缩式制冷

压缩式制冷的工作原理,是利用制冷机蒸发吸热、冷凝放热来实现热量的转移。制冷剂工作压力提高时,其冷凝温度也随之升高,使其能在相对较高的环境温度(如室外环境温度)下实现冷凝放热;而制冷剂工作压力降低时,其蒸发温度也随之降低,使其能在相对较低的环境温度(如室内环境温度)下实现蒸发吸热。

压缩式制冷机由制冷压缩机、冷凝器、膨胀阀和蒸发器 4 个主要部件组成,工作循环如图 12-5 所示。制冷剂在压缩式制冷机中历经蒸发、压缩、冷凝和节流 4 个热力过程完成一次循环。

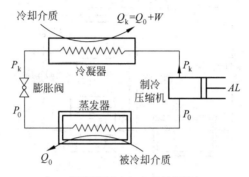

P_k—高压侧压力;P_0—低压侧压力。

图 12-5 压缩式制冷循环原理图

在蒸发器中,低压低温的制冷剂液体吸取其中被冷却的介质(如冷水)的热量,蒸发成为低压低温的制冷剂蒸气(每小时吸热量 Q_0,即制冷量);低压低温的制冷剂蒸气被压缩机吸入,并压缩成为高压高温气体(压缩机消耗机械功 W);接着进入冷凝器中被冷却介质冷却,成为高压液体(放出热量 $Q_k = Q_0 + W$);再经节流膨胀减压后,成为低温低压的液体,在蒸发器中再次吸收冷却介质的热量而汽化。如此不断地经过蒸发、压缩、冷凝、膨胀这 4 个热力过程,液态制冷剂不断从蒸发器中吸热而制取冷冻水。

由于冷凝器中所用的冷却介质(水或空气)的温度比被冷却介质(水或空气)的温度高得多,所以上述制冷过程实际上就是从低温物质吸取热量而传递给高温物质的过程。由于热量不可能自发地从低温物质转移到高温物质,故必须消耗一定的机械能 W(由电能转化)作为补偿。

制冷系统中循环流动的工作介质叫制冷剂,目前常用的制冷剂有氨和氟利昂。氨价格便宜,制冷系数高,放热系数大,氨压缩机尺寸小,但有强烈的刺激性气味且易燃易爆,对人体有害。一般在大型冷库、超市食品陈列柜中有广泛应用。氟利昂是饱和碳氢化合物的卤代烃的统称,种类很多,以前常用的有 R11(CHF_2Cl)、R12(CF_2Cl_2)、R22($CFCl_3$)等。一般在中小型空调制冷系统中采用,可以满足各种制冷要求,无毒、无臭、化学性质稳定,无燃烧爆炸危险,但价格高,极易渗漏且不易发现,而且泄露到空气中后不易分解,扩散到大气上空中经太阳紫外线照射,会分解出游离态的氯原子,氯原子会与臭氧分子发生反应从而破坏臭氧层。根据《蒙特利尔议定书》规定为一类受控物质,已不再使用。

目前我国常用的替代制冷剂（无氯）主要有 R123（替代 R11）、R134a（替代 R12）、R410a（替代 R22）、R407c（替代 R22）等。

2）吸收式制冷

吸收式制冷和压缩式制冷的原理相同，都是利用液态制冷剂在一定低温低压状态下吸热气化而制冷。但吸收式制冷不是靠消耗机械功来实现热量从低温物质向高温物质的转移传递，而是靠消耗热能来实现这种非自发的过程。可以理解为用发生器、吸收器和溶液泵替代了制冷压缩机。

吸收式制冷机主要由发生器、冷凝器、膨胀阀、蒸发器、吸收器等设备组成，工作循环如图 12-6 所示。

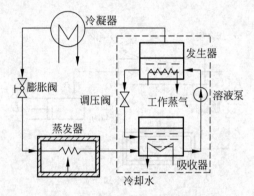

图 12-6　吸收式制冷循环原理图

在整个吸收过程，图中虚线内的吸收器、溶液泵、发生器和调压阀的作用相当于压缩式制冷中的压缩机，吸收器相当于压缩机的吸入侧，发生器相当于压缩机的压出侧。低温低压的液态制冷剂在蒸发器中吸热蒸发成为低温低压的制冷剂蒸气后，被吸收器中的液态吸收剂吸收，形成制冷剂-吸收剂溶液，经溶液泵升压后进入发生器。在发生器中，该溶液被加热、沸腾，其中沸点低的制冷剂变成高压制冷剂蒸气，与吸收剂分离，然后进入冷凝器液化，经膨胀阀节流的过程与压缩式制冷一致。

吸收式制冷目前常用的工质有两种：一种是溴化锂-水溶液，其中水是制冷剂，溴化锂为吸收剂，制冷温度为 0℃ 以上；另一种为氨-水溶液，其中氨是制冷剂，水是吸收剂，制冷温度可以低于 0℃。

吸收式制冷的最大优点是可利用低温热源，在有废热或低位热源的场所应用更经济。它既可制冷也可供热，在需要同时供冷、供热的场合可一机两用，节省机房面积。多用于制冷同时需要生活热水的酒店、医院和有余热废热可利用的钢铁、化工企业。

3）蒸汽喷射式制冷

蒸汽喷射式制冷也是一种以热能为动力的制冷机，是用一台喷射器来代替一台压缩机。低压蒸汽由蒸发器压力提高到冷凝器压力的过程而是利用高压蒸汽的喷射、吸引及扩压作用来实现对工质的压缩。

12.3.2　制冷压缩机的种类

制冷压缩机是把压缩机、冷凝器、蒸发器、节流阀以及电器控制设备组装在一起，为空调系统提供冷冻水的设备。根据所采用的压缩机形式不同,可分为活塞式压缩机、螺杆式压缩机和离心式压缩机。

1. 活塞式压缩机

它是应用最为广泛的一种制冷压缩机。它的压缩装置由活塞和气缸组成,可分为全封闭式、半封闭式和开启式三种构造形式。全封闭式一般是小型机,多用于空调机组中;半封闭式除用于空调机组外,也常用于小型的制冷机房中;开启式压缩机一般都用于制冷机房中。活塞式压缩机价格低廉、制造简单、使用灵活方便,但能效比低,适用于冷冻系统和中、小容量的空调制冷及热泵系统。

2. 螺杆式压缩机

它是回转式压缩机的一种,它的气缸内有一对相互啮合的螺旋形阴阳转子(即螺杆),两者相互反向旋转。转子的齿槽与气缸体之间形成V形密封空间,随着转子的旋转,空间容积不断发生变化,周期性地吸入并压缩一定量的气体。这种压缩机结构简单、体积小、质量小,可在15%~100%的范围对制冷量进行无级调节,且它在低负荷时的能效比较高,对民用建筑的空调负荷有较好的适应性,适用于大、中型空调制冷系统和空气热源热泵系统。

3. 离心式压缩机

它是靠离心力的作用,连续地将所吸入的气体压缩。这种压缩机制冷量大、质量小、结构紧凑、尺寸小、能效比高,比较适合需要大制冷量而机房面积又有限的场合,此点正好与高层民用建筑物的特点相符合,因此常用于大、中型工程,尤其是大型工程。

12.3.3 制冷机房

设置制冷设备的房屋称为制冷机房或制冷站。小型制冷机房一般敷设在主体建筑内,氟利昂制冷设备也可设在空调机房内。规模较大的制冷机房,特别是氨制冷机房,则应单独修建。

1. 制冷机房的位置

制冷机房应尽量靠近冷负荷中心,以减少冷冻水管和冷却水管路的敷设长度,节约造价,减少冷损失。

对于采用压缩式制冷机组的机房,考虑其用电量较大,一般应靠近供、配电房,以减少电缆敷设。

在民用建筑中,制冷机房多设置于建筑地下室内,机房设置在地下室内的优点是不占用地上建筑面积,减少结构荷载、防止设备噪声对周围环境的影响。但地下室较为潮湿,应做好通风换气措施。

对于采用吸收式制冷机组的机房,特别是燃气燃油吸收式制冷机组,因机组需设烟囱管向室外高空排放,机房的位置应尽量靠近烟囱井,避免水平烟囱管较长而影响机组排烟。同时,燃气燃油吸收式制冷机组机房的设置还应满足《锅炉房设计标准》(GB 50041—2020),当机房和其他建筑物相连或设置在其内部时,严禁设置在人员密集场所和重要部位的上一层、下一层、贴邻位置以及主要通道、疏散口的两旁,并应设置在首层或地下室一层靠建筑物外墙部位。

2. 制冷机房对土建专业的基本要求

(1) 大中型制冷机房内的制冷主机与辅助设备及水泵等应分开布置,与空调机房也应分开设置。

(2) 大中型制冷机房内应设值班室、控制室、维修间和卫生设施、给排水设施、通信装置(如电话)。

(3) 制冷机布置在地下室时,建筑要处理好隔声防震问题,特别是压缩式制冷机要注意水泵和支吊架的传震问题。

(4) 大中型制冷机房与控制间之间应设玻璃隔断,并做好隔声处理;小型制冷机,视具体情况而定。

(5) 机房内留出必要的安装、操作、检修距离,当利用通道作检修用地时,应根据设备类型,适当加宽。

(6) 制冷机房的建筑形式、结构、柱网、跨度、高度、门窗大小及房间分隔等要求应与设备专业设计人员共同商定。

(7) 制冷机房所有房间的门窗均应朝外开启,对氨制冷机房不应设在食堂、托儿所附近或人多的房间附近,且应设两个互相尽量远离的出口,其中至少应有一个出口直接通向室外。

(8) 制冷机房荷载,应根据制冷机具体型号选定,估算为 $40\sim60kN/m^2$,且有震动。

(9) 在建筑设计中,还应考虑需要预留大型设备的进出安装和维修用的孔洞,并配备必要的起吊设施。当它设在地下室时,还应考虑要有通风设施预留洞。

(10) 门窗的设置要尽量利用天然采光和自然通风。当周围环境对噪声、震动等有特殊要求时,应考虑建筑隔声、消声、隔震等措施。

(11) 当选用直燃式吸收制冷机组时,燃料的贮存、输送、使用等对建筑设计的要求可参照国家颁布的各种防火规范的设计要求。

(12) 冷水机组的基础应高出机房地面 $150\sim200mm$。基础周围和基础上应设排水沟与机房的集水坑或地漏相通,以便及时排除可能产生的漏水或漏油。

(13) 制冷机房地面和设备机座应易于清洗。

(14) 制冷机房净高(地面到梁底)对于活塞式制冷机、小型螺杆式制冷机,其净高控制在 $3.0\sim4.5$;对于离心式制冷机,大、中型螺杆式制冷机,其净高控制在 $4.5\sim5.0m$;对于溴化锂吸收式制冷机,设备最高点距梁底不小于 $1.5m$;氨制冷机房净高不小于 $4.8m$;设备间净高不小于 $3m$。有电动起吊设备时,还应考虑起吊设备的安装和工作高度。

12.4 空气处理设备

12.4.1 基本的空气处理方法

在空调系统中,对空气的主要处理过程包括热湿处理与净化处理两大类,其中热湿处理是最基本的处理方式。最简单的空气热湿处理可分为加热、冷却、加湿和除湿4种。所有实际的空气处理过程都是上述各种单一过程的组合。有些处理过程往往不能单独出现,如降温有时伴随着除湿或加湿。

1. 加热

加热是对空气进行加热处理,主要的实现途径是用表面式空气加热器、电加热器加热空气。如果用温度高于空气温度的水喷淋空气,则会在加热空气的同时又使空气的湿度升高。

2. 冷却

对空气进行冷却处理,采用表面式空气冷却器或温度低于空气温度的水喷淋空气都可使空气温度下降。如果表面式空气冷却器的表面温度高于空气的露点温度,或喷淋水的水温等于空气的露点温度,则可实现单纯的降温过程;如果表面式空气冷却器的表面温度或喷淋水的水温低于空气的露点温度,则空气会实现冷却除湿过程;如果喷淋水的水温高于空气的露点温度,则空气会实现冷却加湿过程。

3. 加湿

加湿是向被处理的空气中加入水蒸气,以增加空气含湿量来维持室内所需要的湿度。单纯的加湿过程可通过向空气加入干蒸汽来实现。直接向空气喷入水雾可实现等焓加湿过程。

4. 除湿

除湿是通过凝结、吸收、吸附等手段,来降低空气中的含湿量。除了可用表面式冷却器与喷冷水对空气进行除湿处理外,还可以使用液体或固体吸湿剂来进行除湿。液体吸湿是利用某些盐类水溶液对空气的强吸收作用来对空气进行除湿,方法是根据要求的空气处理过程的不同(降温、加热或等温),用一定浓度和温度的盐水喷淋空气。固体吸湿剂是利用有大量空隙的固体吸湿剂(如硅胶)对空气中水蒸气的表面吸附作用来除湿的。但在吸附过程中固体吸附剂会放出一定的热量,所以空气在除湿过程中温度会升高。

12.4.2 空气过滤器

空气过滤器是用来对空气进行净化的设备,它通过过滤的形式来去除室外新风、室内回风中的灰尘,使室内空气的洁净度达到设计要求。根据过滤效率的高低,可将空气过滤器分为粗效过滤器、中效过滤器、高效过滤器、亚高效过滤器四种类型。

空气过滤器的选用,主要根据房间的净化要求和室外空气的污染情况而定。一般的空调系统,例如一般民用建筑的舒适性空调系统,以控制室内温度、湿度为主,对空气洁净度的要求并不高,通常在回风管道或新风进风管道上设一级粗效过滤器进行滤尘;有较高净化要求的空调系统,如工艺性空调系统,可设粗效和中效两级过滤器;当工艺性空调系统室内空气洁净度有高度净化要求时,一般用粗效和中效两级过滤器进行预过滤,再根据洁净度级别的高低,使用亚高效或高效过滤器进行第三级过滤。亚高效或高效过滤器应尽量靠近送风口安装。

12.4.3 空气加热器

1. 表面式空气加热器

表面式空气加热器是以热水或蒸汽作为热媒流过管内,对管外流过的空气加热,热媒与管外空气只进行热交换而不直接接触。空气加热器可分为光管式和肋片管式,肋片管式空气加热器在空调系统中应用非常广泛。

2. 电加热器

电加热器是让电流通过电阻丝发热来加热空气的设备。其加热均匀、热量稳定、易于控制、结构紧凑,可以直接安装在风管内。但电耗高,因此一般用于温度精度要求较高的空调系统和小型空调系统,加热量要求大的系统不宜采用。

12.4.4 空气冷却器

1. 喷水室

喷水室是用于空调系统中夏季对空气冷却除湿、冬季对空气加湿的设备,它是通过水直接与被处理的空气接触来进行热、湿交换,在喷水室中喷入不同温度的水,可以实现空气的加热、冷却、加湿和减湿等过程。

用喷水室处理空气能够实现多种空气处理过程,冬夏季工况可以共用一套空气处理设备,具有一定的净化空气的能力,金属耗量小,容易加工制作。但对水质条件要求高,占地面积大,水系统复杂,耗电较多。喷水室由喷嘴、水池、喷水管路、挡水板、外壳组成,如图12-7所示。在空调房间的温、湿度要求较高的场合,如纺织厂等工艺性空调系统中,得到了广泛的应用。

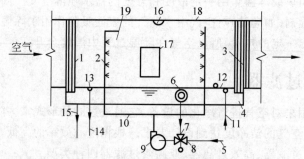

1—前挡水板;2—排管;3—后挡水板;4—水池;5—冷水;6—滤水器;7—循环水管;8—三通阀;9—水泵;10—供水管;11—补水管;12—浮球阀;13—溢水器;14—溢水管;15—泄水管;16—防水灯;17—检查门;18—外壳;19—喷嘴。

图12-7 喷水室结构图

2. 表面式冷却器

空调系统中常用的表面式冷却器分为水冷式和直接蒸发式两种类型。水冷式表面冷却器与表面式空气加热器的原理相同,只是将热媒(热水或蒸汽)换成冷媒(冷水)。直接蒸发式表面冷却器其实就是制冷循环中的蒸发器,是以制冷剂为冷媒的表面式空气冷却器,其构造与表面式空气加热器相同,但管内冷媒为制冷剂,管道多采用铜管。

使用表面式冷却器,能对空气进行干式冷却(使空气的温度降低,但含湿量不变)或减湿冷却两种处理过程。当冷却器表面的温度高于空气的露点温度时,是干式冷却;当冷却器表面的温度低于空气的露点温度时,是减湿冷却。与喷水室相比较,表面式冷却器应用更广泛。它具有设备结构紧凑、机房占地面积小、水系统简单以及操作管理方便等优点。但它只能对空气实现上述两种处理过程(干式冷却或减湿冷却),而不像喷水室能对空气进行加湿处理,此外也不能严格控制空气的相对湿度。

12.4.5 空气加湿设备

空气加湿有两种方法:一种是在空气处理室或空调机组中进行,称为集中加湿;另一种是在房间内直接加湿空气,称为局部补充加湿。下面介绍几种常见的加湿方法。

1. 喷水室加湿

喷水室通过喷嘴喷出的雾状水滴与被处理的空气接触而进行热湿交换,当喷水的水温高于被处理的空气的露点温度时,水滴会在空气中蒸发,使空气达到对应水温下的饱和状态,实现空气的加湿过程。对于使用喷水室的空调系统(系统全年运行),夏季可用喷水室对空气进行减湿冷却处理,在其他季节只需相应地改变喷水温度或喷淋循环水,就可对空气进行加湿处理,而不必变更喷水室的结构。

2. 喷蒸汽加湿空气

喷蒸汽加湿是用普通喷管(多孔管)或专用的蒸汽加湿器将来自锅炉房的水蒸气喷入空气中去。例如,集中式空调系统的空气处理箱,一般夏季使用表面式冷却器处理空气,冬季采用喷蒸汽加湿空气的方法。

喷管设备构造简单、经济节能,但喷管内的蒸汽因冷却而产生凝结水,导致喷嘴喷出的水雾中夹带凝结水滴,造成细菌繁殖、腐蚀风管,影响空调系统的卫生条件。为避免这种现象,目前空调系统中广泛采用的喷蒸汽加湿设备都是干蒸汽加湿器(图 12-8),其原理是在喷管外设置一个蒸汽保护套管,蒸汽经套管进入分离室,在分离室挡板和凝结水滴的惯性作用下将凝结水滴分离。依次分离后的蒸汽进入干燥室,在干燥室外的高温蒸汽加热作用下,蒸汽中的残余水滴再汽化,实现二次分离。最后蒸汽进入喷管,蒸汽保护套管内的蒸汽再次加热,从而确保了最终喷出的蒸汽为干蒸汽。

3. 电加湿器

原理是通过电能就地对水加热以产生蒸汽,使其在常压下蒸发到空气中去。如恒温恒湿整体式空调机组中,使用电加湿器加湿空气,控制空气的相对湿度。集中式空调系统的空气处理箱,当没有蒸汽热媒时,冬季也可采用电加湿器加湿空气。

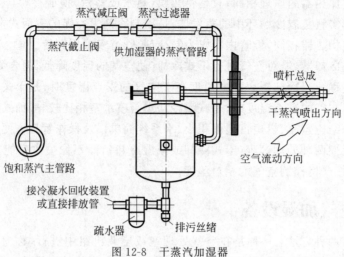

图 12-8　干蒸汽加湿器

12.4.6　空气除湿设备

在气候潮湿的地区、地下建筑以及某些生产工艺和产品贮存需要空气干燥的场合,往往需要对空气进行除湿处理。空气除湿处理的方法如下。

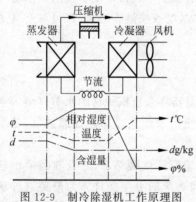

图 12-9　制冷除湿机工作原理图

1. 制冷除湿

制冷除湿是靠制冷除湿机来降低空气的含湿量。制冷除湿机由制冷系统和风机等组成,其工作原理图如图 12-9 所示。当被处理的潮湿空气流过冷却器表面时,湿空气中将有一部分水凝结在表冷器表面,并滴落到表冷器下部设置的冷凝水盘中,最终被收集排出。这样便实现了空气除湿的目的。

2. 固体吸湿剂除湿

固体吸湿剂有两种类型:一种是具有吸附性能的多孔性材料,如硅胶、铝胶等,该种材料吸湿后,其固体形态并不改变;另一种是具有吸收能力的固体材料,如氯化钙等,这种材料在吸湿后,由固态逐渐变为液态,最后失去吸湿能力。

固体吸湿剂在使用一段时间后,失去了吸湿能力时,需进行"再生"处理。对硅胶,可用高温空气将吸附的水分带走;对氯化钙,可用加热蒸煮法使吸收的水分蒸发掉。

3. 液体吸湿剂除湿

液体吸湿剂除湿是利用盐类溶液对空气中水蒸气的强烈吸收性来去除空气中的水分。盐类溶液水分子浓度低,当盐水表面水蒸气分压力小于空气中水蒸气分压力时,空气中的水分子就会向盐溶液中转移(吸收过程),从而实现了空气的除湿。

空调系统中常见的液体吸湿剂有氯化锂、三甘醇等。溶液浓度越高,其吸湿能力越强。

为使吸湿剂能重复利用，吸水后的吸湿剂需再生处理，去除其中的水分，提高溶液浓度。三甘醇溶液因其无腐蚀性、吸湿能力强而在空调系统中应用较多。

12.4.7 空气处理机组

在空调系统中，将上述空气处理设备根据设计需要组合在一起的装置，就是空气处理机组。根据构造的不同，空气处理机组可分为组合式空调机组和局部空调机组两种。

1. 组合式空调机组

组合式空调机组也称为组合式空调器，如图 12-10 所示。它是将各种空气热湿处理设备和风机、阀门等组合成一个整体的箱式设备。箱内的各种设备可以根据空调系统的组合顺序排列在一起，能够实现各种空气的处理功能。可选用定型产品，也可自行设计。

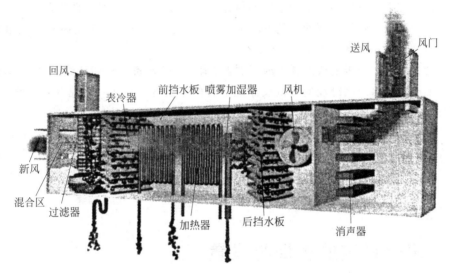

图 12-10 组合式空调机组

2. 局部空调机组

局部空调机组属于直接蒸发表冷式空调机组。它是指一种由制冷系统、通风机、空气过滤器等组成的空气处理机组。

根据空调机组的结构形式可分为整体式、分体式和组合式三种。整体式空调机组是指将制冷系统、通风机、空气过滤器等组合在一个整体机组内，如窗式空调器。分体式空调机组是指将压缩机和冷凝器及冷却冷凝器的风机组成室外机组，蒸发器和送风机组成室内机组，两部分独立安装，如家用壁挂式空调器。组合式空调机组是指压缩机和冷凝器组成压缩冷凝机组，由蒸发器、送风机、加热器、加湿器、空气过滤器等组成空调机组，两部分可以装在同一房间内，也可以分别装在不同房间内。相对于集中式空调系统而言，局部空调机组投资低、设备结构紧凑、体积小、占机房面积小、安装方便；但设备噪声较大，对建筑物外观有一定影响。局部空调机组不带风管，如需接风管，用户可自行选配。

12.4.8 空调机房的设置

空调机房是放置集中式空调系统或半集中式空调系统的空气处理设备及送回风机的地方。空调机房尽量设置在负荷中心，目的是缩短送、回风管道，节省空气输送的能耗，减少风道占据的空间。但不应靠近要求低噪声的房间，如广播电视房间、录音棚等建筑物。空调机房最好设置在地下室，而一般的办公建筑、宾馆建筑中，为避免空调机组过大，导致送回风管过大而影响吊顶高度，可根据建筑层数或每层面积，每层设置或隔一层设置空调机房，但各层空调机房宜设置在每层相同位置，以便管道布置。空调机房的划分应不穿越防火分区，可在每个防火分区内单独设置空调机房。

空调机房的面积应根据空调机组的尺寸和台数确定，并在空调机房内预留满足产品技术要求的检修空间。当没有具体数据时，在建筑方案设计阶段可根据空调系统的形式估算，一般工艺性空调系统机房面积应为建筑空调面积的10%～20%；舒适性空调系统中的集中式系统机房面积应为建筑空调面积的5%～10%；半集中式空调系统新风集中处理用的新风机房面积应为建筑空调面积的1%～2%。

空调设备安装在楼板上或屋顶上时，结构的承重应按设备自重和基础尺寸计算，而且应包括设备中充注的水或制冷剂的质量及保温材料的质量等。对于一般常用的系统，空调机房的荷载估算为$500 \sim 600 \text{kg/m}^3$，而屋顶机组的荷载应根据机组的大小而定。

大型机房应设独立的管理人员值班室，值班室应设在便于观察机房的位置，自动控制屏宜放在值班室。机房最好有单独的出入口，以防止人员噪声传入空调房间。经常操作的阀门应设置在便于操纵的位置，需要检修的地方应设置检修照明。风管布置应尽量避免交叉，以减少空调机房与吊顶的高度。

12.5 风道系统的选择与设置

12.5.1 风道系统的选择

风道系统是输送和分布空气的管道系统，是空调系统的重要组成部分。风道一般应采用钢板制作，其优点是不燃烧、易加工、耐久，也较经济。对洁净要求高或有特殊要求的工程，可采用铝板或不锈钢板制作；对于有防腐要求的工程，也可采用塑料或玻璃钢制作。采用建筑风道时，宜用钢筋混凝土制作。选用风管材料时，应优先选用非燃烧材料。保温材料也应优先考虑非燃烧材料。

除以上材质的风管外，目前还有一种新型的纤维织物风管，又称布风管。它由特殊织物纤维织成，通过风管上的纤维渗透和专设小孔送风。布风管出风量大、送风均匀、风管不结露、噪声低、质量小、易清洗，适用于商场、超市、工业厂房及体育场馆的送风。

风管的厚度选择应根据风道系统的应用类型、风道截面尺寸、风道材质及风道系统的承压条件确定，其厚度要求应满足相关规定。

12.5.2 风道系统的布置

1. 风管的布置

风管的布置应结合系统送排风口、空气处理设备(或风机)的位置和建筑条件综合考虑,布置风管时应遵循以下原则。

1) 短线布置

所谓短线布置就是要求主风道走向要短,支风道要少,达到少占空间、简洁与隐蔽,而且要便于施工安装、调节、维修与管理。

2) 科学合理、安全可靠地划分系统

系统的划分要考虑到室内参数、生产班次、运行时间等方面,另外还要考虑到防火要求。

3) 新风口的位置

新风口应设在室外空气洁净的地点;应设在排风口的上风侧;应在不低于离室外地坪2m处采气;新风口应距离排风口20m以上,如不能满足要求时,排风口应高出新风口6m。

风管吊顶安装时,应充分考虑风管断面尺寸对建筑层高的影响;当风管输送含有蒸汽的气体时,风管应保证不小于0.004的坡度,坡向排水口,排水口应位于风管系统的最低点并在出口设置水封;当风管输送含粉尘的气体时,风管宜垂直或倾斜敷设,倾斜敷设时,与水平面的夹角宜大于45°。水平敷设的管段不宜过长。

2. 风管尺寸的选型

风管的断面形状很多,一般采用圆形或矩形风管。圆形风管的强度大,耗材少,但加工工艺较复杂,占用空间大,不易布置,常用于暗装。矩形风管易布置,弯头及三通等部件的尺寸较圆形风管的部件小,且易加工,在一般的民用建筑通风空调系统中,应用更多的还是矩形风管。矩形风管在保证风管流通断面积不变的情况下,可调整风管高度,有利于节约室内吊顶空间。矩形风管的宽高比可以做到8∶1,但宽高比增大时,风管阻力也随之增大,一般矩形风管的宽高比不宜大于4∶1。

12.5.3 空气分布器

1. 送风口

风口是风道系统的重要组成部分。室内风口布置时,应根据房间的装修、需要的气流形式、室内环境设计要求以及空调负荷等方面的要求选择合适的送风口形式。

1) 格栅送风口和百叶送风口

格栅送风口和百叶送风口是最常用的侧送风口(安装在侧墙上部向房间内横向送出气流的风口叫侧送风口)。格栅送风口用于一般空调工程的送风,也可用作回风口和排风口。

带有风量调节阀和活动叶片的百叶送风口是侧送风口中用得最多的,单层百叶送风口[图12-11(a)]由边框和一组活动叶片构成。活动叶片有水平和垂直两种,水平叶片用以调节送风的上下倾角,而垂直叶片用以调节射流扩散角。双层百叶送风口[图12-11(b)]不仅有调节送风倾角的垂直(水平)叶片,还包括对开风量调节阀。三层百叶送风口

[图 12-11(c)]包括两组活动叶片和一个对开风量调节阀,水平百叶和垂直百叶可以同时调节送风上下倾角和射流扩散角。与其他类型的送风口相比,百叶风口的回流区具有更低的携带比、更长的射程以及更高的空气流速。单层百叶送风口用于一般的空调工程,双层百叶送风口用于较高精度的空调工程,而三层百叶送风口则用于高精度的空调工程。

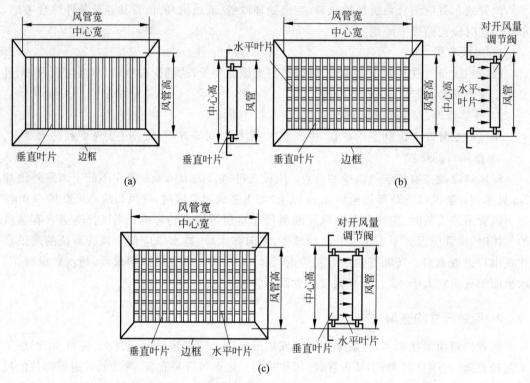

图 12-11 百叶送风口
(a) 单层百叶送风口(垂直叶片); (b) 双层百叶送风口(水平叶片); (c) 三层百叶送风口(垂直和水平叶片)

2) 散流器

散流器是安装在顶棚上的送风口,可以向各个方向送出空气。普通散流器由一组装有固定导流叶片的同心圆环和外框(或外壳)构成,如图 12-12(a)所示。使用不同类型的同心圆环和导流叶片,散流器可以实现一面出风、两面出风、三面出风或四面出风。散流器送风具有射程较短、风速较低且分布均匀、控制区内温度分布较均匀的特点。普通散流器有圆形、方形和矩形三种。其中,方形散流器用的最多。如图 12-12(b)所示是一种高诱导比的散流器,可以实现大温差送风。因此,适用于冰蓄冷系统中的冷风分布。此外,还有孔板散流器[图 12-12(c)],采用孔板增加了诱导效果,而且这种散流器可以与顶棚装饰很好配合。

3) 条缝散流器

条缝散流器由静压箱、一组或多组条缝口以及导流叶片构成。条缝的宽度有 13mm、19mm、25mm 和 38mm 四种规格,最常用的是 19mm 和 25mm 两种。条缝的长度有 600mm、900mm、1200mm、1500mm 和 1800mm 五种规格,可以根据需要选用。单条缝散流器只能水平或垂直出风。对于多组条缝散流器(2组、3组、4组),调节导流叶片的位置,可以实现水平向左或向右出风,也可以同时向左右两侧出风,还可以一组水平出风而另一组

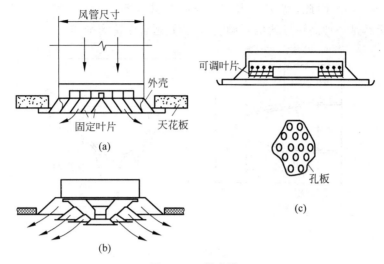

图 12-12 散流器

(a) 方形和矩形散流器；(b) 可调散流器；(c) 孔板散流器

垂直出风。在必要的时候，还可以关闭导流叶片停止送风。图 12-13 给出了条缝散流器的不同出风形式。为了使送风更均匀，条缝口通常配合静压箱使用，如图 12-13(a)所示。静压箱一般做内保温(兼作吸声箱)。条缝散流器可以用作顶送风，也可以用于侧送风。

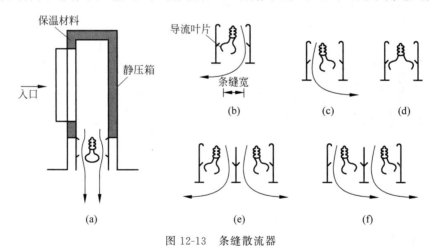

图 12-13 条缝散流器

(a) 下出风；(b) 左出风；(c) 右出风；(d) 关闭；(e) 双条缝左右出风；(f) 双条缝右出风

4) 孔板送风口

处理后的空气经过开有若干小孔的天花板向下均匀送入空调房间，这种风口形式叫孔板送风口。孔板送风口的最大特点是送风均匀，气流速度衰减快。孔板送风口通常用于要求空气流速较低并且温度控制精度高[$(20±0.056)$℃]的工业生产过程中，或者是一些要求保持较小空气流速($\leqslant 0.2$m/s)的室内体育馆，如羽毛球馆和乒乓球馆。

5) 喷口

喷口是一种圆形送风口，如图 12-14(a)所示。由于喷口的减缩角很小，所以在出风时可以获得较高的空气流速和更均匀的空气分布。与其他形式的送风口相比，喷口的射程远，一般可达到 10~30m。因此，特别适用于大空间公共建筑，如体育馆、电影院、候机厅等。图 12-14(b)所示是一种高诱导比的可调喷口，特别适合于冷风分布。

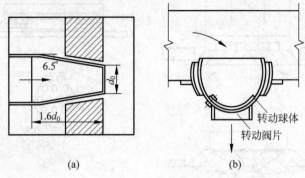

图 12-14　喷射送风口
(a) 圆形喷口；(b) 可调喷口

6) 灯槽形送风口

灯槽散流器由荧光灯槽和条缝散流器组成，如图 12-15(a)所示。条缝口作为送风口，有时也作回风口。带回风口的灯槽散流器由荧光灯槽、条缝散流器和回风口组成，如图 12-15(b)所示。灯槽形送风口可以使荧光灯周围空气维持较低温度，提高荧光灯的工作效率；也可将荧光灯、送风口、回风口结合成一个整体，便于布置；还可降低室内冷负荷，减少能耗。

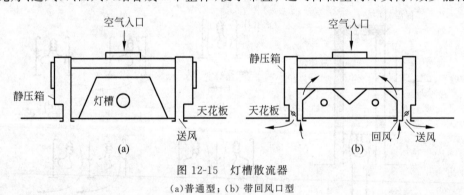

图 12-15　灯槽散流器
(a)普通型；(b)带回风口型

2. 回风、排风口

由于回风、排风口的汇流场对房间气流组织影响比较小，因此其形式比较简单，有的只在孔口加一金属网格，也有装格栅和百叶的。回风口的形状和位置根据气流组织要求而定，通常要与建筑装饰相配合。回风、排风口形式可以简单，但要求应有调节风量的装置。

12.5.4　空调房间气流组织形式

气流组织就是根据室内人员的要求，将处理过的空气以一定形式送入空调房间。合理的气流组织能够将处理过的空气均匀送出，以最经济的方式获得健康舒适的室内环境，或满足一定工艺要求的环境。由于气流组织是空气调节的最后一个过程，并且发生在空调房间内，因此气流组织是否合理，不仅直接影响房间的空调效果，还影响空调系统的能耗。

气流组织形式决定了室内工作区空气的分布情况。而气流组织形式主要取决于送回风口的形式和位置,送风参数(送风温度、速度),室内空气的温度、湿度和速度以及建筑物的结构特点等。其中,送风口的性能和送风参数是影响室内气流组织最主要的因素。

室内气流组织形式有多种,下面介绍常见的几种形式。

1. **上侧送风**

上侧送风是把侧送风口布置在房间侧墙或风道侧面上,空气由送风口横向送出,送风射流贴附在顶棚表面流动,气流吹到对面墙上折转下落到工作区以较低速度流过工作区,再由回风口排出。根据房间跨度大小,可以布置成单侧送单侧回和双侧送双侧回等多种形式,如图 12-16 所示。侧送风的主要特点是由于送风气流在到达工作区之前已经与房间内的空气进行了比较充分的混合,从而使工作区具有比较均匀、稳定的温度分布;射流气体在室内形成大的回旋涡流,工作区处于回流区;射流流程比较长,可以加大送风温差。此外,侧送风还具有管路布置简单、施工方便等优点。上侧送风常用的送风口有格栅送风口、百叶送风口和条缝形送风口。

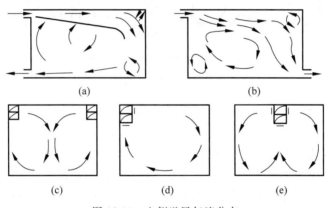

图 12-16 上侧送风气流分布

对于高大空间多采用喷口进行侧送风,图 12-17 所示为一个影剧院采用喷口送风后室内气流分布的情况。处理后的空气通过喷口以较高的速度和较大的风量以较小的倾角射出,射流到达最低的看台后折回,最后由布置在座位下面的回风口排出。射流在室内形成两个循环气流,使工作区(看台)处于回流区。这种送风方式射程远、系统简单、投资少,可满足一般舒适性要求,适用于大型体育馆、影剧院、礼堂等高大空间的公共建筑和工业建筑的空调系统。

2. **散流器送风**

散流器送风有平送风和下送风两种形式,如图 12-18 所示。散流器平送风的主要特点是射流扩散快,射程短,工作区具有较均匀的温度和速度分布。散流器下送风射流以 20°~30°的扩散角向下射出,在风口附近(混合段时通常设置吊顶,需要的房间层高较高,因而初投资比侧送风高)与室内空气混合后形成稳定的下送气流,通过工作区后从回风口排出。对于变风量系统,通常选用高诱导比的散流器作为送风口,采用散流器送风。

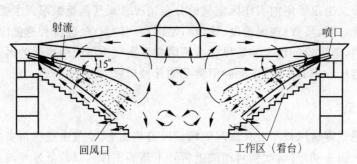

图 12-17 喷口送风气流分布

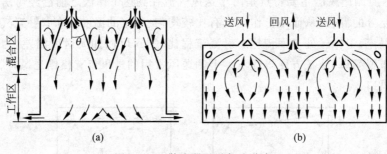

图 12-18 散流器送风气流分布
(a)下送风；(b)平送风

3. 下送风

对于室内余热量大的场合,如计算机房、演播大厅等,常采用地板送风、顶棚回风的下送风系统,气流流形如图 12-19(a)所示。采用地板送风,地面需架空,下部空间布置送风管,把空气分配到地板送风。送出的气流卷吸下部的部分空气,在工作区形成许多小的混合气流。工作区内人体和热物体周围的空气变热而形成热射流,卷吸周围空气向上升,污染的热气流通过上部回风口排出房间。这种气流模式能保证工作区有较高的空气品质,也称为置换通风。此外,由于从顶部排风,可以带走荧光灯产生的热量,从而降低了房间冷负荷。

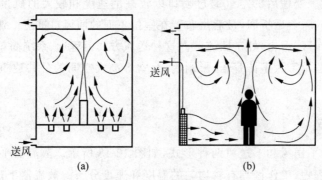

图 12-19 下送风气流流形
(a)地板送风；(b)下部侧送(置换通风)

图 12-19(b)所示是下部低速送风的室内气流分布。送风口速度很低,一般约为 0.3m/s;

送风口位置一般位于房间侧面下部距地面 0.5m 以内的地方。温度低的送风气流沿地面扩散开,在下部形成一层温度较低的送风气流,室内人体和热物体周围的空气变热而形成热射流,卷吸周围空气向上升。如果射流卷吸所需的空气量小于下部的送风量,则这区域内的空气保持向上流动;当到达一定高度(称为固定面)后,卷吸所需空气量增多而大于下部送风量时,将卷吸顶棚返回的气流,因此上部有回流的混合区。

思考题

1. 什么是空气调节?空气调节的任务是什么?
2. 空调系统与通风系统的区别是什么?
3. 空气调节系统通常由哪几部分组成?
4. 舒适性空调与工艺性空调有何主要区别?各适用于什么场所?
5. 室内的湿负荷和冷负荷分别由哪几部分组成?
6. 制冷的原理有哪些?
7. 基本的空气处理方法有哪些?
8. 空气处理时,都需要哪些处理设备?
9. 组合式空调和局部空调机组有什么区别?各应用于什么场所?
10. 风道系统的布置需要考虑哪些因素?
11. 空调房间常见的气流组织有哪些?

第13章 暖通空调施工图识读

13.1 常用暖通空调图例

13.1.1 暖通空调制图的一般规定

1. 比例

施工图的比例应根据图纸的种类及图面复杂程度综合确定,一般总平面图、平面图的比例可与主导专业(建筑)一致,但暖通平面图比例一般不超过 1∶150。机房剖面图、机房大样图的比例一般可采用 1∶50、1∶100。索引图、详图等反映细部节点做法的图纸,其比例可采用 1∶10、1∶20。暖通专业的系统图、流程图、原理图、轴测图一般可不按比例绘制。

2. 图线

为便于辨认不同图线的含义,施工图图线应有粗细之分,施工图的线宽组成称为线宽组。线宽组是在基本线宽 b 的基础上按一定比例组合而成的。基本线宽和线宽组应根据图纸的比例、图纸的复杂程度和使用方法确定,暖通施工图基本线宽 b 一般可采用 0.35mm、0.5mm、0.7mm、1.0mm。常用线宽为 $0.25b$、$0.5b$、$0.75b$、b。

3. 标高

在暖通施工图中,无法标注垂直尺寸时,可用标注标高的方法来表示风管、水管、设备的安装高度。标高标注符号以等腰直角三角形表示,与建筑给排水系统相同。当标准层较多时,可只标注与本层楼(地)板面的相对标高,也可将标高数据放于管径标注后的括号内。标高的单位一般默认为 m,精度应精确到 cm 或 mm。水、汽管道所注标高未予说明时,一般默认表示为管中心标高。如果所标注的标高为管外底标高或顶标高时,应在数字前加"底"或"顶"的字样。矩形风管所注标高应表示管底标高。圆形风管所注标高应表示管中心标高。当不采用此方法标注时,应进行说明。

4. 系统编号

以工程设计中同时有供暖、通风、空调等两个及以上的不同系统时,应进行系统编号,系统编号由系统代号和顺序号组成,系统代号由大写拉丁字母表示,一般以系统名称的第一个拼音字母作为代号名,顺序号则采用阿拉伯数字表示,如"N-01"表示1号供暖系统,具体系统代号见表13-1。

表13-1 系统代号

序号	字母代号	系统名称	序号	字母代号	系统名称
1	N	(室内)供暖系统	9	H	回风系统
2	L	制冷系统	10	P	排风系统
3	R	热力系统	11	JS	加压送风系统
4	K	空调系统	12	PY	排烟系统
5	S	送风系统	13	P(Y)	排风兼排烟系统
6	J	净化系统	14	RS	人防送风系统
7	C	除尘系统	15	RP	人防排风系统
8	X	新风系统			

13.1.2 暖通空调常用图例

1. 水、汽管道代号

水、汽管道可用线型区分,也可用代号区分。代号文字一般标注于管道中心,代号采用大写字母表示,取管道内介质名称拼音的首个字母,如有代号重复的,则依次取第2、3个字母表示,见表13-2。

表13-2 水、汽管道代号

序号	代号	管道名称	备注
1	RG	采暖热水供水管	可附加1、2、3等表示一个代号、不同参数的多种管道
2	RH	采暖热水回水管	可通过实线、虚线表示供、回水关系,省略字母G、H
3	LG	空调冷水供水管	
4	LH	空调冷水回水管	
5	KRG	空调热水供水管	
6	KRH	空调热水回水管	
7	LRG	空调冷、热水供水管	
8	LRH	空调冷、热水回水管	
9	LQG	冷却水供水管	
10	LQH	冷却水回水管	
11	n	空调冷凝水管	
12	PZ	膨胀水管	
13	BS	补水管	
14	X	循环管	
15	LM	冷媒管	
16	YG	乙二醇供水管	
17	YH	乙二醇回水管	
18	BG	冰水供水管	

续表

序号	代号	管道名称	备注
19	BH	冰水回水管	
20	ZG	过热蒸汽管	
21	ZB	饱和蒸汽管	可附加1、2、3等表示一个代号、不同参数的多种管道
22	Z2	二次蒸汽管	
23	N	凝结水管	
24	J	给水管	
25	SR	软化水管	
26	XS	泄水管	
27	F	放空管	

2. 风道代号及图例

风道代号的命名取管道功能名称拼音的首个字母,如有代号重复的,则依次取第2、3个字母表示,最多不超过3个,见表13-3。风道、阀门和附件图例见表13-4。

表13-3 风道代号

序号	代号	管道名称	备注
1	SF	送风管	一、二次回风可附加1、2区别
2	HF	回风管	
3	PF	排风管	
4	XF	新风管	
5	PY	消防排烟风管	
6	ZY	加压送风管	
7	P(Y)	排风排烟兼用风管	
8	XB	消防补风风管	
9	S(B)	送风兼消防补风风管	

表13-4 风道、阀门及附件图例

序号	名称	图例	备注
1	矩形风管	***×***	宽(mm)×高(mm)
2	圆形风管	φ***	φ直径(mm)
3	风管向上		
4	风管向下		
5	风管上升摇手弯		
6	风管下降摇手弯		
7	天圆地方		左接矩形风管,右接圆形风管
8	软风管		
9	圆弧形弯头		

续表

序 号	名 称	图 例	备 注
10	带导流片的矩形弯头		
11	消声器		
12	消声弯头		
13	消声静压箱		
14	风管软接头		
15	对开多叶调节风阀		
16	蝶阀		
17	插板阀		
18	止回风阀		
19	余压阀		
20	三通调节阀		
21	防烟、防火阀		***为防烟、防火阀名称代号
22	方形风口		
23	条缝形风口		
24	矩形风口		
25	圆形风口		
26	侧面风口		
27	防雨百叶		
28	检修门		
29	气流方向		左为通用表示法,中表示送风,右表示回风
30	远程手控盒	B	防排烟用
31	防雨罩	↑	

13.2 供暖施工图及其识读

室内供暖施工图主要包括图纸目录、设计及施工说明、设备材料表、平面图、系统图、详图等。

1. 图纸目录

图纸目录是识图前首先需要了解的图纸,图纸目录类似于书本的目录。根据图纸目录可了解本工程大致的信息、图纸张数、图纸名称和组成,以便根据需要抽调所需图纸。

2. 设计及施工说明

设计及施工说明是用文字来反映设计图纸中无法表达却又需向造价、施工人员交代清楚的内容。设计及施工说明一般分别编制。设计说明主要阐述本工程的供暖设计方案、设计指标和具体做法,其内容应包括设计施工依据、工程概况、设计内容和范围、室内外设计参数、供暖系统设计内容(包括热负荷、热源形式、供暖系统的设备和形式、供暖热计量及室内温度控制方式、水系统平衡调节手段等)。施工说明则主要反映设计中各类管道及保温层的材料选用、系统工作压力及试压要求、施工安装要求及注意事项、施工验收要求及依据等。施工说明是指导工程施工的重要依据。

在设计及施工说明的图纸中,一般还会附上图例表以指导识图。

3. 设备材料表

设备材料表是反映本工程主要设备名称、性能参数、数量等情况的表格,是造价人员进行概算、预算和施工人员采购的参考依据。

4. 平面图

供暖平面图主要是反映本建筑各层供暖管道与设备的平面布置,是施工图中的主要图纸,其内容主要包括:

(1) 建筑平面图、房间名称、轴号轴线、地面标高、指北针等。
(2) 供暖干管及立管位置、编号、走向及管路上相关阀门,管道管径及标高标注。
(3) 散热器及供暖系统附属设备的位置、规格等。
(4) 管道穿墙、楼板处预埋、预留孔洞的尺寸、标高标注。

5. 系统图

系统图是反映整个建筑供暖系统的组成及各层供暖平面图之间关系的一种透视图。系统图一般按 45°或 30°轴测投影绘制,系统图中管路的走向及布置宜与平面图对应。系统图可反映平面图不能清楚表达的部分,如管路分支与设备的连接顺序、连接方式、立管管径、各层水平干管与立管的连接方式等,是供暖施工图不可缺少的部分。

典型的供暖系统图主要包括:

(1) 供暖系统立管的编号、管径、水平干管管径、坡度、标高,散热器规格和数量。

(2) 散热器与管道的连接方式、水平干管与立管的连接方式等。
(3) 供暖系统阀件及附属设备的位置、规格标注等。

6. 详图

详图是反映供暖系统中局部节点做法的图纸。平面图因比例限制的关系,一些管道接法、设备安装做法无法表达清楚时,就会采用详图局部放大来表示。详图也称为大样图。

13.3 通风空调工程识图

13.3.1 排烟系统识图

1. 排烟(风)管道平面图

排烟(风)管道平面图如图 13-1 所示。
(1) ⑤、⑦……为土建结构(柱、墙)的轴线编号,通风设备安装尺寸定位用。
(2) 通风管道"L"形,设置在走廊。
(3) 6 个排烟风口 2,由通风管接至走廊两侧各个房间。
(4) 另外,还有 3 个排烟风口 2,设置在走廊(虚线方框,在管道下方)。
(5) 污浊空气或烟气,被排烟风机抽进,并送到竖直管道(砖砌)。
(6) 墙上开出的洞口尺寸横线下,标注的数字为洞口底的标高。横线上的 H 为洞口高。

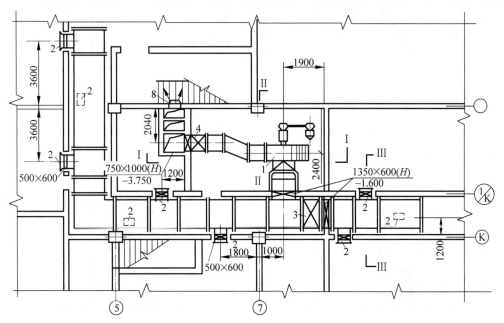

1—排烟风机,46-8,No12.50,左 0°;2—排烟风口,922C(BSFD),400×500;3—防火调节阀,741(FVD$_2$)1000×1000;4—防火调节阀,741(FVD$_2$)1000×630;8—送风口。

图 13-1 排烟(风)管道平面图
图中"-1.600,-3.750"均为墙洞底标高

(7) 编号 1 为排烟风机,旁边有电动机;编号 3、4、为防火调节阀;编号 8 为送风系统中的送风口。

(8) 以土建的墙边为基准,给出了设备、部件的各个定位尺寸。

(9) 看平面图,在排烟风机前(紧贴排烟机),沿Ⅰ-Ⅰ剖切符号位置,剖开向后看,即Ⅰ-Ⅰ剖面图,如图 13-2 所示。图中尺寸"4500"和标高"图中是 -2.146",是排烟风机(编号 1)的定位尺寸。防火调节阀(编号 4),紧贴左墙边。标高"-3.200"是管道中心线的定位尺寸。近阀的管道断面为"630×1000(H)",而近机的管道断面为"700×921(H)"。这样,两者必须由一个异径管来连接。在排烟机上方,取Ⅱ-Ⅱ剖面图,如图 13-3 所示。尺寸"2400"和标高"-2.146"是风机的定位尺寸;标高"-1.300"是穿墙洞管的中心线定位尺寸。风机右方有一个异径管,连接风机圆口和断面为矩形的风管。通过风管和排烟风口剖切向右看,得Ⅲ-Ⅲ剖面图,如图 13-4 所示。从这幅图上可以看出管道(风管)的中心标高,以及管道底面与侧面的风口(管道在走廊)。

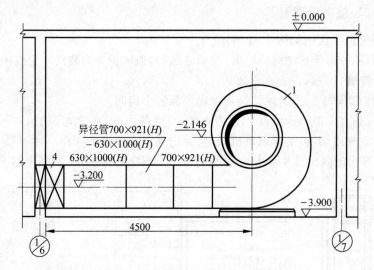

1—排烟风机;4—防火调节阀。

图 13-2 Ⅰ-Ⅰ剖面图

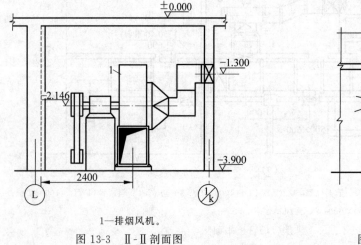

1—排烟风机。　　　　　　　　　　　　1—排烟风口。

图 13-3 Ⅱ-Ⅱ剖面图　　　　　　　　图 13-4 Ⅲ-Ⅲ剖面图

(10) 图 13-5 所示是排烟系统图。管道是用单线条表示的；设备采用图例绘制。此图主要体现系统立体形象、标高和管道断面尺寸。

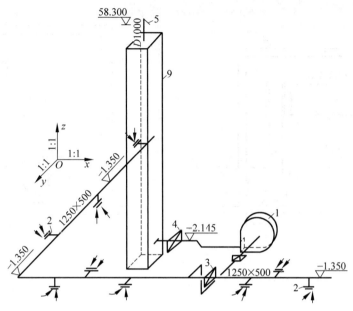

1—排烟风机；2—排烟风口；3—防火调节阀；4—防火调节阀；5—伞形风帽；9—砌筑（建筑物内）竖直排烟道。

图 13-5　排烟系统图

2．送风系统的机房图

图 13-6 所示是送风系统风机房平面图。机房和楼梯间突出毗邻房间的屋面，利用左侧墙开洞，装置新鲜空气的吸风口（编号 6）。吸进的新鲜空气，通过送风机（编号 7），送进竖直送风的砖砌管道。然后，再送到各层的房间，包括楼梯间。编号 8 是顶层楼梯间的送风口。

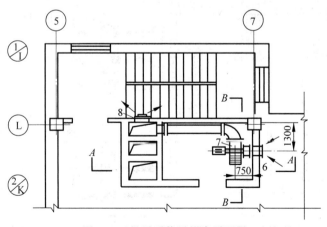

图 13-6　送风系统风机房平面图

在平面图的风机前面，取 $A—A$ 剖面图，如图 13-7 所示。尺寸"750"和标高"53.500"是风机的定位尺寸。标高"55.300"是管道中心的定位尺寸。尺寸"630×320"是管道的断面尺寸。编号 6 是吸风口；编号 7 是风机。

再从平面图上风机的右边，做 $B-B$ 剖面，向左看，如图 13-8 所示。这里又补充给出了风机定位的第三个尺寸"1300"。这个图上，还可以看到楼梯间的送风口（编号 8）。

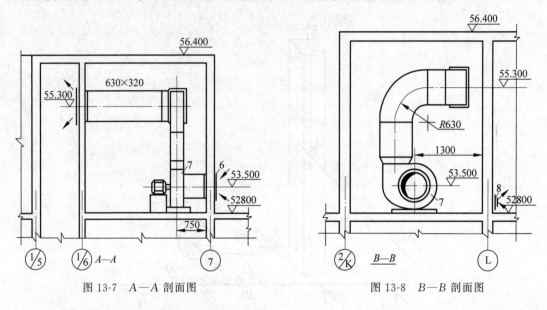

图 13-7　$A-A$ 剖面图　　　　　　　　　图 13-8　$B-B$ 剖面图

13.3.2　空调设备图识读举例

下面是长沙某建筑的空调机房布置图，其制冷机房平面图、1—1 剖面图、2—2 剖面图、管路布置图、水系统图分别如图 13-9～图 13-13 所示。

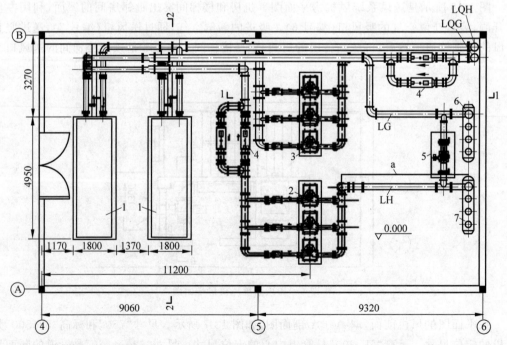

1—冷水机组；2—冷冻水泵；3—冷却水泵；4—自动排污电子水除垢过滤器；5—压差旁通阀组；6—分水器；7—集水器。

图 13-9　制冷机房平面图

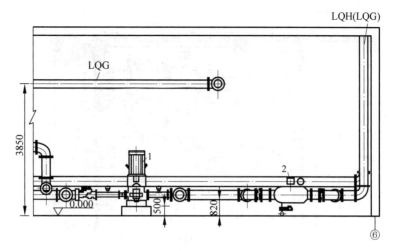

1—冷却水泵；2—自动排污电子水除垢过滤器。
图 13-10　1—1 剖面

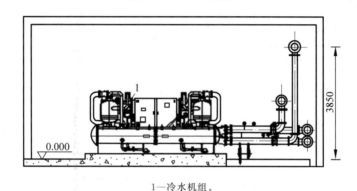

1—冷水机组。
图 13-11　2—2 剖面

(1) 图中④、⑤、⑥等为土建结构(柱、墙)的轴线编号。

(2) 图中标注"1170""3270"分别是相对于轴线④、圈 B 的距离，是冷水机组(编号 1)的定位尺寸，标注"4950""1800"分别是冷水机组的长和宽，是设备本身的尺寸大小。

(3) 图中"LQH"代表冷却水回水管，"LQG"代表冷却水供水管，"LH"代表空调冷水回水管，"LG"代表空调冷水供水管，从图 13-9 中可以看出，空调机房有两套水系统，一套为冷却水系统，另一套为冷水系统。

(4) 图中主要设备有冷水机组、冷冻水泵、冷却水泵、自动排污电子水除垢过滤器、压差旁通阀组、分水器、集水器。

(5) 图中各主要设备功能：冷水机组为制取冷水提供给各末端空调器；冷冻水泵为冷水的循环流动提供动力；冷却水泵为冷却水的循环流动提供动力；自动排污电子水除垢过滤器为过滤冷水、冷却水中的杂质；压差旁通阀组用于空调系统供/回水系统之间以平衡压力。

(6) 管 a 一端接在水泵吸入端，另一端与膨胀水箱相连，起定压和补水的作用。此外，膨胀水箱的安装高度应能保持水箱中的最低水位高于水系统的最高点 1m 以上。

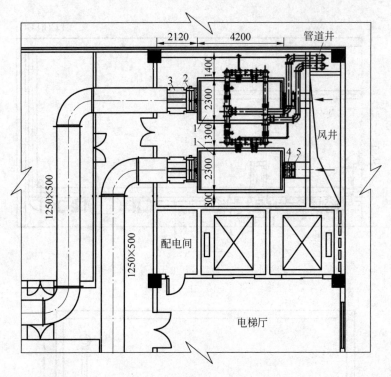

1—组合式空气处理机组；2—70°防火阀；3—消声器；4—电动对开多叶调节阀；5—70°常开防火阀。

图 13-12　空调机房管路布置图

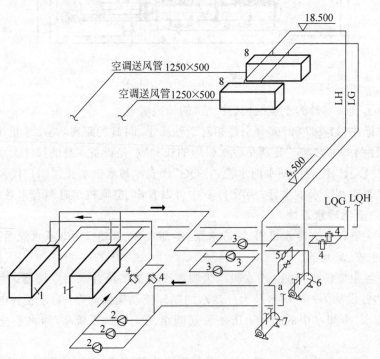

1—冷水机组；2—冷冻水泵；3—冷却水泵；4—自动排污电子水除垢过滤器；5—压差旁通阀组；6—分水器；7—集水器；8—组合式空气处理机组。

图 13-13　空调水系统图

(7) 从冷水系统看,冷水从冷水机组出来经分水器分送至各空调末端设备,末端换热后汇集至集水器,并通过过滤装置过滤及冷水泵加压后流入冷水机组再循环;从冷却水系统看,冷却水在冷水机组中的冷凝器里换热后,通过冷却水管送至冷却塔冷却,然后经过滤装置过滤及冷却水泵加压后流入冷水机组再循环。

1—1剖面反映的是空调设备及管路在高程上的位置关系,从图13-10来看,其中一根冷水供水管离地面高程为3850mm,冷却水泵基础高500mm,从图中还可以查看出具体管路、具体设备的高程。

图13-11为2—2剖面图,从图上我们可以直观地看到冷水机组的外观及冷水、冷却水的接管情况。

图13-12所示是该建筑其中一层裙楼的空调机房管路布置图,该层空调系统采用全空气系统;如图13-12所示,冷水从空调机房经管道井引入末端设备组合式空气处理机组,空气处理机组出口接有70°防火阀、消声器;入口接有电动对开多叶调节阀、70°常开防火阀。新风从送风竖井引入,经空气处理机组处理后送入该层各个房间。图中尺寸标注给出了组合式空气处理机组的定位;送风管尺寸为1250mm×500mm。

图13-13展示了该建筑的部分空调水系统原理,图中管路附件(如阀门、温度计等)未示出。空调水系统主要包括冷水系统及冷却水系统两大部分,冷水系统主要包括冷却水泵、冷水管路、过滤装置、冷却塔等。如图13-13所示,冷水经分水器分流,其中一支由冷水供水管"LG"流向组合式空气处理机组,经组合式空气表冷器(冷却盘管)段与空气进行换热,从而制取低温新风经空调送风管送入室内各区域,以满足室内热舒适性要求。换热后,冷水由管道井中的冷水回水管"LH"流向位于空调机房的集水器,并经冷水机组中蒸发器换热后再循环。图中a接高位膨胀水箱,起定压与补水作用;压差旁通阀组连接冷水供回水管用于平衡两者之间的压差。

思考题

1. 暖通专业施工图的平面图出图比例一般不宜大于多少?
2. 通风、空调设计说明应包含哪几部分内容?
3. 空调设备图的识读方法和步骤是什么?
4. 建筑通风设备图的内容包括哪些?
5. 暖通施工图的主要内容包括哪些?

第4篇

建筑电气

第14章 建筑供配电及建筑防雷与接地

14.1 建筑电气简介

14.1.1 建筑电气的概念及功能

建筑电气是以电能、电气设备和电气技术为手段创造、维持与改善限定空间的电、光、热、声环境的一门科学，它是介于土建和电气两大类学科之间的一门综合学科。简单地说，建筑电气就是以建筑为平台，以电气技术为手段，创造人性化生活环境的一门应用科学。

建筑电气要满足以下功能：创造良好的声、光、温、气相关的建筑环境；为建筑物内的人们提供生活和工作上的方便条件；增强建筑物的安全性；提高控制性能，实现节能减排；提供迅速的信息服务。

14.1.2 建筑电气的分类

在日常生活中，人们根据安全电压的习惯，通常将建筑电气分成强电与弱电两大类。强电部分主要包括供电、配电、动力、照明、自动控制与调节以及建筑与建筑物防雷保护等；弱电部分主要包括通信、电缆电视、建筑设备计算机管理系统、有线广播和扩声系统、呼叫信号和公共显示及时钟系统、计算机经营管理系统、火灾自动报警及消防联动控制系统、保安系统等。

14.1.3 现代建筑的发展趋势

城市的规模越来越大，建筑群的功能特征明显，出现了中央商务区、休闲商务区、工业园区、行政中心区、经济开发区等区域。现代城市管理必须采用信息化手段，实现对这些区域的建筑群与建筑设备的综合管理，这是对建筑电气技术提出的挑战。

电气设备智能化已经成为一个重要发展趋势。建筑物中的消防安防、防灾等电子设备及应急设备已成为不可缺少的装备。只有借助数字智能化系统，才能使之精准、有效、稳定、可靠地运行。

"绿色建筑"要求选择电气设备与材料时需要考虑更多的节能环保问题。因此，智能化、数字化与绿色化已经成为现代建筑电气技术发展的必然趋势。

14.2 电力系统概述

14.2.1 电力系统的组成

由发电、变电、配电和用电构成整体,通过电力线路将发电厂、变电所和电力用户联系起来的一个系统称为电力系统。如图 14-1 所示是从发电厂至用户的输配电示意图。

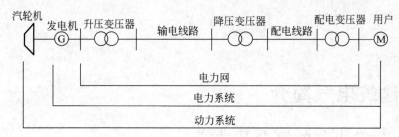

图 14-1 从发电厂至用户的输配电示意图

1. 发电厂

发电厂是生产电能的工厂,是将自然界各种一次能源(如热能、水的势能、太阳能集合能)转变为电能。根据发电厂所取用的一次能源的不同,主要有火力发电、水力发电、核能发电等发电形式,此外还有潮汐发电、地热发电、太阳能发电、风力发电等。无论发电厂采用哪种发电形式,最终将其他能源转换成电能的设备都是发电机。

2. 输配电网

输配电网是进行电能输配的通道,它分为输电线路和配电线路两种。输电线路将发电厂发出的经升压后的电能送到邻近负荷中心的枢纽变电站,枢纽变电站再将电能送到地区变电站,其电压等级一般在 220kV 以上;配电线路则是将电能从地区变电站经减压后输送到用户的线路。

3. 变电站

变电站是变换电压和交换电能的场所,分为升压变电站和降压变电站。变电站的用途可分为枢纽变电站、区域变电站和用户变电站。枢纽变电站起到对整个电力系统各部分的枢带连接作用,负责整个系统中电能传输和分配;区域变电站是将枢纽变电站送来的电能经一次降压后分配给电能用户;用户变电站是用户接受区域变电站的电能,将其降压为能满足用电设备电压要求的电能且合理地分配给各用电设备。

4. 电力用户

电力用户就是电能消耗的场所。它从电力系统中汲取电能,并将电能转化为机械能、热能、光能等,如发电机、电炉、照明器等设备。

14.2.2 建筑供配电系统组成

建筑供配电系统由高压配电线路(10 kV)、变电站、低压配电线路和用电设备组成,或由它们其中的几部分组成。一般民用建筑的供电电压在 10kV 以下,只有少数大型民用建筑物(群)及用电负荷大的工业建筑供电电压在 35～110kV 之间。

14.2.3 低压配电系统接线方式

低压配电系统的基本接线方式有放射式、树干式和环形式 3 种。

1. 放射式接线

从电源点用专用开关及专用线路直接送到用户或设备的受电端,沿线没有其他负荷分支的接线方式称为放射式接线,如图 14-2 所示,也称专用线供电。

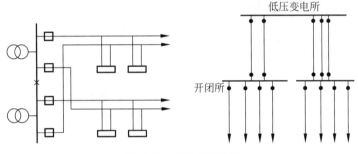

图 14-2 放射式接线图

当配电系统采用放射式接线时,引出线发生故障时互不影响,供电可靠性较高,切换操作方便,保护简单。但其有色金属消耗量较多,采用的开关设备较多,投资大。

这种接线多用于用电设备功率大、负荷性质重要、潮湿及腐蚀性环境的场所供电。

电缆配电网放射式接线形式主要有单回路放射式、双回路放射式、带低压开闭所放射式。

2. 树干式接线

树干式接线是指由高压电源母线上引出的每路出线,沿线要分别连到若干个负荷点或用电设备的接线方式,如图 14-3 所示。

树干式接线的特点是:有色金属消耗量较少,采用的开关设备较少;但其干线发生故障时,影响范围大,供电可靠性较差。这种接线多用于用电设备功率小而分布较均匀的用电设备。

3. 环形式接线

普通环形式接线是在同一个变电站的供电范围内,把不同的两回配电线路的末端或中部连接起来构成环形式网络,如图 14-4 所示。

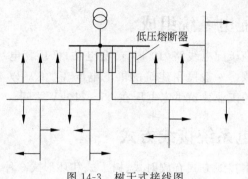

图 14-3 树干式接线图

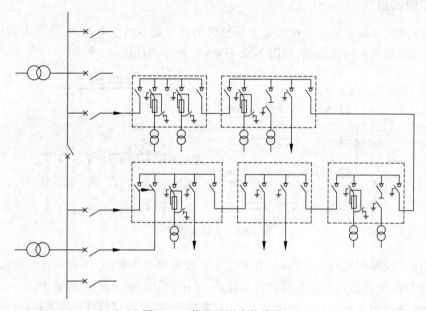

图 14-4 普通环形式接线图

14.2.4 电能质量

电压偏移和频率两项指标是衡量电能质量的基本参数,电力系统的电压和频率直接影响电气设备的运行。

1. 电压偏移

电压偏移是指在正常运行情况下,用电设备受电端的电压偏差允许值(以额定电压的百分数表示)。电压偏移主要是由各种电气设备、供配电线路的电能损失引起的,可通过改善线路、提高设备的效率、正确选择变压器的变比、合理设计变配电系统、尽量保持三相平衡和合理补偿无功功率等措施来减少电压偏移。

2. 频率

我国交流电力网的额定频率(俗称工频)是 50Hz。电力系统正常频率偏差的允许值为

±0.2Hz。当系统容量较小时,可放宽到±0.5Hz。

如果发电厂发出的有功功率不足,电力系统的频率会降低,不能保持额定50Hz的频率,使供电质量下降;如果电力系统中发出的无功功率不足,会使电网的电压降低,不能保持额定电压。如果电网的电压和频率继续降低,反过来又会使发电厂的电力降低,严重时会造成整个电力系统崩溃。

14.3 建筑用电负荷

14.3.1 负荷分级

负荷是指用电设备,负荷的大小是指用电设备功率的大小。民用建筑负荷根据建筑物的重要性及中断供电在政治、经济上所造成的损失或影响的程度,将民用建筑用电负荷分为三级。

1. 一级负荷

一级负荷主要是指突然中断供电会引起人身伤亡、重大政治影响、重大经济损失、公共场所秩序严重混乱的负荷。例如,重要通信枢纽、重要交通枢纽、重要的经济信息中心、特级或甲级体育建筑、国宾馆、国家级及承担重大国事活动的会堂,经常用于重要国际活动的大量人员集中的公共场所等用电单位的重要电力负荷。

在一级负荷中,当中断供电将造成人员伤亡或重大设备损坏或发生中毒、爆炸和火灾等情况的负荷,以及特别重要场所的不允许中断供电的负荷,应视为一级负荷中特别重要的负荷。

一级负荷应由两个电源独立供电,当一个电源发生故障时,另一个电源应不至于同时损坏;一级负荷容量较大或有高压用电设备时,应采用两路高压电源;一级负荷中的特别重要负荷,除上述两个电源外,还应增设应急电源。为保证对特别重要负荷的供电,严禁将其他负荷接入应急供电系统。

2. 二级负荷

二级负荷是指中断供电会造成较大政治影响、较大经济损失、公共场所秩序混乱的负荷。例如,会造成主要设备损坏、大量产品报废、连续生产过程被打乱需较长时间才能恢复、重点企业大量减产,交通枢纽、通信枢纽等用电单位中的重要电力负荷,以及中断供电将造成大型影剧院、大型商场等较多人员集中的重要的公共场所秩序混乱等。

二级负荷的供电系统应做到当发生电力变压器故障或线路常见故障时,不至于中断供电(或中断后能迅速恢复)。在负荷较小或地区供电条件困难时,二级负荷可由一路6kV及以上专用架空线供电。

3. 三级负荷

不属于一级和二级负荷者应为三级负荷。三级负荷的供电没有特别要求,配电中做到经济合理即可。

14.3.2 负荷计算

负荷的大小不但是选择变压器容量的依据,而且是供配电线路导线截面、控制及保护电器选择的依据。负荷计算的正确与否,直接影响到变压器、导线截面和保护电器的选择是否合理,它关系到供电系统能否经济合理、可靠安全运行。

目前较常用的负荷计算的方法主要有:

1. 需要系数法

需要系数法是用设备功率乘以需要系数和同时系数,直接求出计算负荷。这种方法比较简便,应用广泛,尤其适用于配、变电所的负荷计算。

2. 利用系数法

利用系数法是利用系数求出最大负荷班的平均负荷,再考虑设备台数和功率差异的影响,乘以与有效台数有关的最大系数得出计算负荷。这种方法的理论根据是概率论和数理统计,因而计算结果比较接近实际。适用于各种范围的负荷计算,但计算过程繁琐。

3. 单位指标法

单位指标法包括单位面积功率法、综合单位指标法和单位产品耗电量法,前两者多用于民用建筑,后者适用于某些工业建筑。在用电设备功率和台数无法确定时,或者设计前期,这些方法是确定设备负荷的主要方法。

单位指标法多用于设计的前期计算,如可行性研究和方案设计阶段;需要系数法、利用系数法多用于初步设计和施工图设计。

14.4 电气设备的选择

电气设备选择的一般原则:

(1) 应满足正常运行、检修、短路和过电流情况下的要求,并考虑远景发展;
(2) 应按当地环境条件校核;
(3) 应力求技术先进和经济合理;
(4) 与整个工程的建设标准应协调一致;
(5) 同类设备应尽量减少品种;
(6) 选用的新产品均应具有可靠的试验数据,并经正式鉴定合格。

电气设备按其工作电压可分为高压设备和低压设备(通常以 1kV 为界)。常用的高压电气设备主要有高压断路器、负荷开关、隔离开关、高压熔断器、限流电抗器、电流互感器、电压互感器、消弧线圈(电磁式)、接地变压器、接地电阻器、支柱绝缘子、穿墙套管以及高压开关柜和环网负荷开关柜等。常用的低压电气设备主要有低压断路器、低压熔断器、剩余电流动作保护器、刀开关、接触器、继电器以及低压开关柜等。

14.4.1 高压电气设备

1. 高压断路器

高压断路器(图 14-5)不仅可以切断或闭合高压电路中的空载电流和负荷电流,而且当系统发生故障时可通过继电器起到保护装置的作用,自动迅速地切断过负荷电流和短路电流。

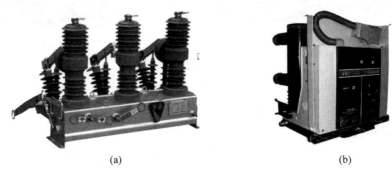

图 14-5　高压断路器
(a) 户外高压真空断路器；(b) 户内高压真空断路器

2. 高压隔离开关

高压隔离开关(图 14-6)主要用来保证高压电器及装置在检修工作时的安全,起隔离电压的作用,不能用于切断、投入负荷电流和开断短路电流。高压隔离开关是发电厂和变电站电气系统中重要的开关电器,需与高压断路器配套使用。

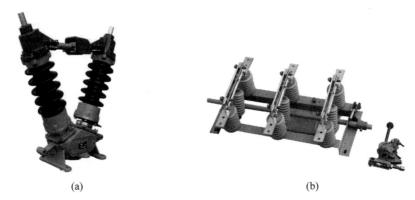

图 14-6　高压隔离开关
(a) 户外高压隔离开关；(b) 户内高压隔离开关

3. 高压负荷开关

高压负荷开关(图 14-7)能通断一定的负荷电流和过负荷电流,用于控制电力变压器。它是一种功能介于高压断路器和高压隔离开关之间的电器。它不能断开短路电流,所以它一般与高压熔断器串联使用,借助熔断器来进行短路保护。

图 14-7　高压负荷开关
(a) 户外高压负荷开关；(b) 户内高压负荷开关

4. 高压熔断器

高压熔断器(图 14-8)用来保护电气设备免受过载和短路电流的损害。按安装条件及用途可以选择不同类型高压熔断器,如屋外跌落式、屋内式等。

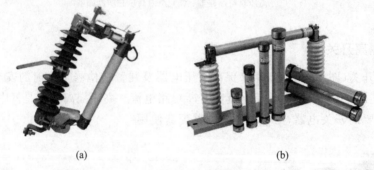

图 14-8　高压熔断器
(a) 户外高压跌落式熔断器；(b) 屋内高压熔断器

14.4.2　低压电气设备

1. 低压断路器

低压断路器可以接通和分断正常负荷电流和过负荷电流,还可以接通和分断短路电流。低压断路器在电路中除起控制作用外,还具有一定的保护功能,如过负荷、短路、欠压和漏电保护等。低压断路器一般分为万能式断路器、塑壳断路器和微型断路器等,如图 14-9 所示。

2. 低压熔断器

低压熔断器(图 14-10)用来保护电气设备免受过载和短路电流的损害。低压熔断器有时也被称为"保险丝"。熔断器主要由熔体和熔管以及外加填料等部分组成。使用时,将熔断器串联于被保护电路中,当被保护电路的电流超过规定值,并经过一定时间后,由熔体自

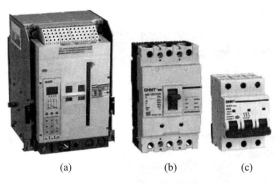

图 14-9　低压断路器
(a) 万能式断路器；(b) 塑壳断路器；(c) 微型断路器

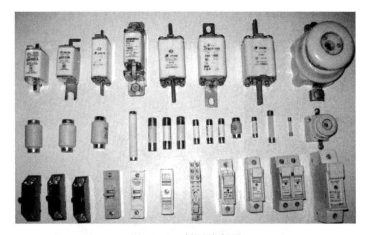

图 14-10　低压熔断器

身产生的热量熔断熔体，使电路断开，从而起到保护的作用。

3. 剩余电流动作保护器

剩余电流动作保护器(residual current operated protective device, RCD)能迅速断开接地故障电路，以防发生间接电击伤亡和引起火灾事故。它除了具有断路器的基本功能外，对漏电故障能自动迅速做出反应，因此又称为漏电断路器。漏电断路器分为塑壳漏电断路器和微型漏电断路器，如图 14-11 所示。它的外形也只是比相对应的断路器略大。

4. 刀开关

刀开关又称闸刀开关或隔离开关，如图 14-12 所示。它是手控电器中最简单而使用又较广泛的一种低压电器。

5. 接触器

接触器(图 14-13)是一种用来频繁接通和断开交直流回路的自动电器。接触器不仅能接通和切断电路，而且还具有低电压释放保护作用。接触器适用于频繁操作和远距离控制，是自动控制系统中的重要元件之一。

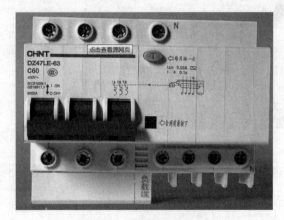

图 14-11　微型漏电断路器

图 14-12　刀开关

图 14-13　接触器

6. 继电器

继电器是一种根据电量或非电量的变化来接通或断开电路的自动电器。继电器一般都有能反映一定输入变量（如电流、电压、功率、温度、压力、时间、光等）的感应机构；有能对被控电路实现"通""断"控制的执行机构。根据输入变量的不同，继电器可以分为时间继电器、热继电器、温度继电器、信号继电器等。

7. 配电盘、配电柜

在整个建筑内部的公共场所和房间内大量设置有配电盘。其内装有所管范围内的全部用电设备的控制和保护设备，其作用是接受和分配电能。

配电柜又称开关柜，是用于安装高低压配电设备和电动机控制保护设备的定型柜。安装高压设备的称为高压开关柜，安装低压设备的称为低压开关柜。

14.5 电缆、电线的选择与敷设

在民用建筑供配电线路中,使用的导线主要有电线和电缆。在各种电气设备中,导线在建筑内用量最广、分布最广;电缆是一种特殊的导线,它是将一根或数根绝缘导线组合成线心,外面加上密闭的包扎层,如铅、橡胶、塑料等加以保护。

14.5.1 电线、电缆的选择

电线、电缆的选择,是供配电设计的重要内容之一,选择的合理与否直接影响到有色金属消耗量、线路投资的大小,以及电力网能否安全、经济地运行。

1. 电线、电缆的型号选择

型号是指导线的材料和外部绝缘材料的类型及绝缘方式,常用导线的型号 BX 和 BLX 分别代表铜芯和铝芯橡皮绝缘线,BV 和 BLV 分别代表铜芯和铝芯聚氯乙烯绝缘线。

2. 电线、电缆的截面选择

电线、电缆的标称截面面积有 1、1.5、2.5、4、6、10、16、25、35、50、70、95、120、150、185、240、300、400、500mm^2。

电线、电缆截面的选择要求,应满足允许温升、电压损失、机械强度等要求;绝缘额定电压要大于线路的工作电压;应符合线路安装方式和敷设环境的要求;截面面积不应小于与保护装置配合要求的最小截面面积。

导线截面选择可按短路热稳定、导线允许温升、线路的允许电压损失、导线的机械强度等计算方法确定,主要采用发热条件计算法和允许电压损失计算方法。

14.5.2 线路的敷设

1. 室外线路敷设

室外线路敷设可采用架空导线和埋地电缆两种方式。

架空线,对高压 6~10kV 接户线可采用铝绞线或铜绞线。进户点对地距离不应小于 4.5m。最小截面铝绞线需 25mm^2,铜绞线需 16mm^2。低压配电 0.38/0.22kV 室外接户线应采用绝缘导线。进户点对地距离不应小于 2.5m。架空导线与路面中心的垂直距离,若跨越通车道路应不小于 6m,若跨越通车困难的道路和人行道不应小于 3.5m。

高、低电缆接户线一般采用直接埋地敷设,埋深不应小于 0.7m,并应埋于冰冻线以下。在电缆上、下各铺以 100mm 厚的软土或砂层,再盖混凝土板、石板或砖等保护板。其覆盖宽度应超过电缆两侧各 50mm。电缆穿钢管引入建筑,保护钢管伸出建筑物散水坡外的长度不应小于 250mm。

2. 室内线路敷设

建筑内部采用的导线有绝缘导线和电缆两类。敷设方式有明敷、暗敷和电缆沟内敷设等。

明敷是指导线直接或者在管子、线槽等保护体内，敷设于墙壁、顶棚的表面等处。明敷时应注意美观和安全；应和建筑物的轴向平行；线路之间及线路与其他相邻部件之间保持足够的安全距离。明敷又分为导线明敷及电缆直接明敷或穿管明敷等。

暗敷是指导线在管子、线槽等保护体内，敷设于墙壁、顶棚、地坪及楼板等内部，或者在混凝土板孔内。暗敷时应考虑到使穿线方便，利于施工和维修，使线路尽量短，节省投资。

导线敷设方式的选择，应根据建筑物的性质和要求，用电设备的分布、室内装饰的要求，以及环境特征等因素，经技术经济比较来确定。照明线路一般情况下采用暗敷；动力线路则明敷、暗敷皆有。为了美化建筑、使用安全、施工方便等需要，目前在民用建筑中较多地采用穿管配线。

穿管配线常采用水煤气管（RC）、穿阻燃半硬聚氯乙烯管（FPC）、穿塑料管（PC）。一般可使用电线管或塑料线管，但在有爆炸危险的场所内，或标准较高的建筑物中，应采用水煤气钢管。穿钢管配线可保护导线不受机械损伤、潮湿尘埃的影响，多用于多尘、易燃、易爆的场所，暗敷时美观，换线方便。电线穿管前应将管中积水及杂物清除干净，然后在管中穿一根钢线作引线，将导线绑扎在引线的一端。

14.6　建筑防雷与接地

14.6.1　雷电的危害及种类

雷电是由雷云对地面建筑物及大地的自然放电引起的。雷电电流泄入大地时，对建筑物或电气设备、设施会造成巨大危害；在接地体周围会有很高的冲击电流，会形成对人有危险的冲击接触电压和跨步电压，若人体直接遭受雷击，会造成伤亡。

雷电在放电过程中，可能出现静电效应、电磁效应、热效应和机械效应等。静电效应和电磁效应能使电气设备的绝缘体被击穿，引起火灾或爆炸，造成设备损坏和人员伤亡；热效应在极短的时间内使导体温度可达几万摄氏度，造成金属熔化、周围易燃物起火燃烧或爆炸、电气设备损坏、电线电缆烧毁、人员伤亡和引起火灾等。强大的雷电电流在通过被击物时，会由于电动力的作用以及被击物缝隙中的水分因急剧受热蒸发为气体，而体积瞬间膨胀，这种现象称为机械效应。机械效应使建筑物、电力线路的杆塔等遭受劈裂损坏。

雷电造成的破坏作用，一般可分为直击雷和感应雷两大类。直击雷是带点雷云直接对大地或地面凸出物放电，一般作用于建筑物顶部的突出部分或高层建筑的侧面（又叫侧击雷）；感应雷分为静电感应和电磁感应两种。静电感应是雷云接近地面时，在地面凸出物顶部感应大量异性电荷，在雷云离开时，凸出物顶部的电荷失去束缚，以雷电波的形式高速传播。电磁感应雷是在雷击后，雷电流在周围空间产生迅速变化的强磁场，处在强磁场范围内的金属导体上会感应出超高的过电压。无论是直击雷还是感应雷，都有可能演变成雷电的第三种形式，即雷电波侵入。雷电打击在架空线或金属管道上，雷电波沿着这些管线侵入建筑物内部，危及人身或设备安全，叫作雷电波侵入。

为了克服上述雷电的破坏，建筑防雷设计就是要做到：保护建筑物内部的人身安全；保护建筑物不遭破坏和烧毁；保护建筑内部存放的危险物品不会损坏、燃烧和爆炸；保护建筑物内部的电气设备和系统不受损坏。

建(构)筑物防雷设计,应在认真调查地理、地质、土壤、气象、环境等条件和雷电活动规律,以及被保护物的特点等的基础上,详细研究并确定防雷装置的形式及其布置。

14.6.2 建筑物防雷的分类与措施

1. 建筑物的防雷分类

按照《建筑物防雷设计规范》(GB 50057—2019)规定,建筑物应根据建筑物重要性、使用性质、发生雷电事故的可能性和后果,按防雷要求分为三类。

第一类防雷建筑物:在可能发生对地闪击的地区,遇下列情况之一时,应划为第一类防雷建筑物。

(1) 凡制造、使用或贮存炸药及其制品的危险建筑物,因电火花而引起爆炸、爆轰,会造成巨大破坏和人身伤亡者。

(2) 具有0区或20区爆炸危险场所的建筑物。

(3) 具有1区或21区爆炸危险场所的建筑物,因电火花而引起爆炸,会造成巨大破坏和人身伤亡者。

第二类防雷建筑物:在可能发生对地闪击的地区,遇下列情况之一时,应划为第二类防雷建筑物。

(1) 国家级重点文物保护的建筑物。

(2) 国家级的会堂、办公建筑物、大型展览和博览建筑物、大型火车站和飞机场(不含停放飞机的露天场所和跑道)、国宾馆,国家级档案馆、大型城市的给水泵房等特别重要的建筑物。

(3) 国家级计算中心、国际通讯枢纽等对国民经济有重要意义的建筑物。

(4) 国家特级和甲级大型体育馆。

(5) 制造、使用或贮存火炸药及其制品的危险建筑物,且电火花不易引起爆炸或不致造成巨大破坏和人身伤亡者。

(6) 具有1区或21区爆炸危险场所的建筑物,且电火花不易引起爆炸或不致造成巨大破坏和人身伤亡者。

(7) 具有2区或22区爆炸危险场所的建筑物。

(8) 有爆炸危险的露天钢质封闭气罐。

(9) 预计雷击次数大于0.05次/年的部、省级办公建筑物和其他重要或人员密集的公共建筑物以及火灾危险场所。

(10) 预计雷击次数大于0.25次/年的住宅、办公楼等一般性民用建筑物或一般性工业建筑物。

第三类防雷建筑物:在可能发生对地闪击的地区,遇下列情况之一时,应划为第三类防雷建筑物。

(1) 省级重点文物保护的建筑物及省级档案馆。

(2) 预计雷击次数大于或等于0.01次/年,且小于或等于0.05次/年的部、省级办公建筑物和其他重要或人员密集的公共建筑物,以及火灾危险场所。

(3) 预计雷击次数大于或等于 0.05 次/年,且小于或等于 0.25 次/年的住宅、办公楼等一般性民用建筑物或一般性工业建筑物。

(4) 在平均雷暴日大于 15d/年的地区,高度在 15m 及以上的烟囱、水塔等孤立的高耸建筑物;在平均雷暴日小于或等于 15d/年的地区,高度在 20m 及以上的烟囱、水塔等孤立的高耸建筑物。

2. 建筑物的防雷措施

根据三种雷电的破坏作用及建筑物防雷分类,可以采取如下措施:防直击雷的措施是在建筑物顶部安装避雷针、避雷带和避雷网;防感应雷的措施是将建筑屋面的金属构件或建筑物内的各种金属管道、钢窗等与接地装置连接;防雷电波侵入的措施是在变配电所或建筑物内的电源进线处安装避雷器。

3. 建筑物防雷装置

避雷装置的作用是将雷云电荷或建筑物感应电荷迅速引导入地,以保护建筑物、电气设备及人身不受损害。其主要由接闪器、引下线和接地装置等组成,如图 14-14 所示。

1) 接闪器

接闪器是引导雷电流的装置,并非避雷作用。接闪器的类型主要有避雷针、避雷线、避雷带、避雷网和避雷器等,通常安装在建筑物的顶部。接闪器一般用圆钢或扁钢做成。避雷针主要安装于高耸的屋面小的建筑物或构筑物(如水塔、烟囱)上;避雷带水平敷设在建筑物顶部凸出部分,如屋脊、屋檐、女儿墙、山墙等

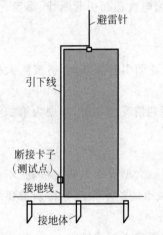

图 14-14 建筑物防雷组成示意图

位置,用于屋面大的建筑;避雷网是可靠性更高的多行交错的避雷带。

2) 引下线

引下线是用于将雷电流从接闪器传导至接地装置的导体,可分明装和暗装两种。

明装时,一般采用直径 8mm 的圆钢或截面 12mm×4mm 的扁钢。在易受腐蚀部位,截面应适当加大。建筑物的钢梁、钢柱、消防梯等金属构件,以及幕墙的金属立柱宜作为引下线,但其各部件之间均应连成电气贯通,可采用铜锌合金焊、熔焊、卷边压接、缝接、螺钉或螺栓连接,各金属构件可覆有绝缘材料。引下线应沿建筑物外墙敷设,距墙面 15mm,固定支架间距不应大于 2m,敷设时应保持一定的松紧度,从接闪器到接地装置,引下线的敷设应尽量短而直。若必须弯曲时,弯角应大于 90°。

暗装时,引下线的截面应加大一级,而且应注意与墙内其他金属构件的距离。若利用钢筋混凝土中的主筋作引下线时,最少应利用 4 根柱子,每柱中至少用到 2 根直径不小于 16mm 主筋从上到下焊成一体。因柱内钢筋不便断开,故采取由建筑物的四角部位的主筋焊接引出接线端子,以测量接地电阻。

3) 接地装置

接地装置由接地线和接地体组成,用于传导雷电流并将其流散入大地。接地线是从引

下线接至接地体的连接导体。接地线通常采用直径为 10mm 以上的镀锌钢筋制成。接地体是埋入土壤中或混凝土基础中作散流用的导体。埋接地体时,应将周围填土夯实,不得回填砖石、灰渣等各类杂土。接地体通常采用镀锌钢材,土壤有腐蚀性时,应适当加大接地体和连接条截面,并加厚镀锌层,各焊点必须刷樟丹油或沥青,以加强防腐。人工接地体在土壤中的埋设深度不应小于 0.5m,并宜敷设在当地冻土层以下,距墙或基础不宜小于 1m。接地体宜远离烧窑、烟道等高温使土壤电阻率升高的地方。

4)接地电阻

第一类防雷建筑物独立接闪杆、架空接闪器或架空接闪网应设独立的接地装置,每一引下线的冲击接地电阻不宜大于 12Ω,在土壤电阻率高的地区,可适当增大冲击接地电阻,但在 3000Ω·m 以下地区,冲击接地电阻不应大于 30Ω;防雷电感应的接地装置应与电气和电子系统的接地装置共用,其工频接地电阻不宜大于 10Ω;第一类防雷建筑物防雷电波侵入,进入建筑物的架空金属管道接地,冲击接地电阻不应大于 30Ω。

第二、三类防雷建筑物,共用接地装置的接地电阻应按 50Hz 电气装置的接地电阻确定,以不大于其按人身安全所确定的接地电阻值为准。

一套防雷装置是否符合要求,需要对接地电阻大小进行测量。接地电阻的测量应在接地网安装完毕后立即进行,以确定应接入地网的接地部件无漏接。要考虑到以后安装的装置如水管、铁轨等将会改变所测的数据。还要考虑到,在接地网安装一年后,由于土壤变得均匀坚实,接地电阻通常会降低。

接地的方式有工作接地、保护接地、重复接地、过电压保护接地、防静电接地等。

思考题

1. 电力系统的组成有哪些?
2. 负荷等级划分的依据是什么?一级负荷的供电有什么要求?
3. 线路的敷设方法有哪些?
4. 负荷计算的方法有几种?并简述其适用范围。
5. 常用的电线、电缆的型号有哪些?其名称分别是什么?
6. 雷电的危害形式有哪些?各种形式应分别采取什么样的防雷措施?
7. 防雷装置的组成有哪些?各部分的作用分别是什么?

第15章 建筑电气照明系统

15.1 照明的基本知识

15.1.1 照明的基本概念

1. 光通量

光源在单位时间内向周围空间辐射出去的并能使人眼产生光感的能量,称为光通量,用来表征光源或发光体发射光的强弱。以符号 Φ 表示,单位为 lm(流[明])。

2. 照度

照度表示物体被照亮的程度。当光通量投射到物体表面时,可把物体照亮,因此,对于被照面,用落在它上面的光通量的多少来衡量它被照射的程度。投射到被照物体表面的光通量与该物体被照面积的比值,即单位面积 S 上接收到的光通量称为被照面的照度,以符号 E 表示,单位为 lx(勒[克斯])。它用来表征被照面上接受光的强弱。公式为

$$E = \frac{\Phi}{S} \tag{15-1}$$

式中:E——照度,lx;
　　　Φ——光通量,lm;
　　　S——面积,m²。

3. 发光强度

光源在空间某一方向上的光通量的空间密度,称为光源在该方向上的发光强度,用符号 I 表示,单位是 cd(坎[德拉]),公式为

$$I = \frac{\mathrm{d}\Phi}{\mathrm{d}\Omega} \tag{15-2}$$

式中:Ω——光源发光范围内的立体角,sr。

4. 亮度

亮度是指表面某一视线方向的单位投影面上所发出或反射的发光强度,常用符号 L 表

示,单位为 cd/m²。亮度具有方向性。只有一定亮度的表面才可在人眼中形成视觉。

5. 发光效率

光源发出的光通量除以光源功率即为光源的发光效率,单位为 lm/W。若针对照明灯而言,它是光源发出的总光通量与灯具消耗电功率的比值。例如,一般白炽灯的发光效率为 7.3～18.6lm/W,荧光灯的发光效率为 85～95lm/W,荧光灯发光效率比白炽灯高,发光效率越高,说明在同样的照度下,可以使用功率小的光源,即可以节约电能。

6. 显色指数和显色性

物体在某光源照射下显现颜色与日光照射下显现颜色相符的程度称为某光源的显色指数,用符号 Ra 表示。显色指数越高,则显色性能越好。光源显现被照物体颜色的性能称为显色性。显色指数用 1～100 无量纲数字表示,显色指数最高为 100。日光的显色指数定为 100。显色指数的高低表示物体在待测光源下变色和失真的程度。Ra 值为 80～100 时,显色优良;50～79 表示显色一般;50 以下则说明显色性差。白炽灯、卤钨灯、稀土节能荧光灯、三基色荧光灯、高显色高压钠灯,$Ra \geqslant 80$;金属卤化物灯、荧光灯,$60 \leqslant Ra < 80$;荧光高压汞灯,$40 \leqslant Ra < 60$;高压钠灯,$Ra < 40$。

7. 眩光值

眩光是指视野中由于不适宜亮度分布,或在空间或时间上存在极端的亮度对比,以致引起视觉不舒适和降低物体可见度的视觉条件。眩光是引起视觉疲劳的重要原因之一。对眩光的度量称为眩光值,眩光值是指照明装置发出的光对人眼引起不舒服感主观反应的心理参量。UGR 用于表示室外眩光值,GR 用于表示室内眩光值。

15.1.2 照度标准

目前,在我国照明工程的设计实践中,采用两大类标准。一类是国家标准,目前采用的是《建筑照明设计标准》(GB 50034—2020),适用于新建、改建和扩建,以及装饰的居住、公共和工业建筑的照明设计。表 15-1 为住宅建筑照明标准值。另一类是国际标准,欧洲采用国际照明委员会(Commission Internationale de l'Eclairage,CIE)和英国建筑设备工程师协会(Chartered Institution of Building Services Engineers,CIBSE)颁布的一系列标准和指南。而在北美采用北美照明工程学会(Illuminating Engineering Society of North America,IESNA)颁布的一系列标准和指南。

表 15-1 住宅建筑照明标准值

房间或场所		参考平面及其高度	照度标准值/lx	Ra
起居室	一般活动	0.75m 水平面	100	80
	书写、阅读		300*	
卧室	一般活动	0.75m 水平面	75	80
	床头、阅读		150*	

续表

房间或场所		参考平面及其高度	照度标准值/lx	Ra
餐厅		0.75m 餐桌面	150	80
厨房	一般活动	0.75m 水平面	100	80
	操作台	台面	150*	
卫生间		0.75m 水平面	100	80
电梯前厅		地面	75	60
走道、楼梯间		地面	50	60
车库		地面	30	60

注：* 指混合照明照度。

15.2 电光源和灯具

15.2.1 常用电光源

电光源是一种人造光源，它是将电能转换成光能，提供光通量的一种照明设备。常用的电光源按照其工作原理主要有热辐射光源、气体放电光源和 LED 光源三大类。

1. 热辐射光源

热辐射光源主要是指利用电流的热效应，将具有耐高温、低挥发性的灯丝加热到白炽程度而产生部分可见光制成的光源，如白炽灯、卤钨灯等。

(1) 白炽灯：白炽灯是第一代电光源，由灯丝、灯头、玻璃支柱和玻璃壳等组成，工作原理是电流将钨丝加热到白炽状态而发光。白炽灯的优点是启动快、显色性好、便于调光、价格低廉等，但它的发光效率不高，能耗大。我国已经发布《关于逐步禁止进口和销售普通照明白炽灯的公告》，从 2012 年 10 月 1 日起，按功率大小分阶段逐步禁止进口和销售普通照明白炽灯，白炽灯在不久的将来会退出历史舞台。

(2) 卤钨灯：卤钨灯由灯头（由陶瓷制成）、灯丝（螺旋状钨丝）和灯管（由耐高温玻璃、高硅酸玻璃内充氮、氩和氮、氩和少量卤素）组成，根据卤素的种类卤钨灯有碘钨灯、溴钨灯和氟钨灯之分。卤钨灯特点是体积小、显色性好、寿命长。卤钨灯在安装使用中应注意：玻璃壳温度高，故不能和易燃物靠近，也不允许采用任何人工冷却措施（如风吹、水淋等）。

2. 气体放电光源

气体放电光源主要是指利用汞或钠气体辐射的紫外线激活荧光粉发光的原理制成的光源，如荧光灯、高压汞灯和高压钠灯等。根据气体的压力，又分为低压气体放电光源和高压气体放电光源。低压气体放电光源包括荧光灯和低压钠灯，这类灯中气体压力低；高压气体放电光源包括高压汞灯和高压钠灯等，这类灯中气压高，负荷一般比较大，所以灯管的表面积也比较大，灯的功率也较大，又叫作高强度气体放电灯。

(1) 荧光灯：荧光灯是充以低气压汞蒸气的一种气体放电光源，由灯管和附件两部分组成。主要附件为镇流器和启辉器。荧光灯具有结构简单、制造容易、发光效率高、光色好、寿命长、光通分布均匀、可发出不同颜色的光线、表面温度低和价格便宜的优点。荧光灯的每次启动都会影响灯管使用寿命。因此在开关比较频繁的场所不宜使用荧光灯，特别不宜作为楼梯照明的声控灯，它一般用在商场、医院、学校教室等场所。

（2）高压汞灯：又叫高压水银灯，是一种气体放电光源。它的主要部分是石英放电管。放电管工作时，在两个主电极间时弧光放电，发出强光，同时汞蒸气电离后发出紫外线，又激发外玻璃壳内壁涂的荧光粉，以致发出很强的荧光，所以它是复合光源。它具有结构简单、寿命长、耐震性能好等优点，但显色性差。一般可用在街道、广场、车站、码头、工地和高大建筑的室内外照明。

（3）高压钠灯：是利用高压钠蒸气放电的原理进行工作的光源。它的光效比高压汞灯高，寿命长达 2500~5000h；紫外线辐射少；光线透过雾和水蒸气的能力强。但显色性差，光源的显色指数比较低，常用在道路、机场、码头、车站、体育场及工矿企业等场所照明，是一种理想的节能光源。

（4）低压钠灯：是电光源中光效最高的品种。光色柔和、眩光少、光效特高、透雾能力极强。但其光色近似单色黄光，分辨颜色的能力差，不宜用在繁华的市区街道和室内照明，适用于公路、隧道、港口、货场和矿区等场所。

（5）金属卤化物灯：是在高压汞灯的基础上为改善光色而研发的一种新型电光源。发光效率高、寿命长、透雾性好。一般用在体育场、展览中心、游乐场所、街道、广场、停车场、车站、码头、工厂等。

3. LED 光源

发光二极管（light emitting diode, LED），是一种能够将电能转化为可见光的固态的半导体器件。LED 节能灯环保不含汞，可回收再利用，功率小，高光效，长寿命，即开即亮，耐频繁开关，光衰小，色彩丰富，可调光，变幻丰富。广泛应用于家庭照明、汽车照明与指示灯、城市亮化工程、交通信号灯和大屏幕等场所。

15.2.2 灯具的分类与选择

灯具是透光、分配和改变光源分布的器具，包括除光源外所有用于固定和保护光源的全部零部件及电源连接所必需的线路附件，具有控光、保护光源、安全和美化环境的作用。

1. 灯具的分类

（1）按光源分为白炽灯、卤钨灯和荧光灯等。
（2）按光源数目可分为普通灯具、组合花灯灯具。
（3）按照灯具的结构分类，有开启型、闭合型、封闭性、密闭性和防爆型等。
① 开启型：灯具敞开，光源裸露在灯具的外面直接照射周围环境。
② 闭合型：透明灯具是闭合型，透光罩把光源包合起来，但是罩内外空气仍能自由流通，不防尘，如乳白玻璃球形灯。
③ 封闭型：透明罩结合处做一般封闭，与外界隔绝比较可靠，罩内外空气可有限流通。
④ 密闭型：透明灯具固定处有严密封口，内外空气不能流通，一般用于浴室、厨房、潮湿或有水蒸气的场所。

⑤ 防爆型：透光罩及结合处严密密封，灯具外壳均能承受要求的压力，一般用在有爆炸危险的场所。

(4) 按光通量在空间上下部分的分配比例分类，有直接型、半直接型、均匀漫射型、半间接型、间接型等。

① 直接型：光直接从灯具上方射出，光通量利用率最高，光线集中，方向性很强。由于灯具的上下部分光通量分配比例较为悬殊且光线集中，容易产生对比眩光和较重的阴影，适用于一般厂房、仓库和路灯照明灯。

② 半直接型：采用下面敞口的半透明罩或者上方留有较大的通风、透光间隙，它能将较多的光线照射到工作面上，光通量的利用率较高，又使空间环境得到适当的亮度，阴影变淡，常用于办公室、书房等场所。

③ 均匀漫射型：将光线均匀地投向四面八方，对工作面来讲，光通量比较低。这类灯具是用漫射透光材料制成封闭型的灯罩，造型美观，光线柔和均匀，适用于起居室、会议室和厅堂照明。

④ 半间接型：这种灯具上半部用透明材料或上半部敞口，下半部用漫射透光材料制成。由于上半部光通量的增加，增加了室内反射光的照明效果，光线柔和。但灯具的效率低且灯具的灯罩上很容易积灰尘等脏物，很难清洁。

⑤ 间接型：这类灯具 90% 光线都由上半球射出，经顶棚反射到室内。光线柔和，没有阴影和眩光，但光通量利用率低、不经济。适用于剧场、展览馆等一些需要装饰环境的场所，这类灯具不宜单独使用，常常和其他形式的灯具配合使用。

(5) 按安装方式分类，有吸顶型、嵌入顶棚型、悬挂型、壁灯、嵌墙型等。

① 吸顶型：即灯具吸附在顶棚上。一般适用于顶棚比较光洁而且房间不高的建筑物。

② 嵌入顶棚型：除了发光面，灯具的大部分都嵌在顶棚内。一般适用于低矮的房间。

③ 悬挂型：即灯具吊挂在顶棚上。根据吊用的材料不同分为线吊型、链吊型和管吊型。悬挂可以使灯具离工作面更近一些，提高照明经济性，主要用于建筑物内的一般照明。

④ 壁灯：即灯具安装在墙壁上。壁灯不能作为主要灯具，只能作为辅助照明，并且富有装饰效果。一般多用小功率光源。

⑤ 嵌墙型：即灯具的大部分或全部嵌入墙内，只露出发光面。这种灯具一般用于走廊和楼梯的深夜照明灯。

2. 灯具的选择

灯具的选择应根据环境条件和使用地点，合理地选定灯具的光强分布、效率、遮光角、类型、造型尺度以及灯的表观颜色等，还要满足技术、经济、使用、功能方面的要求。

(1) 技术性要求：指满足配光和限制眩光的要求。高大的厂房宜选深照型灯具，宽大的车间宜选用广照型、配用型灯具，使绝大部分光线直照到工作面上。一般公共建筑可选半直射型灯具，较高级的可选漫射型灯具，通过顶棚和墙壁的反射使室内光线均匀、柔和。豪华的大厅可考虑选用半反射型或反射型灯具，使室内无阴影。

(2) 经济性要求：应从初始投资和年运行费用全面考虑其经济性，采用满足照度要求而耗电最少，即最经济的方式，故应选光效高、寿命长的灯具为宜。

(3) 使用性要求：灯具应符合环境条件、建筑结构等各种要求。如干燥场所、清洁房间尽量选用开启式灯具；潮湿处（如厕所、卫生间）可选防水灯头保护式灯具；特别潮湿处（如厨房、浴室）可选密闭式灯具（防水、防尘灯）；有易燃易爆物场所（如化学车间）应选防爆灯；室外应选防雨灯具。

（4）功能性要求：根据不同的建筑功能，恰当确定灯具的光、色、型、体和布置，合理运用光照的方向性、光色的多样性、照度的层次性和光点的连续性等技术手段，可起到渲染建筑、美化环境的作用，并满足不同需要及要求。如大阅览室中采用三相均匀布置的荧光灯，创造明亮、均匀而无闪烁的光照条件，以形成安静的读书环境；宴会厅采用以组合花灯或大吊灯为中心，配上高亮度的无影白炽灯具，产生温暖而明朗的光照条件，形成一种欢快热烈的气氛。

3．灯具的布置

照明产生的视觉效果不仅和光源与灯具的类型有关，而且和灯具布置方式有很大关系。灯具的布置内容包括灯具的安装高度（竖向布置）和平面布置。应周密考虑光的投射方向、工作面的照度、反射眩光和直射眩光、照明均匀性、视野内各平面的亮度分布、阴影、照明装置的安装功率和初次投资、用电的安全性、维护管理的方便性等因素。一般灯具的布置方式有以下两种：

（1）均匀布置：是指灯具间距按一定的规律（如正方形、矩形、菱形等形式）均匀布置，使整个工作面获得比较均匀的照度。均匀布置适用于室内灯具的布置。

（2）选择布置：是指为满足局部要求的布置方式。选择布置适用于其他场所。

15.3　照明设计

15.3.1　照明的方式与种类

1．照明的方式

（1）一般照明：为照亮整个场所而设置的照明。

（2）分区一般照明：同一场所内的不同区域有不同的照度要求时，为节约能源，贯彻照度该高则高、该低则低的原则，应采用分区一般照明。

（3）局部照明：为某些特定的作业部位（如机床操作面、工作台面）较高视觉条件需要而设置的照明。

（4）混合照明：由一般照明和局部照明组成的照明。对于照度要求高的作业面的密度不大，单靠一般照明来达到其照度要求在经济和节能方面不合理时，应采用混合照明。

2．照明的种类

（1）正常照明：正常情况下使用的室内外照明，是能顺利完成工作、保证安全通行和能看清周围的物体而永久安装的照明，所有居住房间和工作场所、公共场所、运输场地、道路，以及楼梯和公众走廊灯，都应设置正常照明。

（2）应急照明：又称事故照明。它是在正常照明因故障熄灭的情况下，能够提供继续工作或人员疏散用的照明。应急照明应采用能瞬时点燃的电光源(一般采用白炽灯或卤钨灯)。不允许使用高压汞灯、金属卤化物灯、高低压钠灯作为应急照明的电光源。应急照明包括疏散照明、安全照明、备用照明。

一般建筑的走廊、楼梯和安全出口等处,高层民用建筑的疏散楼梯、消防电梯及其前室、配电间、消防控制室、消防水泵房和自备发电机房,医院的手术室和急救室,人员较密集的地下室、每层人员密集的公共活动场所等,应装设应急照明。

(3) 值班照明:指在非工作时间内为值班而设置的照明。可以用正常照明中能单独控制的一部分,或利用应急照明的一部分甚至全部来作为值班照明。

(4) 警卫照明:按警卫任务的需要,在厂区、仓库区或其他警卫设施范围内装设的照明。

(5) 障碍照明:在可能危及航行安全的建筑物或构筑物上安装的标志灯。在飞机场及航道附近的高耸建筑、烟囱、水塔等,对飞机起降可能构成威胁的,应按民航部门的标准或规定装设航空障碍照明。在江河等水域两侧或中间的建筑物及其他障碍物,对船舶航行可能造成威胁的,应按交通部门的标准或规定装设航行障碍照明。

(6) 装饰照明:为美化和装饰某一特定空间而设置的照明。装饰照明以纯装饰为目的,不兼做工作照明。

15.3.2 照度计算

照度计算的目的是按照已规定的照度及其他已知的条件来计算灯泡的功率,确定其光源和灯具的数量。

照度计算的方法主要有三种:利用系数法、单位容量法和逐点计算法。任何一种计算方法都只能做到基本合理。下面只介绍利用系数法。

用利用系数法计算维持平均照度的公式为

$$E_{av} = \frac{N\Phi UK}{A} \tag{15-3}$$

式中:E_{av}——维持平均照度;

N——灯具数量,套;

Φ——光源的光通量,lm;

U——利用系数,指投射到工作面上的光通量与光源光通量之比;

K——灯具维护系数(办公室取 0.8,室外取 0.65,营业厅取 0.8);

A——工作面面积,m^2。

15.3.3 照明设计内容与步骤

1. 照明设计的内容

电气照明设计包括照明供电设计和灯具设计两部分。

照明供电设计的内容包括电源和供电方式的确定,照明配电网络形式的选择,电气设备和导线的选择,以及导线的敷设。照明灯具设计包括照明方式的选择、电光源的选择、照度标准的确定、灯具的选择及布置、照度的计算、电光源的安装功率的确定。这些设计内容会最后在照明施工图上表达出来。

2. 照明电气的设计步骤

（1）了解建设单位的使用要求，明确设计方向。

（2）收集有关技术资料和技术标准，如建筑平面图、建筑立面图、电源进线的方位、结构情况、空间环境、灯具样本等。

（3）确定照度标准。

（4）根据建设单位和工程的要求，选择电光源、照明方式、灯具种类、安装方式等。

（5）计算照度，确定灯具的功率和照明设备总容量，调整平面布局。

（6）复杂的大型工程需进行方案的比较，确定最佳方案。

（7）设计配电线路，分配三相负载，计算干线的截面、型号及敷设部位，选择变压器、配电箱、配电柜和各种高低压设备的规格容量。

（8）绘制照明平面图和系统图，标注型号规格及尺寸，必要时绘制大样图。

（9）绘制材料总表，根据需要编制工程概算或预算。

（10）编写设计说明书，包括进行方式、主要设备、材料规格型号及做法等。

思考题

1. 光的度量有哪几个主要参数？它们的物理意义及单位是什么？
2. 常用的电光源有哪些？各自适用于什么场所？
3. 常用的灯具有哪些？如何选择灯具？
4. 照明的方式有哪几种？
5. 照明的种类有哪些？

第16章

智能建筑与建筑设备自动化

16.1 智能建筑的基本概念及系统结构

16.1.1 智能建筑的基本概念

1. 智能建筑的定义

智能建筑(intelligent building)是以建筑物为平台,基于对各类智能化信息的综合应用,集架构、系统、应用、管理及优化组合为一体,具有感知、传输、记忆、推理、判断和决策的总和智慧能力,形成以人、建筑、环境互为协调的整合体,为人们提供安全、高效、便利及可持续发展功能环境的建筑。

智能建筑传统上被称为"3A"大厦,即具有办公自动化(office automation,OA)、通信自动化(communication automation,CA)和楼宇自动化(building automation,BA)功能的大厦。其中消防自动化(fire automation,FA)和安保自动化(safety automation,SA)包含在楼宇自动化中。

现代智能建筑综合利用目前国际上先进的"4C"技术,以目前国际上先进的分布式信息与控制理论而设计的集散型监控系统(distributed control system,DCS),建立一个由计算机系统管理的一元化集成系统,即"智能建筑物管理系统"(intelligent building management system,IBMS)。"4C"技术即现代化计算机技术(computer)、现代控制技术(control)、现代通信技术(communication)和现代图形显示技术(CRT)。"4C"技术是实现智能建筑的前提手段,智能建筑的核心是系统一元化。

1984年1月建成的美国康涅狄格州哈特福德(Hartford)市的都市办公大楼,总建筑面积达十多万平方米,共38层,被誉为世界上最早的智能楼宇。

2. 智能建筑的分类

1) 智能楼宇

智能楼宇主要是指将单栋办公类大楼建成为综合智能化楼宇。智能楼宇的基本框架是将BA、CA、OA三个子系统结合成一个完整的整体,发展趋势则是向系统集成化、管理综合化和多元化以及智能城市化的方向发展,真正实现智能楼宇作为现代化办公和生活的理想场所。

2) 智能广场

未来,智能建筑会从单幢大楼转变为成片开发,形成一个位置相对集中的建筑群体,称为智能广场(place)。而且不再局限于办公类大楼,会向公寓、酒店、商场、医院、学校等建筑领域扩展。智能广场除具备智能楼宇的所有功能外,还有系统更大、结构更复杂的特点,一般应具有 IBMS,能对智能广场中所有楼宇进行全面和综合的管理。

3) 智能化住宅

智能化住宅是指通过家庭总线(home distribution system,HDS)把家庭内的各种与信息相关的通信设备、家用电器和家庭保安装置都并入网络之中,进行集中或异地的监视控制和家庭事务性管理。

智能化住宅包括 3 个层次:家庭电子化(home electronics,HE)、住宅自动化(home automation,HA)和住宅智能化。美国称其为智慧屋(wise house,WH),欧洲则称为时髦屋(smut home,SH)。

4) 智能化小区

智能化小区是对有一定智能程度的住宅小区的笼统称呼。智能化小区的基本智能被定义为"居家生活信息化、小区物业管理智能化、IC 卡通用化"。智能小区建筑物除满足基本生活功能外,还要考虑安全、健康、节能、便利、舒适五大要素,以创造出各种环境(绿色环境、回归自然的环境、多媒体信息共享环境、优秀的人文环境等)。

5) 智能城市

智能城市在实现智能化住宅和智能化小区后,城市的智能化程度将被进一步强化,出现面貌一新以信息化为特征的智能城市。智能城市的主要标志首先是通信的高度发达,光纤到路边(fiber to the curb,FTTC)、光纤到楼宇(fiber to the building,FTTB)、光纤到办公室(fiber to the office,FTTO)、光纤到小区(fiber to the zone,FTTZ)、光纤到家庭(fiber to the home,FTTH);其次是计算机的普及和城际网络化。

6) 智能国家

智能国家是在智能城市的基础上将各城际网络互联成广域网,地域覆盖全国,从而可方便地在全国范围内实现远程作业、远程会议、远程办公。也可通过互联网或其他通信手段与全世界相沟通,进入信息化社会,整个世界将因此变成地球村。

16.1.2 智能建筑的系统结构

建筑智能化系统结构分为 3 个层次,如图 16-1 所示。

第一层次为子系统纵向集成,目的是各子系统具有功能的实现。对建筑设备自动化系统(building automation system,BAS)子系统,集成如电梯系统、生活饮水供应设备、锅炉控制系统等智能化设备。

第二层为横向集成,主要体现各子系统之间联动和优化组合,在确立各子系统重要性的基础上,实现几个关键子系统的协调优化运行、报警联动控制等再生功能。建筑设备管理系统(building management system,BMS)的横向集成较为复杂,将楼宇自动化系统、消防自动化和安保自动化集成一体。

第三层次为一体化集成,即在横向集成的基础上,建立 IBMS,形成一个实现网络集成、功能集成、软件界面集成的高层监控系统。它构成智能大厦或建筑物的最高层的系统集成。目前只有少数大厦做到这一步。

各自动化系统通过结构化综合布线系统(structured cabling system,SCS)有机地连接起来,使系统一体化集成得以实现。

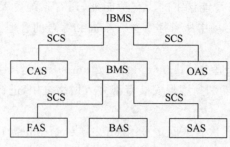

图 16-1　建筑智能化系统结构简图

1. 综合布线系统

综合布线系统(generic cabling system,GCS),又称开放式布线系统(open cabling system,OCS),或称为建筑物结构化综合布线系统(structured cabling system,SCS),是建筑物或建筑群内部之间的传输网络。它能使建筑物内部或建筑群之间的语音、数据通信设备、信息交换设备、建筑物物业管理及建筑物自动化管理设备等系统之间彼此相连,也能使建筑物内通信网络设备与外部的通信网络相连。GCS 是在智能建筑中构筑信息通道的设施。它采用光纤通信电缆、铜缆通信电缆及同轴电缆,布置在建筑物的垂直管井与水平线槽内,一直通到每一层面的每个用户终端。GCS 可以以各种速率(从 9600b/s～1000Mb/s)传送话音、图像、数据信息。OA、CA、BA 及 SA 的信号从理论上都可由 GCS 沟通。因而,有人称为智能建筑的神经系统。

2. 通信网络系统

通信网络系统(communication network system,CNS)是楼内的语音、数据、图像传输的基础,同时与外部通信网络(如公用电话网、综合业务数字网、计算机互联网、数据通信网及卫星通信网等)相连,确保信息畅通。

智能建筑的核心是系统集成,而系统集成的基础则是智能建筑中的通信网络。在信息化社会中,一个现代化大楼内除了具有电话、传真、空调、消防与安全监控系统外,各种计算机网络、综合服务数字网等都是不可缺少的。只有具备了如电子交换数据、电子邮政、会议电视、视频点播、多媒体通信等基础通信设施,新的信息技术才有可能进入大楼,使它成为一个名副其实的智能建筑。通信网络技术水平的高低制约着智能建筑中智能程序的发展。

3. 办公自动化系统

办公自动化系统(office automation system,OAS)是将计算机技术、通信技术、多媒体技术和行为科学等先进技术应用到办公业务中,且人们的部分办公业务借助于各种办公设备,并由这些办公设备与办公人员构成服务于某种办公目标的人机信息系统。

4. 建筑设备自动化系统

建筑设备自动化系统(BAS)可划分为建筑设备运行管理与控制子系统、火灾报警与消防控制子系统、公共安全防范子系统 3 个部分。它包括空调、给排水、供配电、照明、电梯、应急广播、保安监控、防盗报警、出入口门禁、汽车库综合管理等系统的管理、控制或监视。

BAS 的基本功能包括数据采集、各种设备启/停控制与监视、设备运行状况图像显示、各种参数的实时控制和监视、参数与设备非正常状态报警、动力设备节能控制及最优控制、能量和能源管理及报表打印、事故报警报告及设备维修事故报告打印输出。

5. 建筑设备管理系统

对建筑设备监控系统和公共安全系统等实施综合管理的系统为建筑设备管理系统(BMS)。实现智能化建筑的核心技术方法是系统集成。智能建筑的系统集成包括功能集成、网络集成及软件界面集成,它将智能化系统从功能到应用进行开发及整合,从而实现对智能建筑进行全面及完善的综合管理。

6. 智能建筑物管理系统

智能建筑物管理系统(IBMS)是一个一体化的集成监控和管理的实时系统,是通过大厦内的 BAS、OAS、CAS 的信息和功能集成来实现的。

16.2 建筑设备自动化

建筑设备自动化一般采用集散型监控系统(DCS)即分布式控制系统,实现了对大楼供电、照明、报警、消防、电梯、空调通风、给排水、门禁设备子系统的监控和管理;对设备运行参数进行实时控制和监视;对动力设备进行节能控制;对设备非正常运行状态报警等,从而实现对设备的优化管理与控制,保障设备运行的安全性和可靠性,提供费用计算,各类报表生成,设备使用率分析,系统生命周期成本分析等运营管理服务。

16.2.1 给排水设备监控系统

1. 生活给水监控系统

系统监控信息的采集有:建筑物生活水箱应设置启停泵液位检测及报警信息显示;采用变频调速的给水系统应设置压力变送器测量给水管压力信息,对变频器的工作状态、故障状态、频率等进行检测及报警信息显示;给水泵应设置运行状态及故障报警信息显示;热水系统的供回水温度、压力、流量等状态信息检测,对加热设备的台数、循环水泵和补水泵的状态检测及报警信息显示;给水系统中自成监控体系的系统,建筑设备监控系统相应的监控信息采集应采用通信协议与通信方式上传;系统应设置在对其相应运行满足建筑综合能效管理监控策略要求的其他基础参数,作为预留条件纳入本系统的节能监控信息采集范围中。

2. 中水监控系统

中水监控系统的监控功能有：中水箱应设置液位计测量水箱液位；水泵组应设置工况检测及故障报警信息显示；水过滤器宜设置前后压差检测；中水监控系统应设置水位、水质及取样药品值检测等；中水监控系统中自成监控体系的系统，建筑设备监控系统相应的监控信息采集应采用通信协议与通信方式上传；系统应设置在对其相应运行满足建筑综合能效管理监控策略要求的其他基础参数，作为预留条件纳入本系统的节能监控信息采集范围中。

3. 排水监控系统

排水监控系统的监控功能有：建筑物内污水池应设置污水泵液位检测及故障报警信息显示；应设置污水泵运行状态显示、故障报警信息显示；排水监控系统中自成监控体系的系统，建筑设备监控系统相应的监控信息采集应采用通信协议与通信方式上传；系统应设置在对其相应运行满足建筑综合能效管理监控策略要求的其他基础参数，作为预留条件纳入本系统的节能监控信息采集范围中。

16.2.2 空调通风监控系统

暖通空调监控系统作为智能建筑的一个重要组成部分，其控制水平也必然要不断地提高才能适应形式的发展。未来的暖通空调监控系统应当根据当地的气候环境和人体体感来精确地控制人体周围环境的温湿度等参数。可将空调控制系统划分为制冷机、冷却水、空气处理器、热源、新风和排风等多个检测控制子系统。下面主要介绍前三者。

1. 制冷机监控

制冷机监控包括其本体的基本参数的监控。通过设在制冷机排气管的高压压力变送器和设在制冷机吸气管的低压压力变送器，实现高、低压保护。当高压过高或低压过低时，通过控制单元立即切断压缩机电源，通过水流开关实现断流保护；通过油压差压力变送器实现油压保护，当油泵出口压力与曲轴箱油压之差减小到某一给定值时，使压缩机停止工作，通过冷冻水温实现低温保护及能量调节。

2. 冷冻水和冷却水系统的监控

空调系统一般经常性地处于部分负荷状态下运行，相应地系统末端设备所需的冷冻水量也经常小于设计流量。整个空调制冷系统的能量有15%~20%消耗于冷冻水的循环和输配。

一级泵系统和二级泵系统是目前常用的两种空调水系统。一级泵系统比较简单，控制元件少，运行管理方便，适用于中小型系统。一级泵系统利用旁通管解决了空调末端设备要求变流量与冷水机组蒸发器要求拟定流量的矛盾，不能节省冷冻水泵的耗电量；二级泵系统能显著地节省空调冷冻水循环和输配电耗，因而在高层建筑空调系统中得到广泛应用。

3．空调处理机组的监控

空调处理机组的监控功能包括：风机状态显示；送、回风温度测量；室内温、湿度测量；过滤器状态显示及报警；风道风压测量；启停控制；过载报警；冷、热水流量调节；加湿控制；风门控制；风机转速控制；风机、风门、调节阀之间的连锁控制；室内二氧化碳浓度检测；寒冷地区换热器防冻控制；送回风机与消防系统的联动控制。

根据智能建筑的不同等级，相应的空气处理系统应具有上述全部或部分的监控功能。

16.2.3　供配电监控系统

供配电监控系统在监控中心微机室内组建计算机局域网，负责对整个大楼或整个企业的高、低压设备进行统一监控、管理，其中高压和低压工作站分别完成对高低压系统的运行参数、开关状态的数据采集、实时监视、故障报警以及对保护定值的在线设定。对不同对象的数据采集既可在一台工作站上完成，也可把任务分布在几台工作站上执行，在数据量比较大的情况下可提高工作效率。各种实时数据与历史数据被保存在数据库服务器上，各个终端工作站或其他服务器通过网络可以共享数据库资源，实现本机权限范围内的数据监视浏览、数据检索查询或其他信息服务。如在局域网上加装网关、路由器等网络设备，可以实现数据在整个大楼、整个企业局域网或广域网范围内的共享，从而将智能配电监控管理系统与企业信息管理系统集成在一起。

16.2.4　照明设备监控系统

电气照明是建筑物的重要组成部分。如何做到既能保证照明质量又节约资源，是照明控制的重要内容。

每天，照明监控系统可按计算机预先编制好的时间程序，自动控制各楼层的办公楼照明、走廊照明和广告霓虹灯等，并可自动生成文件存档或打印数据报表。

16.2.5　电梯监控系统

电梯由机械和电气两部分组成。机械部分主要由轿厢、门机系统、导向系统、曳引系统、对重系统和机械安全保护系统所组成；电气系统主要是指电气传动系统和电气控制系统。

电梯的控制方式有三种：

1．简易自动控制方式

简易自动控制方式是一种较常见的自控方式，厅站只设一只控制按钮，轿厢的内选按钮和厅站的外呼按钮启动运行后，轿厢在执行中不再应答其他信号。这种方式常用于货梯和病床梯。

2．集选方式

集选方式是常用的控制方式，中层站设有上行和下行呼梯按钮，电梯能够同时记忆多个轿厢内选层和厅站呼梯，在顺向运行中依次应答顺向呼梯并在呼梯层停靠。在最终层自动反向运行,依次应答反向的呼梯,最后回到基站。也可将两台或三台电梯组成一组联动运行,进行集选控制。如果已经有一部电梯返回基站,其余轿厢则在最终点停靠层关门待命,以防止轿厢空载运行。这种方式常用于百货商店的电梯。

3. 群控运行方式

群控运行方式是比较先进的自动控制方式,适用于大型建筑物(如大型办公楼、旅店、宾馆等)。为了合理调度电梯,根据轿厢内人数、上下方向的停站数、厅站及轿厢内呼梯以及轿厢所在位置,自动选择最适宜于客流群控的输送方式。

16.2.6 火灾自动报警与消防联动控制系统

火灾自动报警与消防联动控制系统(fire alarm and linkage system,FAS)是通过探测伴随火灾发生而产生的烟、光、热等参数,早期发现火情,及时发出声、光等报警信号,同时联动消防水系统、防排烟系统有序投入运行,迅速组织人员疏散和灭火的一种建筑防火和灭火系统。火灾自动报警与消防联动控制系统的设置能最大限度地减少因火灾造成的生命和财产的损失。

1. 火灾自动报警与消防联动控制系统的组成

火灾自动报警与消防联动控制系统由火灾信号检测部分、火灾报警及联动控制器、消防联动执行机构以及火灾警报、消防应急广播和消防电话等几大部分构成。

(1) 火灾信号检测:主要由火灾探测器、手动报警按钮等末端设备对火灾信号进行检测,并将信号传送至报警控制器进行处理。火灾探测器主要有感烟探测器、感温探测器、火焰探测器、可燃气体探测器以及红外线探测器等。

(2) 火灾报警及联动控制器:这是火灾自动报警及联动控制的中枢,设置在消防控制室,它的任务是接受、处理、存储、显示火灾信号并发出联动控制指令。

(3) 消防联动执行机构:它的任务是执行火灾联动控制器发出的动作指令,使得各种需要联动的消防设备有序地、自动地投入运行并显示运行的反馈信号。

(4) 火灾警报、消防应急广播和消防电话:火灾自动报警系统应在确认火灾后启动建筑物内的所有火灾声光警报器,对于集中报警系统和控制中心报警系统还应设置消防应急广播。

2. 火灾自动报警系统形式的选择

火灾自动报警系统可以分为三种基本形式,即区域报警系统、集中报警系统和控制中心报警系统。

(1) 区域报警系统:由火灾探测器,手动报警按钮,火灾警报装置和火灾报警控制器组成,系统中可包括消防控制室图形显示装置和指示楼层的区域显示器。报警控制器应设置在有人值班的房间或场所。

(2) 集中报警系统:系统由火灾探测器、手动报警按钮、火灾警报装置器、消防应急广播、消防专用电话、消防控制室图形显示装置、火灾报警控制器、消防联动控制器等组成。

(3) 控制中心报警系统:有两个及以上消防控制室时,应确定一个主消防控制室。主消防控制室应能显示所有火灾报警信号和联动控制状态信号,并应能控制重要的消防设备;各分消防控制室内消防设备之间可互相传输、显示状态信息,但不应互相控制。

3. 消防控制室

仅有火灾自动报警而无消防联动控制功能时,可设消防值班室,消防值班室可与经常有人值班的部门合并设置(如门卫);设有火灾自动报警并有消防联动控制的建筑物必须设置消防控制室;具有两个及以上消防控制室的大型建筑群或超高层建筑,应设置消防控制中心。

消防控制室的设置,应满足下列要求:

(1) 消防控制室应设置在建筑物的首层或地下一层,当设在首层时,应有直通室外的安全出口;当设置在地下一层时,距通往室外安全出入口不应大于20m。消防控制室的门应向疏散方向开启,且控制室入口处应设置明显的标志。

(2) 应设在交通方便和消防人员容易找到且火灾时不易延燃的部位。

(3) 不应设在厕所、锅炉房、浴室、汽车库、变压器室等的隔壁和上下层相对应的房间。

(4) 消防控制室周围不应布置电磁场干扰较强及其他影响消防控制设备工作的设备用房。

(5) 消防控制室内严禁与其无关的电气线路及管路穿过。

(6) 消防控制室内设备的布置应符合下列要求:

① 设备面盘前的操作距离:单列布置时不应小于1.5m;双列布置时不应小于2m。

② 在值班人员经常工作的一面,设备面盘至墙的距离不应小于3m。

③ 设备面盘后的维修距离不宜小于1m。

④ 设备面盘的排列长度大于4m时,其两端应设置宽度不小于1m的通道。

FAS在智能建筑中独立运行,完成火灾信息的采集、处理、判断和确认实施联动控制。此外,FAS还应具有联网和提供通信接口界面的能力,即通过网络实施远端报警及信息传递,通报火灾情况和向火警受理中心报警。

16.2.7 安全防范系统

安全防范系统是智能建筑中的一个重要功能,它主要特点是能有效保证居民生命财产的安全,防止没有授权的非法侵入,避免人员受伤和财产损失。在智能建筑系统中,安防监控系统占有重要的地位,一般由图像监视、防盗报警、保安巡更和门禁管理4个子系统组成。现代安防监控系统通常称为安全自动化系统(security automation system,SAS)。

目前,SAS所包括的主要子系统有防盗(劫)报警子系统、视频安防-报警子系统、出入口控制-报警子系统、保安人员巡更-报警子系统、访客-报警子系统、汽车综合管理系统以及其他系统。这些子系统可以单独设置、独立运行,也可以由中央控制室进行集中监控,还可以与其他综合系统进行系统集成和集中控制。

1. 入侵报警系统

入侵报警系统(intrusion alarm system,IAS)是用于探测设防区域的非法侵入行为并发出报警信号的电子系统或网络。

入侵报警系统通过对重要路段设置如红外探测器、移动探测器、门磁探测器、玻璃破碎探测器、震动探测器、烟雾探测器、紧急按钮等各种探测器,从多个方面进行安全保护。在系统布防时,上述各种探头探测到任何异动,如有人进入房间,或打破玻璃,或撬门,或企图破坏保险箱,甚至翻越围墙等,都将发出声光警报,提醒人们的注意并行动,从而有效保护了人们的生命财产安全。

2. 视频安防监控系统

视频安防监控系统一般由前端、传输、控制及显示记录4个主要部分组成。前端部分包括一台或多台摄像机及与之配套的镜头、云台、防护罩、解码驱动器等;传输部分包括电缆和(或)光缆,以及可能的有线/无线信号调制解调设备等;控制部分主要包括视频切换器、云台镜头控制器、操作键盘、种类控制通信接口、电源和与之配套的控制台、监视器柜等;显示记录设备主要包括监视器、录像机、多画面分割器等。

根据使用目的、保护范围、信息传输方式和控制方式的不同,视频安防监控系统可有多种构成模式。

3. 出入口控制系统

出入口控制系统(access control system,ACS),是采用现代电子与信息技术,在建筑物内外的出入口对人(或物)的进出,实施放行、拒绝、记录和报警等操作的一种电子自动化系统。它一般由出入口目标识别子系统、出入口信息管理子系统、出入口控制执行机构三部分组成。

出入口控制系统用卡片、按键、电子门锁和其他电子装置控制出入口的开关,代替机械门锁和钥匙。

4. 电子巡更系统

电子巡更系统属安全防范系统,是智能化小区、办公楼保安信息管理的必备工具。它作为智能建筑不可或缺的一个子系统已得到广泛的应用。电子巡更系统不仅可以实现技防与人防相结合的目的,更提高了物业管理的水平,更好地保障了建筑物内部和周边环境的安全。

巡更的作用在于更及时发现险情,并及时排除。倘若无力排除险情,也能及时报警呼救,避免险情扩大。巡更还可以提醒人们注意安全。巡更系统配置由信息钮、巡查棒、通信座、计算机系统管理软件四部分组成。

5. 停车场管理系统

停车场管理系统由停车场专用控制器、读卡器(远距离读卡器和近距离读卡器)、感应卡、感应天线、控制器、道闸、地感、吐卡箱、摄像机、管理软件等组成。

入场时,将车辆驶至读卡器前,取出感应卡在读卡机感应区域晃一下,自动录入图像;感应过程完毕,读卡机发出"嘀"的一声;道闸自动升起,中文电子显示屏显示礼貌用语"欢迎入场",同时发出语音;司机开车入场,进场后道闸自动关闭。出场时,将车辆驶至停车场出口读卡机前,取出IC卡在感应区域晃一下;感应过程完毕,读卡机发出"嘀"的一声;读卡机接受信息，计算机自动记录、扣费，图像处理软件自动调出入场时拍摄的图像进行对比，确认无误；中文显示礼貌用语"一路顺风"，同时发出语音，道闸升起，司机开车出场；出场后道闸自动关闭。

思考题

1. 什么是智能建筑？智能建筑的核心技术包含哪些内容？
2. 建筑智能化系统结构分为哪几个层次？
3. 简述 DCS 的组成。
4. 电梯的控制方式有哪几种？

第17章 建筑电气施工图识读

17.1 常见建筑电气图例

17.1.1 电气图的基本概念

电气图是用各种电气符号、带注释的图框、简化的外形来表示的系统、设备、装置、元件等之间相互关系的一种简图。识读电气图时,应了解电气图在不同的使用场合和表达不同的对象时,所采用的表达形式。电气图的表达形式分为四种:

1. 图

图是用图示法的各种表达形式的统称,即用图的形式来表示信息的一种技术文件,包括用图形符号绘制的图(如各种简图)以及用其他图示法绘制的图(如各种图标)等。

2. 简图

简图是用图形符号、带注释的图框或简化外形表示系统或设备中各组成部分之间相互关系及其连接关系的一种图。在不致引起混淆时,简图可简称为图。简图是电气图的主要表达形式。电气图中的大多数图种,如系统图、电路图、逻辑图和接线图都属于简图。

3. 表图

表图是表示两个或两个以上变量之间关系的一种图。在不致引起混淆时,表图也可简称为图,表图所表示的内容和方法都不同于简图。经常碰到的各种曲线图、时序图等都属于表图,之所以用"表图",而不是通用的"图表",是因为这种表达形式主要是图而不是表。

4. 表格

表格是把数据按纵横排列的一种表达形式,用以说明系统、成套装置或设备中各组成部分的相互关系或连接关系,或用以提供工作参数等。表格可简称为表,如设备元件表、接线表等。表格可以作为图的补充,也可以用来代替某些图。

17.1.2 常见电气施工图图例

电气施工图只表示电气线路的原理和接线，不表示用电设备和元件的形状和位置。为了使绘图简便、读图方便和图面清晰，电气施工图采用国家统一的图例符号及必要的文字标记来表示实际的接线、各种电气设备和元件。表17-1～表17-3是在实际电气施工图中常用的一些图例画法，更多的图例可参考《建筑电气制图标准》(GB/T 50786—2012)和《电气简图用图形符号》(GB/T 4728—2018)。

表17-1 线路走向方式代号

序号	名称	图形符号	说明	序号	名称	图形符号	说明
1	向上配线或布线		方向不得随意旋转	5	由上引来		
2	向下配线或布线		宜注明箱、线编号及来龙去脉	6	由上引来向下配线		
3	垂直通过			7	由下引来向上配线		
4	由下引来						

表17-2 线路常用符号

序号	名称	图形符号	说明	序号	名称	图形符号	说明
1	中性线		电路图、平面图、系统图	3	保护线和中性线共用线	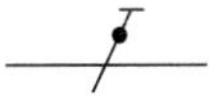	
2	保护线		电路图、平面图、系统图	4	带保护线和中性线的三相线路		

表17-3 灯具型号代号

序号	名称	图形符号	说明	序号	名称	图形符号	说明
1	灯		灯或信号灯一般符号	5	气体放电灯辅助设施	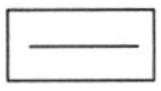	仅用于与光源不在一起的辅助设施
2	投光灯		一般符号	6	球形灯		
3	荧光灯	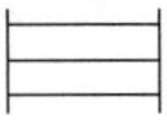	三管荧光灯	7	应急疏散指示标志（向左、向右）	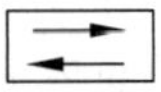	
4	应急灯		自带电源的事故照明灯装置	8	带指示灯按钮		

续表

序号	名称	图形符号	说明	序号	名称	图形符号	说明
9	吸顶灯	◖		13	安全灯	⊖	
10	壁灯	◐		14	防爆灯	⊙	
11	花灯	⊗		15	单管格栅灯	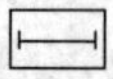 ▭	
12	弯灯	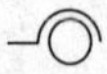 ⌒○		16	多管格栅灯	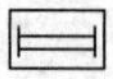 ▤	

17.2 建筑电气图纸基本内容及识读方法

17.2.1 电气施工图纸的内容

一套完整的施工图,内容以图纸为主,一般分为以下几部分。

1. 图纸目录

列出新绘制的图纸、所选用的标准图纸或重复利用的图纸等的编号及名称。

2. 设计总说明(即首页)

内容一般包括施工图的设计依据;设计指导思想;本工程项目的设计规模和工程概况;电器材料的用料和施工要求说明;主要设备的规格型号;采用新材料、新技术或者特殊要求的做法说明;系统图和平面图中没有交代清楚的内容,如进户线的距地标高、配电箱的安装高度、部分干线和支线的敷设方式和部位、导线种类和规格及截面面积大小等内容。对于简单的工程,可在电气图纸上写成文字说明。

3. 配电系统图

能表示整体电力系统的配电关系或配电方案。从配电系统图中能够看到该工程配电的规格、各级控制关系、各级控制设备和保护设备的规格容量、各路负荷用电容量及导线规格等。

4. 平面图

表征了建筑各层的照明、动力、电话等电气设备的平面位置和线路走向。它是安装电气和敷设支路管线的依据。根据用电负荷的不同而有照明平面图、动力平面图、防雷平面图、电话平面图等。

5. 大样图

表示电气安装工程中的局部做法明晰图,如舞台聚光灯安装大样图、灯头盒安装大样图等。在《电气设备安装施工图册》中有大量的标准做法大样图。

6. 二次接线图

表示电气仪表、互感器、继电器及其他控制回路的接线图。如加工非标准配电箱就需要配电系统图和二次接线图。

7. 设备材料表

为了满足施工单位计算材料、采购电气设备、编制工程概(预)算和编制施工组织计划等方面的需要,电气工程图纸上要列出主要设备材料表。表中应列出主要电气设备材料的规格、型号、数量以及有关的重要数据,要求与图纸一致,而且要按照序号编号。设备材料表是电气施工图中不可缺少的内容。

此外,还有电气原理图、设备布置图、安装接线图等。电气施工图根据建筑物功能不同,电气设计内容有所不同,通常可分为内线工程和外线工程两大部分。内线工程包括照明系统图、动力系统图、电话工程系统图、共用天线电视系统图、防雷系统图、消防系统图、防盗保安系统图、广播系统图、变配电系统图、空调配电系统图。外线工程包括架空线路图、电路线路图、室外电源配电线路图。

17.2.2 识读方法

首先看图上的文字说明。文字说明的主要内容包括施工图图纸目录、设备材料表和电气设计说明三部分。比较简单的工程只有几张施工图纸,往往不另编制设计说明,一般将文字说明内容表示在平面图、剖面图或系统图上。

其次看图上所画的电源从何而来,采用哪些供电方式,使用多大截面的导线、配电使用哪些电气设备,供电给哪些用电设备等。不同的工程有不同的要求,图纸上表达的工程内容一定要搞清楚。

当看比较复杂的电气图时,首先看系统图,了解由哪些设备组成,有多少个回路,每个回路的作用和原理,然后再看安装图,各个元件和设备安装在什么位置,如何与外部连接,采用何种敷设方式等。

另外,要熟悉建筑物的外貌、结构特点、设计功能和工艺要求,并与电气设计说明、电气图纸一起配套研究,明确施工方法。尽可能地熟悉其他专业(给水排水、动力、采暖通风等)的施工图或进行多专业交叉图纸会审,了解有争议的空间位置或相互重叠现象,尽量避免施工过程中的返工。

17.3 电气照明施工图识读

17.3.1 电气照明施工图

1. 电气照明系统图

电气照明系统图用来表示照明工程的供电系统、配电线路的规格和型号、负荷的计算功

率和计算电流、干线的分布情况,以及干线的标注方式等,主要表达的内容如下:

(1) 供电电源的种类及表达方式:建筑照明通常采用 220V 的单相交流电源。若负荷较大,即采用 380/220V 的三相四线制电源供电。电源用式(17-1)表示:

$$m \sim f(U) \tag{17-1}$$

式中:m——电源相数;
　　　f——电源频率,Hz;
　　　U——电压,V。

如 3N~50Hz(380V/220V)即表示三相四线制(N 代表零线)电源供电,电源频率为 50Hz,电源电压为 380V/220V。

(2) 导线的型号、截面、敷设方式和尾部及穿管直径和管材种类:进户线(由进户点到室内总配电箱的一段线路)和干线(从总配电箱到分配箱的线路)的型号、截面、敷设方式和部位及穿管直径和管材种类均是其重要内容。配电导线的表示方法为

$$a-b-c \times d-e-f \text{ 或 } a-b-c \times d+c \times d-e-f \tag{17-2}$$

式中:a——回路编号(回路少时可省略);
　　　b——导线型号(导线型号代号见表 17-4);
　　　c——导线根数;
　　　d——导线截面面积,mm^2;
　　　e——导线敷设方式(敷设方式代号见表 17-5)及管材管径,mm;
　　　f——敷设部位(敷设部位代号见表 17-6)。

例如,某照明系统图中进户线标注为 ZRBV-3×25+1×15-RC25-FC,ZRBV-3×25+1×15 表示进户线为 BV 型采用铜芯塑料绝缘线,共 4 根,其中 3 根截面面积为 $25mm^2$,1 根为 $15mm^2$,RC25 表示穿管敷设,管径为 25mm,管材为水煤气管,FC 表示敷设部位沿地面暗设。

表 17-4　导线型号代号

名　称	型　号	名　称	型　号
铜芯橡胶绝缘线	BX	铝芯橡胶绝缘线	BLX
铜芯塑料绝缘线	BV	铝芯塑料绝缘线	BLV
铜芯塑料绝缘护套线	BVV	铝芯塑料绝缘护套线	BLVV
铜母线	TMY	裸铝线	LI
铝母线	LMY	铁质线	TI
交联聚乙烯绝缘电缆	YJV	阻燃型铜芯塑料绝缘线	ZRBV

表 17-5　导线敷设方式代号

敷设方式	代　号	敷设方式	代　号
明敷	E	穿电线管	MT
暗敷	C	穿塑料管	PC
铝皮线卡	AL	塑料线槽	PR
穿水煤气管	RC	钢线槽	SR
穿焊接钢管	SC	电缆桥架	CT
瓷夹板	PL	塑料阻燃管	PVC

续表

敷设方式	代号	敷设方式	代号
穿阻燃半硬聚乙烯管	FPC	穿聚氯乙烯塑料波纹管	KPC
穿扣压式薄壁钢管	KBG	直埋敷设	DB
金属线槽敷	MR	钢索敷设	M

表 17-6 导线敷设部位代号

敷设部位	代号	敷设部位	代号
沿或跨梁(屋架)敷设	AB	暗敷设在顶板内	CC
沿或跨柱敷设	AC	暗敷设在梁内	BC
沿吊顶或顶板面敷设	CE	暗敷设在柱内	CLC
吊顶内敷设	SCE	暗敷设在墙内	WC
沿墙面敷设	WS	暗敷设在地板或地面下	FC
沿屋面敷设	RS		

(3) 总开关的规格型号、熔断器的规格型号。

(4) 计算负荷：照明供电电路的计算功率、计算电流、需要系数等均应注在系统图上。

2．电气照明平面图

电气照明平面图描述的主要对象是照明电气线路和照明设备,通常包括如下内容。

(1) 电源进线和电源配电箱及各配电箱的形式、安装位置,以及电源配电箱内的电气系统。

(2) 照明线路中导线的根数,线路走向。

(3) 照明灯具的类型、灯泡及灯管功率,灯具的安装方式、安装位置等。

(4) 照明开关的类型、安装位置及接线等。

(5) 插座及其他日用电器的类型、容量、安装位置及接线等。

灯具标注的一般形式如下：

$$a-b\frac{c\times d}{e}f$$

式中：a——同类照明器具的个数；

　　　b——灯具类型(灯具类型代号见表 17-7)；

　　　c——照明器具内安装灯泡或灯管的数量；

　　　d——每个灯泡或灯管的功率,W；

　　　e——照明器具底部至地面或楼面的高度,m；

　　　f——安装方式(安装方式代号见表 17-8)。

表 17-7 灯具类型代号

类型	代号	类型	代号	类型	代号
普通吊灯	P	柱灯	Z	隔爆灯	G
壁灯	B	投光灯	T	防水防尘灯	F
花灯	H	工厂一般灯具	G	水晶底罩灯	J
吸顶灯	D	荧光灯	Y	卤钨探照灯	L

表 17-8 灯具安装方式代号

名　称	代　号	名　称	代　号	名　称	代　号
线吊式	SW	吸顶式	C	支架上安装	S
链吊式	CS	嵌入式	R	柱上安装	CL
管吊式	DS	吊顶内安装	CR	座装	HM
壁装式	W	墙壁内安装	WR		

例如：$6-Y\dfrac{3\times40}{3}CS$，表示该场所安装 6 只灯；灯具为荧光灯灯具（Y）；每个灯具内安装 3 个荧光灯，每个灯功率为 40W；安装高度为 3.0m；安装方式为链吊式。

17.3.2 电气照明施工图识读举例

1. 电气系统图

如图 17-1 所示为一栋三层三个单元的居民住宅楼的电气照明系统图。

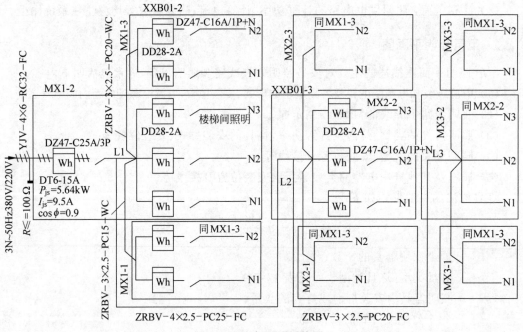

图 17-1 电气照明系统图

1）供电系统

（1）供电电源种类。在进线旁的标注为 3N～50Hz（380V/220V），即表示三相四线制（N 代表零线）电源供电，电源频率为 50Hz，电源电压为 380V/220V。

（2）进户线的规格型号、敷设方式和部位、导线根数。进户线标注为 YJV－4×6－RC32－FC，即表示进户线为 YJV 型采用交联聚氯乙烯绝缘电力电缆，包含 4 根铜芯线，截面面积为 6mm^2，穿水煤气管敷设，管径为 32mm，敷设部位为沿地面暗设。

2）总配电箱

（1）总配电箱的型号和内部组成。进户线首先进入总配电箱,总配电箱在二楼,型号为 XXB01-3。总配电箱内装 DT6-15A 型三相四线制电表 1 块；三相空气开关 1 个,型号为 DZ47-C25A/3P。二楼配电在总配电箱内,有单相电表 3 块,型号 DD28-2A；单相空气开关 3 个,型号为 DZ47-C16A/1P+N。

（2）供电负荷。供电线路的照明供电电路的计算功率为 5.64kW（符号为 P_{js}）,计算电流为 9.5A（符号为 I_{js}）,功率因数为 $\cos\phi=0.9$。

3）分配电箱

（1）分配电箱的设置。整个系统共有 9 个配电箱,每个单元每个楼层配置 1 个配电箱。一单元二楼的配电在总配电箱内。

（2）分配电箱规格型号和构成。二、三单元二楼分配电箱型号均为 XXB01-3,每个箱内有 3 个回路。每个回路装有一个 DD28-2A 型单相电度表,共 3 块；每个回路装有一个 DZ47-C16A/1P+N 型断路器。3 个回路一个供楼梯照明,其余两个各供一户用电。

各单元一、三楼分配电箱型号均为 XXB01-2,每个箱内有两个回路,每个回路有 DZ47-C16A/1P+N 型断路器和 DD28-2A 型单相电度表各一个。

4）供电干线、支线

供电干线、支线从总配电箱引出 3 条干线。两条供一单元一、三楼用电。这两条干线为 ZRBV－3×2.5－PC20－WC,即表示进户线为 ZRBV 型采用阻燃型铜芯塑料绝缘线,共 3 根,截面面积为 2.5mm^2,穿管敷设,管径为 20mm,管材为塑料管,敷设部位为沿墙暗设。

另一条干线引至二单元二楼配电箱供二单元使用。干线为 ZRBV－4×2.5－PC25－FC,即表示进户线为 ZRBV 型采用阻燃型铜芯塑料绝缘线,共 4 根,截面面积为 2.5mm^2,穿管敷设,管径为 25mm,管材为塑料管,敷设部位为沿地板暗设。

二单元二楼配电箱又引出 3 条干线,其中两条分别供该单元一、三楼用电,另一干线引至三单元二楼配电箱。干线标注为 ZRBV－3×2.5－PC20－FC,即表示进户线为 ZRBV 型采用阻燃型铜芯塑料绝缘线,共 3 根,截面面积为 2.5mm^2,穿管敷设,管径为 20mm,管材为塑料管,敷设部位为沿墙暗设。

其他未标注的干、支线参数均可在设计说明书上得到。

2. 一单元二层电气照明平面图

从图 17-2 中可以得知：进户线、配电箱的位置；线路走向、引进处及引向何处；灯具的种类、位置、数量、功率、安装方式和高度；开关、插座的数量和安装方式。

1）线路走向

总配电箱暗装于一单元二层楼梯间内,从总配电箱内引出 6 条线；一路送至二单元二楼分配电箱,由 L1、L2、L3 三根导线组成；三路分别供楼梯间、两用户；还有两路分别引向本单元一楼和三楼分配电箱。

2）用电设备

该平面图中所标注的用电设备有灯具、插座和开关。

（1）1 号房灯具和 2 号房灯具型号为 $\dfrac{40}{2.4}$CS,为链吊式荧光灯一个,功率为 40W,安装高

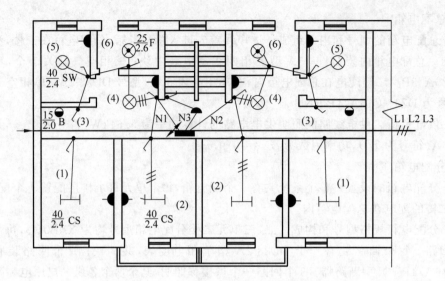

图 17-2 一单元二层电气照明平面图

度为 2.4m；4 号房和 5 号房各装吊线灯一只，功率为 40W，安装高度为 2.4m；6 号房安装线吊式防水防尘灯一只，功率为 25W，安装高度为 2.6m；3 号房安装壁灯一只，功率为 15W，安装高度为 2.0m。

(2) 开关和插座。1、2、4、5 房各暗装插座一个，1～6 房各暗装跷板开关一只。

3. 设计说明书

进户线的距地高度、配电箱的安装高度、开关插座的安装高度，部分干线和支线的特性等问题一般在设计说明书中交代，该建筑电气设计说明如下：

(1) 电源线架空引入，沿二层地板穿管敷设。进户线重复接地，接地电阻 $R \leqslant 10\Omega$。

(2) 配电箱 MX1-1 型：长×宽×高＝350mm×400mm×125mm。配电箱 MX2-2 型：长×宽×高＝500mm×400mm×125mm。

(3) 安装高度：配电箱 1.4m，跷板开关 1.3m，暗装插座 0.3m。

(4) 导线未标注者均为 ZRBV－3×2.5－PC20－C。

4. 设备材料表

设备材料表主要表示施工图中的各电气设备、材料的名称、型号规格、数量及生产厂家等内容，以作为采购设备材料的依据。主要设备材料表见表 17-9。

表 17-9 主要设备材料表

序 号	材料名称	规格型号	数 量	单 位	备 注
1	白炽灯	220V40W	36	个	
2	电箱	XXB01－2	6	套	
3	单相断路器	DZ47－C25A/1P	21	个	装于配电箱内
4	阻燃铜芯橡胶绝缘线	ZRBV－2.5mm^2		m	
5	交联聚氯乙烯绝缘电力电缆	YJV－4×6		m	

思考题

1. 简述施工图内容。
2. 简述灯具标注的一般形式及符号的意义。
3. 简述进户线标注为 YJV－4×6－RC32－FC 含义。

参 考 文 献

[1] 王增长. 建筑给水排水工程[M]. 7版. 北京:中国建筑工业出版社,2016.
[2] 丁云飞. 建筑设备工程施工技术与管理[M]. 2版. 北京:中国建筑工业出版社,2013.
[3] 陈翼翔. 建筑设备工程安装识图与施工[M]. 北京:清华大学出版社,2010.
[4] 褚振文. 建筑水暖识图与造价[M]. 北京:中国建筑工业出版社,2007.
[5] 由元晶. 建筑给水排水工程造价与识图[M]. 北京:中国建筑工业出版社,2011.
[6] 李英姿. 建筑电气施工技术[M]. 2版. 北京:机械工业出版社,2017.
[7] 陆亚俊. 暖通空调[M]. 3版. 北京:中国建筑工业出版社,2015.
[8] 刘源全. 建筑设备[M]. 3版. 北京:北京大学出版社,2017.
[9] 刘占孟. 建筑设备[M]. 北京:清华大学出版社,2018.
[10] 吴国忠. 建筑给水排水与供暖管道工程施工技术[M]. 7版. 北京:清华大学出版社,2010.
[11] 于国清. 建筑设备工程CAD制图与识图[M]. 3版. 北京:机械工业出版社,2014.
[12] 陆耀庆. 实用供热空调设计手册[M]. 2版. 北京:中国建筑工业出版社,2008.
[13] 赵荣义. 空气调节[M]. 北京:中国建筑工业出版社,2009.
[14] 李界家. 智能建筑办公网络与通信技术[M]. 2版. 北京:清华大学出版社,2004.
[15] 张红星. 给水排水与暖通空调工程制图与识图[M]. 南京:江苏凤凰科学技术出版社,2014.
[16] 李亚峰. 建筑设备工程[M]. 2版. 北京:机械工业出版社,2016.
[17] 李界家. 建筑设备工程[M]. 2版. 北京:中国建筑工业出版社,2020.